KB273985

# 니팅 베이직

## 베이직 stitch & pattern
## 스티치&패턴

# 니팅 베이직: 스티치&패턴

First published in Great Britain in 2006 by Hamlyn, an imprint of Octopus Publishing Group Ltd
Carmelite House, 50 Victoria Embankment, London EC4Y 0DZ
www.octopusbooks.co.uk

An Hachette UK Company
www.hachette.co.uk

This edition published in 2024
Some of this material previously appeared in The Hamlyn Complete Knitting Course.
Copyright © Octopus Publishing Group Ltd 2006, 2009, 2012, 2015, 2024
Design pattern copyright © Octopus Publishing Group Ltd 2006, 2009, 2012, 2015, 2024

Distributed in the US by Hachette Book Group
1290 Avenue of the Americas 4th and 5th Floors, New York, NY 10104

Distributed in Canada by Canadian Manda Group
664 Annette St., Toronto, Ontario, Canada M6S 2C8





Korean translation rights © 2026 Youngjin.com
Korean translation rights are arranged with Octopus Publishing Group Limited through AMO Agency Korea
이 책의 한국어판 저작권은 AMO 에이전시를 통해 저작권자와 독점 계약한 도서출판 영진닷컴에 있습니다.
저작권법에 의해 한국 내에서 보호를 받는 저작물이므로 무단 전재와 무단 복제를 금합니다.

**ISBN** 978-89-314-8191-4


**독자님의 의견을 받습니다.**
이 책을 구입한 독자님은 영진닷컴의 가장 중요한 비평가이자 조언가입니다. 저희 책의 장점과 문제점이 무엇인지, 어떤 책이 출판되기를 바라는지, 책을 더욱 알차게 꾸밀 수 있는 아이디어가 있으면 팩스나 이메일, 또는 우편으로 연락주시기 바랍니다. 의견을 주실 때에는 책 제목 및 독자님의 성함과 연락처(전화번호나 이메일)를 꼭 남겨 주시기 바랍니다. 독자님의 의견에 대해 바로 답변을 드리고, 또 독자님의 의견을 다음 책에 충분히 반영하도록 늘 노력하겠습니다.

**주 소** : (우)08512 서울특별시 금천구 디지털로9길 32 갑을그레이트밸리 B동 10층 (주)영진닷컴
**이메일** : support@youngjin.com
※ 파본이나 잘못된 도서는 구입처에서 교환 및 환불해드립니다.

## STAFF

**저자** 엘리너 반 잔트 | **번역** 이순선 | **총괄** 김태경 | **진행** 최윤정 | **디자인·편집** 김효정
**영업** 박준용, 임용수, 김도현, 이윤철 | **마케팅** 이승희, 김근주, 조민영, 김민지, 김진희, 이현아
**제작** 황장협 | **인쇄** 예림

# 니팅 베이직

stitch & pattern
## 스티치&패턴

# Knitting Basic

엘리너 반 잔트 저 · 이순선 역

YoungJin.com Y.
영진닷컴

# 목차

# 약어

**beg** beginning  시작(하다)

**ch** chain  사슬

**cm** centimetre(s)  센티미터

**cont** continu(e)(ing)  계속해서, 계속하다

**C2[4:6]B** cable 2[4:6] back
왼코 위 1[2:3]코 교차뜨기(102쪽 참고)

**C2[4:6]F** cable 2[4:6] forward
오른코 위 1[2:3]코 교차뜨기(102쪽 참고)

**Cr2B** cross 2 back  왼코 위 1코 교차뜨기
(103쪽 참고)

**Cr2F** cross 2 front  오른코 위 1코 교차뜨기
(103쪽 참고)

**dc** double crochet  짧은뜨기

**dec** decrease(e)(ing)  코줄임(하다)

**foll** follow(ing)  다음의

**g st** garter stitch (knit every row)
가터뜨기(매단 겉뜨기)

**inc** increas(e)(ing)  코늘림(하다)

**K** knit  겉뜨기(하다)

**kw** knitwise  겉뜨기하듯이, 겉뜨기하면서

**LH** left hand  왼쪽

**M1** make 1 방금 뜬 코와 다음에 뜰 코 사이의
가닥을 왼바늘로 주워 뒷가닥에 겉뜨기한다
(m1 코늘림)

**mm** millimetre(s)  밀리미터

**P** purl  안뜨기(하다)

**patt** pattern  무늬(대로 뜨다)

**psso** pass slipped stitch over  걸러뜨기한
코를 위로 덮어씌운다

**pw** purlwise  안뜨기하듯이, 안뜨기하면서

**rem** remain(ing)  남다, 남아 있는

**rep** repeat  반복(하다)

**rev st st** reverse stocking/stockinette
stitch  안메리야스뜨기(1단 안뜨기, 1단 겉뜨기)

**RH** right hand  오른쪽

**RS** right side  편물의 겉면

**skpo** slip 1, knit 1, pass slipped
stitch over  1코 걸러뜨기, 겉뜨기, 걸러뜨기한
코를 겉뜨기한 코 위로 덮어씌운다

**sl** slip  걸러뜨기하다

**sl st** slip stitch/crochet  빼뜨기/코바늘

**ssk** slip 1, slip 1, knit slipped
stitches together  1코걸러뜨기, 1코걸러뜨기,
걸러뜨기한 코를 함께 겉뜨기한다

**st(s)** stitch(es)  코(들)

**st st** stocking/stockinette stitch
메리야스뜨기(1단 겉뜨기, 1단 안뜨기)

**tbl** through back of loop(s)  뒷가닥에 넣어
꼬아뜨기(하다)

**tog** together  함께

**Tw2PL** Twist 2 left purlwise  꽈배기바늘을
사용하지 않고 안면에서 오른코 위 1코 교차뜨기
(100쪽 참고)

**Tw2PR** Twist 2 right purlwise  꽈배기바늘을
사용하지 않고 안면에서 왼코 위 1코 교차뜨기
(100쪽 참고)

**Tw2L** Twist 2 left  꽈배기바늘을 사용하지
않고 오른코 위 1코 교차뜨기 (99쪽 참고)

**Tw2R** Twist 2 right  꽈배기바늘을 사용하지
않고 왼코 위 1코 교차뜨기(99쪽 참고)

**WS** wrong side  편물의 안면

**wyb** with yarn at back  실을 편물 뒤에 두고

**wyf** with yarn at front  실을 편물 앞에 두고

**yf** yarn forward  실을 편물 앞으로

**yon** yarn over needle  실을 바늘 위에 감아

**yrn** yarn round needle  실을 바늘 주위에
감아

* 본 도서에서는 일부 약어만 사용하였습니다.

# 들어가며

최근 몇 년 사이, 뜨개에 대한 관심이 다시금 뜨거워지고 있습니다. 세계적인 디자이너들은 이 다재다능한 공예가 트렌디한 하이패션부터 감각적인 액세서리까지 얼마나 폭넓게 구현될 수 있는지 증명해 보였습니다. 실 제조업체들 또한 고급 양모를 활용한 클래식한 디자인부터 아이들을 위한 실용적인 의류, 외출복까지 아우르는 다양한 실을 선보이며 창의적인 가능성을 그 어느 때보다 넓혀 주고 있습니다.

이 책은 뜨개의 즐거움을 소개함과 동시에, 여러분이 어떤 도안을 만나더라도 자신 있게 도전할 수 있도록 필수 기법들을 체계적으로 안내합니다. '기초' 파트에서는 실의 종류와 도구에 대한 정보는 물론 겉뜨기, 안뜨기, 코잡기, 코막음 등 가장 기본이 되는 기법을 다룹니다.

'프로젝트 뜨기' 파트에서는 뜨개 도안을 읽는 법과 패턴을 만드는 과정을 안내합니다. 올바른 게이지를 맞추는 핵심 원리를 파악하고 편물의 형태를 만들며 한 코 한 코 뜨는 방법을 익히고 나면, 여러분도 어느새 숙련된 니터의 반열에 오르게 될 것입니다.

이어지는 세 개의 파트인 '스페셜 텍스처' '원통뜨기' '배색' 파트에서는 교차뜨기, 방울, 스모킹 등 매력적인 질감 표현은 물론, 원통뜨기와 메달리온, 배색 기법까지 다루며 여러분의 레퍼토리를 크게 확장시켜 줍니다.

'장식' 파트에서는 단순한 작품에 개성을 더하는 장식 및 트리밍 기법을 소개하고, '특수 기법' 파트에서는 인비저블 코잡기, 인비저블 코막음, 그래프팅, 페이싱 등 완성도를 전문가 수준으로 끌어올려 줄 정교한 기법을 담았습니다.

모든 파트에는 주제에 어울리는 뜨개 패턴 모음이 포함되어 있으며, 책 곳곳에 담긴 유용한 팁들이 여러분의 뜨개 여정을 더욱 쉽고 성공적으로 만들어 줄 것입니다.

# 기초

*the basics*

뜨개를 한 번도 해 본 적이 없다면 실뭉치를 아름다운 뜨개옷으로 바꾸는 작업이 막막하게 느껴질 수 있습니다. 하지만 뜨개는 생각보다 쉽습니다.

이 파트에서는 뜨개를 시작하는 데 필요한 실의 종류와 간단한 도구를 소개하며, 겉뜨기와 안뜨기를 마스터하는 방법, 코잡기와 코막음 방법을 알려 줍니다. 이러한 기본 뜨개 기법은 앞으로 진행할 모든 프로젝트의 기초가 될 것입니다.

# 실

뜨개의 즐거움은 대부분 실 그 자체에 있습니다. 손뜨개는 매우 촉각적인 활동으로, 촉감이 좋고 프로젝트에 적합한 실을 사용하면 작업이 즐거워지고 완성된 옷에 대한 자부심도 한층 높아집니다.

현재 시중에는 유행을 타지 않는 클래식한 부드러운 실뿐만 아니라 광택이 나는 실크, 벨벳 같은 셔닐, 두툼한 부클레 등 다양한 질감과 섬유의 실이 판매되고 있습니다. 실이 제공하는 무궁무진한 창의적인 가능성은 나만의 니트를 직접 디자인해 보고 싶게 만드는 이유 중 하나입니다. 하지만 대부분의 니터들이 그러하듯, 기존의 패턴을 사용하더라도 실과 패턴을 현명하게 선택할 수 있도록 다양한 실에 익숙해지는 것이 좋습니다.

### 섬유 함량

실은 천연 섬유와 합성 섬유, 다양한 섬유와 섬유의 조합으로 만들 수 있습니다.

### 천연 섬유

**울**(양모)wool은 천연 섬유 중에서도 전통적으로 가장 인기 있는 소재입니다. 울은 따뜻하면서도 비교적 가볍고 신축성이 있습니다. 이러한 특성 덕분에 뜨기 쉽고, 잘 관리하면 완성된 의류의 형태도 잘 유지됩니다. 일부 울은 기계 세탁도 가능합니다.

울은 양털의 출처와 방적 및 마감 방법에 따라 질감이 상당히 다양합니다. 가장 부드러운 품질은 호주에서 자란 메리노 양의 털에서 얻은 보타니울botany wool입니다. 램스울lambs wool 역시 어린 양의 털을 처음 깎아 만든 것으로 매우 부드럽습니다.

**모헤어**mohair는 앙고라 염소의 푹신한 털입니다. 섬세한 외관과는 달리 매우 강하지만, 탄력적이지는 않습니다. 키드 모헤어kid mohair는 성체 동물의 일반 모헤어보다 부드럽지만 더 비쌉니다. 경제성을 위해 울이나 아크릴과 같은 다른 섬유와 같이 쓰이는 경우가 많습니다.

**앙고라**angora는 앙고라 토끼의 털로, 깃털처럼 부드럽고 매우 비쌉니다. 털이 잘 빠지는 특성이 있어, 느슨해진 섬유를 삼켜 질식할 위험이 있는 아기용 의류나 담요에는 사용하지 않는 것이 좋습니다.

**캐시미어**cashmere는 히말라야 산양의 털에서 얻습니다. 매우 부드럽고 고급스러운 섬유로, 보통 다른 섬유와 혼방하여 사용됩니다.

**알파카**alpaca는 라마의 털입니다. 울과 섞으면 질감이 한층 부드러워집니다.

**실크**silk는 누에고치에서 뽑아낸 섬유로, 부드러움에 비해 강도가 뛰어난 고급 섬유입니다. 순수 실크사는 일반적으로 광택이 있고 풍부한 색감을 가지고 있습니다. 실크는 울이나 모헤어와 같은 다른 섬유와 혼방한 형태로도 많이 사용됩니다.

**면**cotton은 목화의 종자에서 자라나는 섬유질을 원료로 합니다. 면사는 통기성이 뛰어나 여름철 의류에 특히 적합합니다. 비교적 가격이 높은 편이지만, 일반적으로 내구성이 뛰어나고 품질이 좋습니다. 특히나 머서라이즈 처리된 면사는 더욱 강하고 광택이 있습니다.

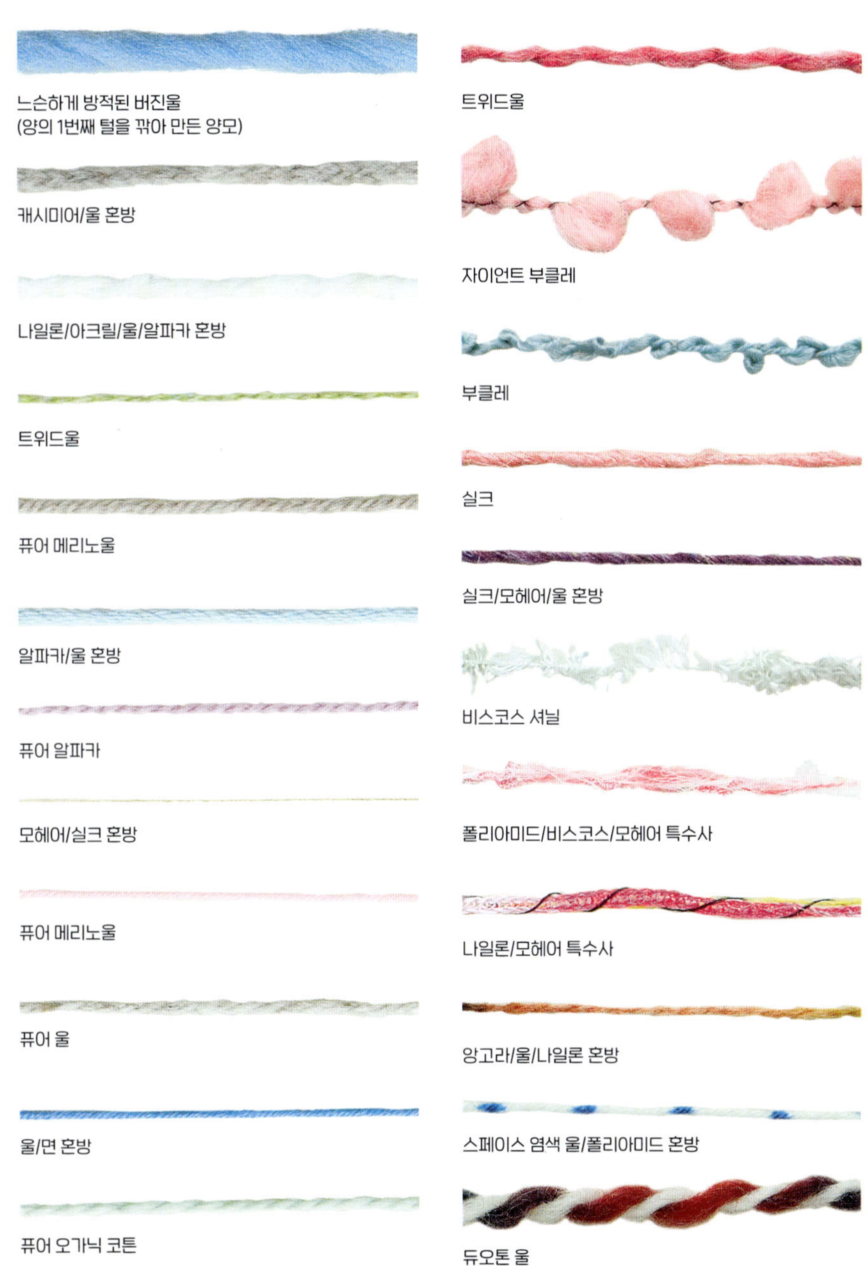

이 다양한 실들은
각각 다른 매력과
질감을 가지고
있습니다.


느슨하게 방적된 버진울
(양의 1번째 털을 깎아 만든 양모)

캐시미어/울 혼방

나일론/아크릴/울/알파카 혼방

트위드울

퓨어 메리노울

알파카/울 혼방

퓨어 알파카

모헤어/실크 혼방

퓨어 메리노울

퓨어 울

울/면 혼방

퓨어 오가닉 코튼

트위드울

자이언트 부클레

부클레

실크

실크/모헤어/울 혼방

비스코스 셔닐

폴리아미드/비스코스/모헤어 특수사

나일론/모헤어 특수사

앙고라/울/나일론 혼방

스페이스 염색 울/폴리아미드 혼방

듀오톤 울

면의 유일한 단점은 탄력이 부족해 뜨개질 하기가 다소 까다롭고, 밀도가 높아 세탁 후 건조하는 데 시간이 오래 걸린다는 점입니다.

**리넨**linen은 아마 식물의 줄기에서 추출한 매우 튼튼한 섬유입니다. 자연스러운 슬러브 질감을 가지며 면과 혼방해 사용하는 경우가 많습니다.

### 합성 섬유

합성 섬유는 대부분의 천연 섬유에 비해 강도가 높고 가벼울 뿐만 아니라 좀벌레 손상에 강하며, 기계 세탁이 가능하다는 실용적인 장점을 가지고 있습니다. 이러한 이유로 천연 섬유에 합성 섬유를 혼합해 사용하는 경우도 많습니다.

주요 합성 섬유로는 **아크릴**acrylic, **폴리아미드**polyamide(나일론 포함), **폴리에스테르**polyester, **비스코스**viscose(레이온 포함)가 있습니다. 이 중 가장 흔히 사용되는 아크릴은 매우 부드럽고 가벼우며, 천연 섬유로는 구현하기 어려운 새로운 질감과 특성을 표현하는 데 자주 사용됩니다. 특수한 합성 섬유로는 알루미늄에서 추출한 **금속 섬유**metallic fibres가 있습니다.

과거에는 100% 합성 섬유로 만든 실이 촉감이 떨어지거나 형태가 쉽게 흐트러지는 단점이 있어, 천연 섬유나 천연-합성 혼방 섬유보다 열등한 소재로 여겨졌습니다. 하지만 오늘날에는 비건 소비자들이 선호하는 실로 주목받고 있습니다.

### 구조

실의 성질은 섬유 함량뿐만 아니라 실 제조에 사용되는 방적 및 마감 방식에 따라서도 달라집니다.

### 두께

실은 크기 또는 두께(굵기)가 매우 다양합니다. 부드러운 '클래식' 실은 2ply, 3ply, 4ply, 더블 니팅double knitting, 아란aran-weight, 청키chunky, 엑스트라 청키extra-chunky 등 7가지 범주로 나뉩니다. 이 범주 안에서도 약간의 굵기 차이는 있지만, 보통은 같은 범주의 실끼리는 대체하여 사용할 수 있습니다.

'Ply(플라이, 합)'이라는 단어는 2가지 의미로 사용됩니다. 하나는 문자 그대로 실을 이루는 개별 가닥을 의미하며, 이때 가닥 수와 실의 굵기가 비례하는 것은 아닙니다. 예를 들어, 2가닥으로 구성된 실이 4가닥으로 구성된 실보다 더 두꺼울 수도 있습니다. 또 다른 하나는 실을 분류할 때 단순히 합수뿐만 아니라 일정한 굵기 범주를 의미하는 용도로도 사용됩니다(14쪽 참고).

텍스처 실 또한 이러한 범주를 기반으로 설명되곤 합니다. 예를 들어, '4ply로 뜬'이라는 표현은 실의 구조와 관계없이 표준 4ply와 같은 게이지(주어진 치수에서 대략 동일한 코수와 단수)를 낸다는 의미입니다. 이러한 정보는 다른 실로 대체하거나 의류를 새로 디자인할 때 특히 유용합니다.

### 마감

방적 공정에서는 섬유에 다양한 마감 처리를 할 수 있습니다. 실을 느슨하게 또는 단단하게 꼬아 부드러운 질감부터 매우 단단한 질감까지 다양한 질감을 만들어 냅니다. 일반적으로 꼬임이 강할수록 실의 내구성도 높아집니다.



기초

**슬러브사**slubbed yarns는 불규칙하게 방적되어 굵기가 일정하지 않은 부분이 생기는 실입니다. 평직 무늬에서는 독특한 질감을 표현할 수 있지만, 복잡한 무늬에서는 디테일을 다소 가리는 경향이 있어 매끄러운 실보다 효과가 떨어질 수 있습니다. 반면, 레이스나 꽈배기 무늬에서는 인상적인 결과를 줄 수 있습니다.

**부클레사**bouclé yarns는 한 가닥의 실이 다른 실을 감싸면서 작은 고리를 형성하여, 곱슬한 질감을 냅니다.

**노브사**knop yarns는 부클레사와 구조가 비슷하지만, 고리의 크기와 간격이 더 불규칙하고 넓어 흐릿하고 울퉁불퉁한 직물을 만들어 냅니다.

**셔닐사**chenille yarns는 조밀하고 벨벳과 같은 질감을 가지고 있습니다. 매우 매력적이지만 탄성이 강해 뜨기에 쉽지 않습니다.

여러 가지 색상의 실을 함께 뜨면 **멀티컬러 효과**를 낼 수도 있습니다. 같은 색상의 실을 여러 가지 색조로 섞으면 좀 더 은은한 효과를 냅니다. 얼룩덜룩한 트위드 실이 대표적인 멀티컬러 실입니다. 패션계에서 선호하는 또 다른 기법인 스페이스 염색은 실의 길이에 따라 색상이 변하도록 염색하는 방식입니다. 이러한 실은 완성된 뜨개 편물보다는 뜨개하기 전의 실뭉치 상태가 더 매력적으로 보일 때도 있지만, 활용하기에 따라 하나의 재미가 될 수 있습니다.

패션 트렌드에 따라 **새로운 실(특수사)**이 등장했다가 사라지기도 합니다. 리본사와 헝겊사, 금속사와 면사의 혼방, 얇은 스웨이드 가닥 등 현재 트렌드를 반영한 실들이 그 예입니다.

어떤 실을 선택할시는 결국 패션의 **흐름**에 영향을 받습니다. 예를 들어, 배색 무늬 뜨개가 유행할 때는 이러한 디자인에 어울리지 않는 특이한 질감의 실이 사라지기도 합니다.

## 실 구입하기

실을 구입할 때는 실에 부착된 라벨 또는 실 포장지에 기재된 정보를 꼼꼼히 확인하는 것이 중요합니다. 라벨에는 섬유 함량, 블로킹/다림질 방법, 의류 관리 권장 사항, 볼 또는 타래의 중량 등이 표시되어 있습니다. 경우에 따라서는 권장 바늘 호수와 해당 바늘로 메리야스뜨기를 했을 때의 콧수 및 단수가 함께 제공됩니다('텐션/게이지', 50쪽 참고). 이 정보는 도안에 명시된 실 대신 다른 실을 사용하고자 할 때 특히 유용합니다.

라벨에서 반드시 확인해야 할 또 하나의 핵심 정보는 염색 로트 번호입니다. 같은 실이라도 로트 번호가 다르면, 아주 미세한 차이일지라도 완성된 옷에서는 색감 차이가 분명하게 드러날 수 있습니다. 따라서 의류 한 벌에 사용할 실은 모두 동일한 염색 로트에서 나온 것인지 확인해야 합니다. 같은 번호의 로트가 더 이상 제공되지 않을 수도 있으므로, 필요한 양을 한 번에 구입하는 것이 좋습니다.

만약 근처에 원하는 실을 취급하는 가게가 없더라도 걱정할 필요는 없습니다. 온라인을 통해 다양한 판매처에서 실을 구매할 수 있습니다

실 라벨(오른쪽)에는 구매자에게 필요한 모든 정보가 담겨 있습니다. 권장 바늘 호수와 메리야스뜨기 기준의 권장 게이지 등이 표기되어 있습니다.

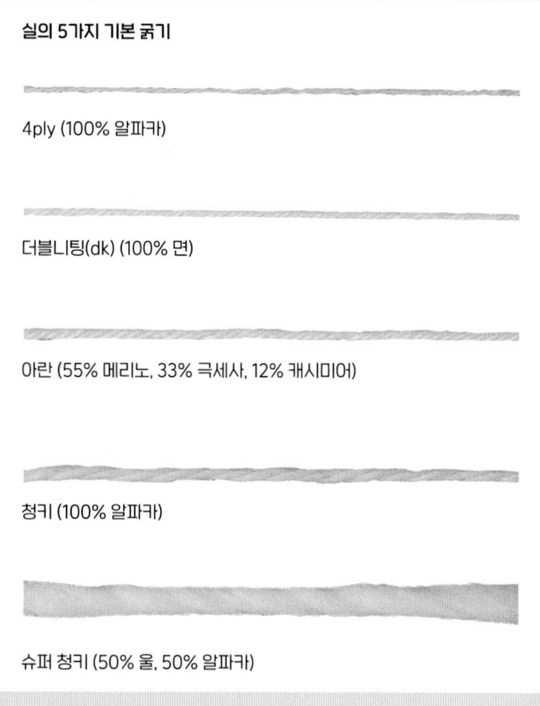



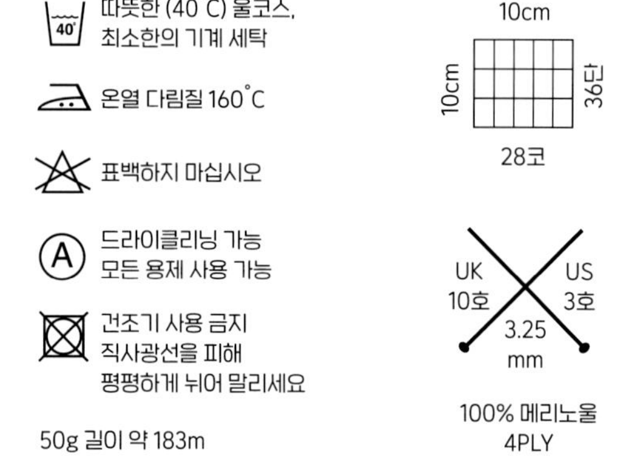

# 도구

손뜨개에는 특별한 도구가 많이 필요하진 않습니다. 가장 기본이자 필수적인 도구는 당연히 바늘입니다. 바늘은 다양한 호수(252쪽 참고)와 종류가 있으며, 작업을 진행하면서 필요한 것들을 차차 갖추어 나가면 됩니다. 이 밖에도 상황에 따라 유용하게 쓰이는 다양한 부자재도 있는데, 그 종류와 용도는 16~17쪽에서 설명합니다.

바늘은 여러 가지 재료로 만들어집니다. 오늘날에는 금속과 대나무가 가장 흔하고, 플라스틱이나 일반 나무로 된 바늘도 있습니다. 금속 바늘은 코가 미끄러지듯 부드럽게 움직여 작업이 수월하고, 플라스틱은 다소 끈적거리는 느낌이 있지만 손에 닿았을 때 따뜻해서 선호하는 사람도 있습니다. 유연한 플라스틱 줄 양 끝에 단단한 바늘 팁이 부착된 바늘도 있는데, 이는 편물의 전체 무게를 손으로 지탱할 필요가 없어서 무게가 많이 나가는 아이템을 뜰 때 유용합니다.

이 외에도 원통뜨기에 사용하는 줄바늘, 양쪽 끝이 뾰족한 막대바늘, 교차뜨기 무늬에 사용되는 꽈배기바늘이 있습니다.

바늘은 잘 관리하면 오랫동안 사용할 수 있습니다. 바늘이 휘어지지 않도록 넓고 평평한 상자나 전용 바늘 케이스에 보관하세요. 끝이 갈라진 바늘을 사용하면 실이 걸려서 찢어질 수 있으므로, 절대 사용해서는 안 됩니다.

뜨개에는 다양한 도구가 필요합니다. 이 중 꼭 필요한 것도 있고, 선택 사항인 것도 있습니다. 작품을 시작하기 전에, 프로젝트에 필요한 재료가 무엇인지 미리 확인하세요.

**플라스틱 바늘**
**금속 바늘**
**대나무 바늘**

**코바늘** - 코바늘 가장자리와 단추 고리를 뜰 때 사용하며, 실 끝 정리에도 사용됩니다.

**양쪽 막대바늘(장갑바늘)** - 원통뜨기 및 메달리온에 사용됩니다.

**꽈배기바늘** - 구부러진 부분이 코가 빠지는 것을 방지합니다. 일자 꽈배기바늘도 사용할 수 있습니다.

**줄바늘** - 원통형 또는 직선 뜨개에 사용됩니다.

**줄자**

**링 마커** - 원통뜨기에서 단의 시작점이나 도안의 특정 지점을 표시할 때 사용합니다.

**바늘 마개 또는 스티치 스토퍼** - 작업을 잠시 멈출 때 편물이 바늘에서 빠지지 않도록 막아 줍니다. 고무 밴드로 대신할 수도 있지만, 스토퍼는 바늘 끝을 보호하는 역할도 합니다.

**뜨개용 시침핀** - 재봉할 때 두 부분을 함께 잇거나, 일정한 수의 코를 주울 때 구간을 표시하는 데 사용됩니다.

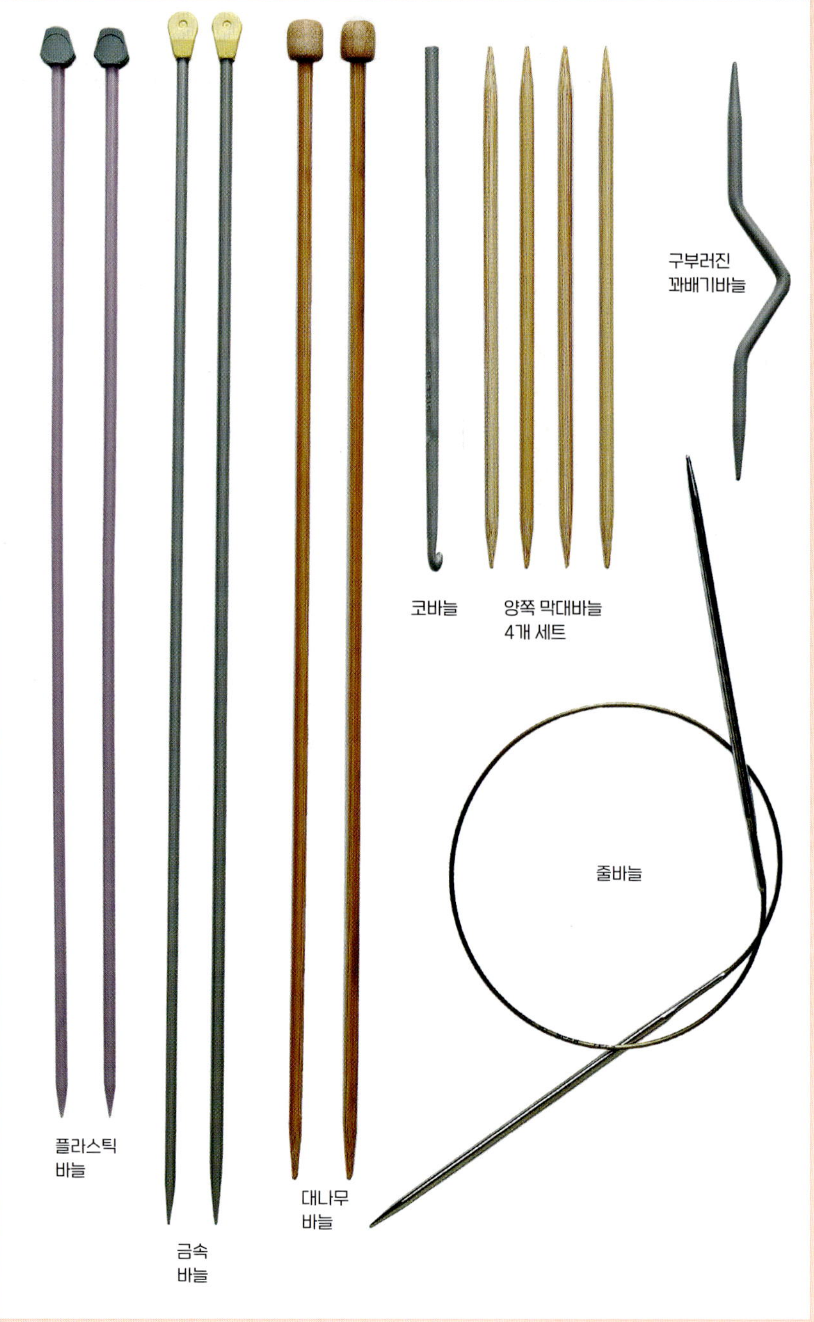

**구슬핀** - 뜨개 편물을
블로킹하는 데 사용됩니다.

**돗바늘** - 재봉 및 뜨개 자수
작업에 사용됩니다.

**단 카운터**

**보빈** - 1단에 2가지 이상의
색상을 사용할 때, 소량의 실을
고정하는 데 사용됩니다.

**옷핀**

**스티치 홀더** - 코를 보관하는
도구로, 양쪽 막대바늘이나
실로 대신할 수 있습니다.
적은 수의 코를 보관하는
경우에는 옷핀이 가장
편리합니다.

**바늘 게이지** - 양쪽 막대바늘과
줄바늘의 실제 호수를 확인할 때
사용합니다. 특히 도안에 사용된
바늘의 규격과 다른 방식으로
표기된 바늘을 사용할 때
유용합니다.

**기타 유용한 도구**
**가위** - 실을 자를 때 사용합니다.
특히 곱슬곱슬한 실로 뜬 편물을
풀 때는 자수 가위가 유용합니다.

**분무기** - 습식 블로킹에
사용합니다.

**다리미, 면 다림질 천, 다리미판** -
편물을 다릴 때 필요합니다.

**뜨개 가방** - 뜨개거리를
깨끗하고 깔끔하게 보관할 수
있습니다. 나무 프레임이 있어
사용 시 바닥에 세워 두었다가,
접어서 휴대하거나 보관할 수
있는 가방도 있습니다.

**도안 보관용 파일이나 노트** -
도안을 보관하고 정리하는 데
유용합니다.

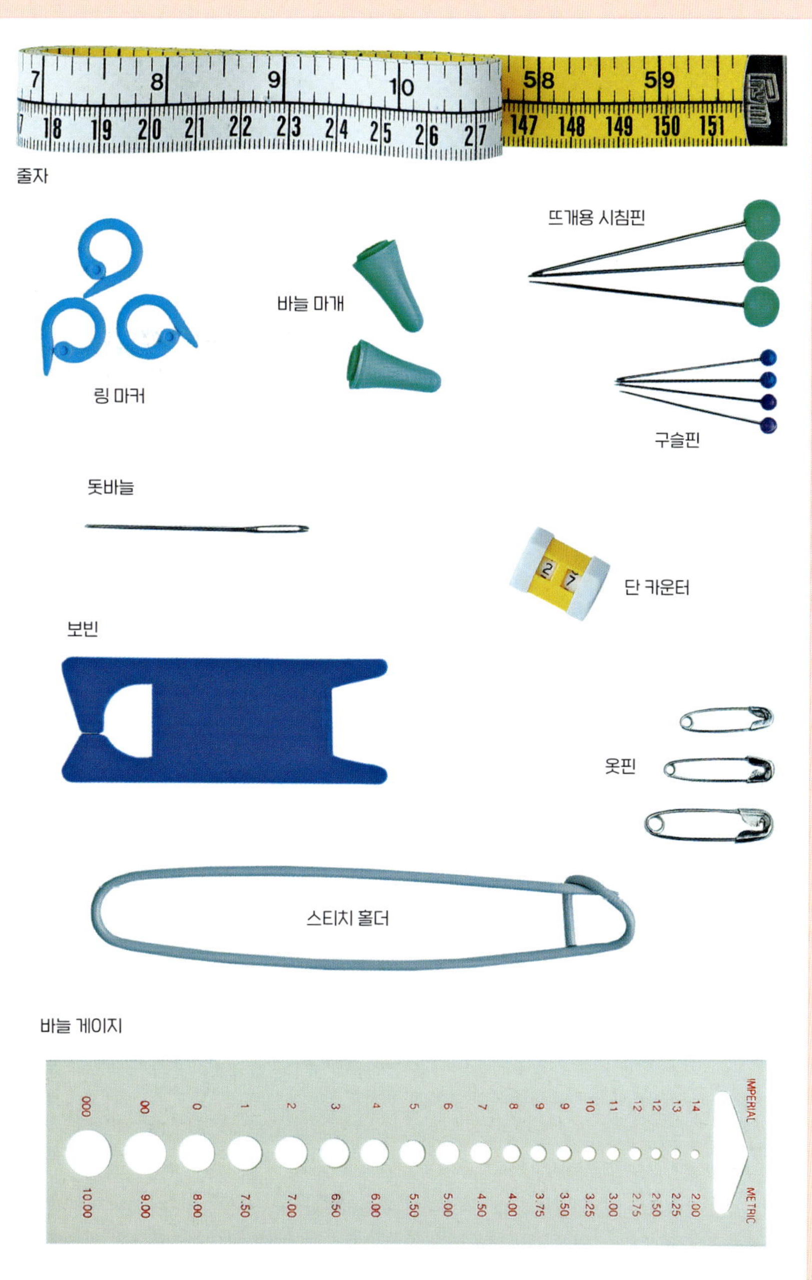

# 코잡기
*casting on*

뜨개를 시작하는 1번째 단계는 필요한 수만큼의 코를 바늘에 만드는 것입니다. 이를 코잡기라고 합니다. 코를 잡는 방법에는 여러 가지가 있습니다. 가장 일반적으로 사용되는 방식은 '엄지 코잡기'와 '케이블 코잡기'입니다. 두 방법 모두 뜨개할 때와 같은 방식으로 실을 잡아야 하므로, 22~23쪽을 참고하여 자신에게 맞는 실 잡는 법을 확인하세요. 싱글 코잡기는 가장 간단한 방법이지만, 코를 고르게 뜨기 어렵기 때문에 초보자에게는 권장하지 않습니다. 더블 코잡기(일반 코잡기)는 얼핏 실뜨기 놀이처럼 보일 수 있으나, 뜨개 경험이 필요 없다는 장점이 있습니다.

## 시작매듭

싱글 코잡기, 엄지 및 케이블 코잡기 방식 모두 바늘에 시작매듭을 만드는 것부터 시작합니다. 먼저 실로 고리를 만듭니다. 바늘 끝을 고리 안으로 밀어 넣은 다음, 실의 양쪽 끝을 당겨 매듭을 조입니다.

## 싱글 코잡기 single cast-on

이 방법은 가장자리가 부드럽고 유연하게 만들어집니다. 실의 끝부분에 시작매듭을 만드는 것부터 시작하세요. 엄지손가락에 실을 감은 다음 세 손가락으로 잡아 고정합니다.

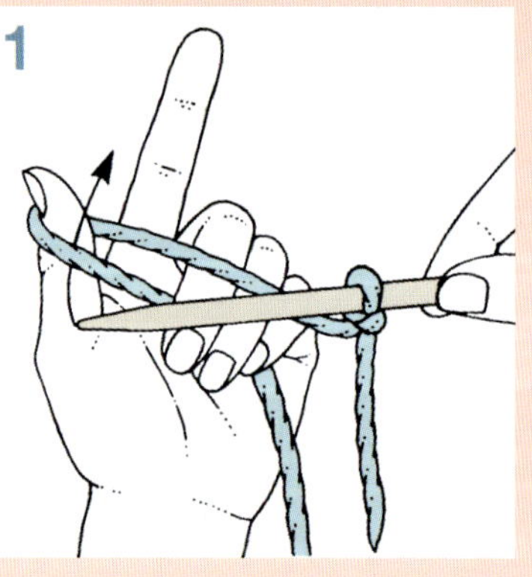

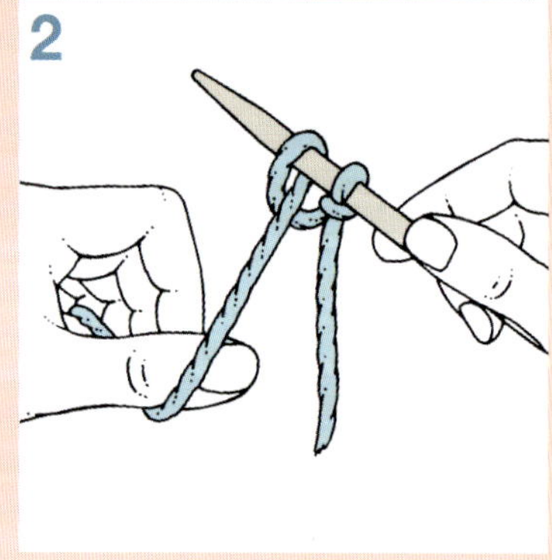

**1** 화살표와 같이 바늘을 엄지손가락 주위의 고리로 통과시켜 위로 들어 올립니다.

**2** 엄지손가락을 고리에서 빼내고 실을 아래로 부드럽게 잡아당겨 코를 만듭니다. 1단계와 2단계를 반복합니다.

## 케이블 코잡기 cable method

이 방법은 가장자리가 매끄럽고 단정하
게 만들어져 다양한 편물에 두루 잘 어
울립니다. 실의 끝부분에 시작매듭을 만
드는 것부터 시작하세요.

**1** 실의 짧은 쪽 끝을 단단히 잡은 상태에
서, 오른바늘을 시작매듭의 왼쪽 아래
에 넣습니다. 이어서 메인 실을 왼쪽에
서 오른쪽으로, 오른바늘의 아래쪽에
서 위쪽으로 걸어 줍니다.

**2** 오른바늘의 고리를 앞쪽으로 당긴 후
왼바늘로 옮깁니다.

**3** 이제 오른바늘을 2코 사이에 넣고, 2단
계와 같은 방식으로 실을 아래에서 위
로 감고 고리를 앞쪽으로 당긴 뒤 왼바
늘에 옮깁니다. 1~3단계를 반복합니다.

## 엄지 코잡기
thumb method

이 방법으로 만든 가장자리는 일반 코
잡기(21쪽)와 모양이 동일합니다. 필요
한 콧수에 2cm를 곱한 길이만큼의 실
을 남긴 다음, 이보다 약간 더 지난 지점
에 시작매듭을 만듭니다. 그림과 같이
실의 짧은 쪽 끝을 왼손에 쥐고, 뜨개할
때처럼 오른손 새끼손가락에 메인 실을
감습니다(22쪽 참고).

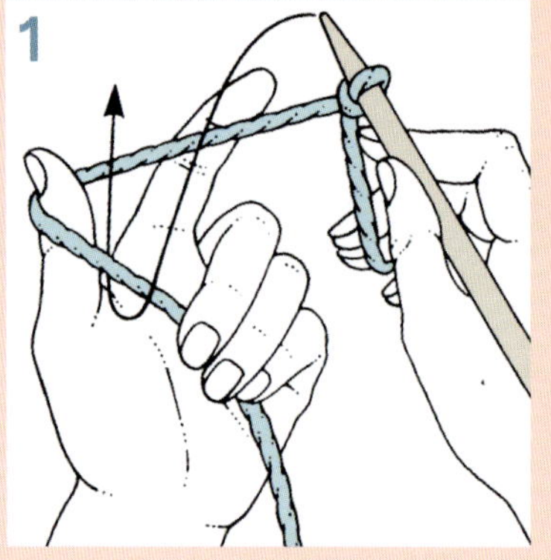

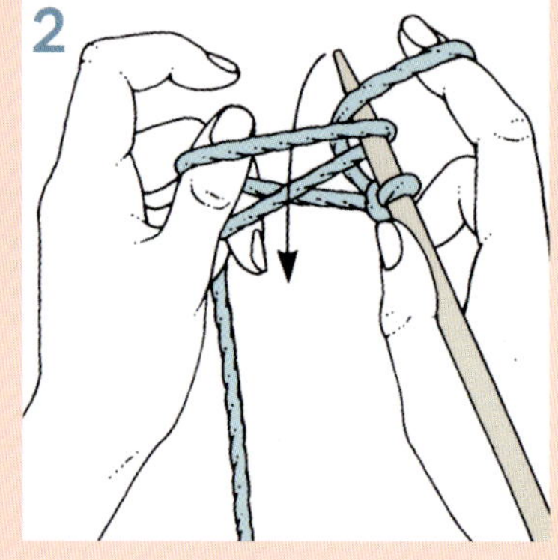

**1** 바늘 끝을 왼손의 엄지와 검지 사이에
놓인 실의 앞가닥의 아래에서 위로 올
리며 화살표 방향대로 넣습니다.

**2** 이제 오른손의 메인 실을 바늘 끝의 아
래에서 위로 가져옵니다. 양쪽 실 팽팽
하게 잡고 화살표와 같이 바늘을 아래
로 내려 왼쪽 고리를 통과합니다.

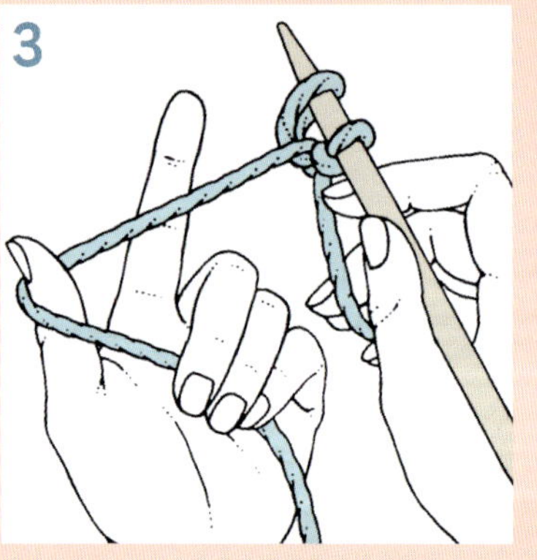

**3** 엄지손가락을 고리에서 빼내고 그림과
같이 짧은 실 끝을 잡아당겨 새 코를
완성합니다. 1~3단계를 반복합니다.

**팁**

코를 조여서 잡는 편이라면, 도안에
제시된 바늘보다 1~2호수 큰 바늘로
코를 잡고, 첫 단부터는 지정된 바늘
로 바꿔서 뜨세요.

## 더블 코잡기(일반 코잡기)
double cast-on

필요한 콧수에 2cm를 곱한 길이만큼의
실을 남겨 둔 다음, 그림과 같이 왼손에
실을 감습니다: 중지와 새끼손가락 사이
에 실을 올린 뒤 새끼손가락을 감고, 네
손가락 위를 지나 시계 방향으로 엄지손
가락을 감습니다. 마지막으로 검지와 중
지 사이에 실을 끼워 살짝 단단하게 잡
습니다. 엄지와 검지를 벌려 실을 팽팽
하게 당깁니다.

　이렇게 하면 매우 유연하면서도 단단한
가장자리가 만들어져 고무뜨기에 적합합
니다.

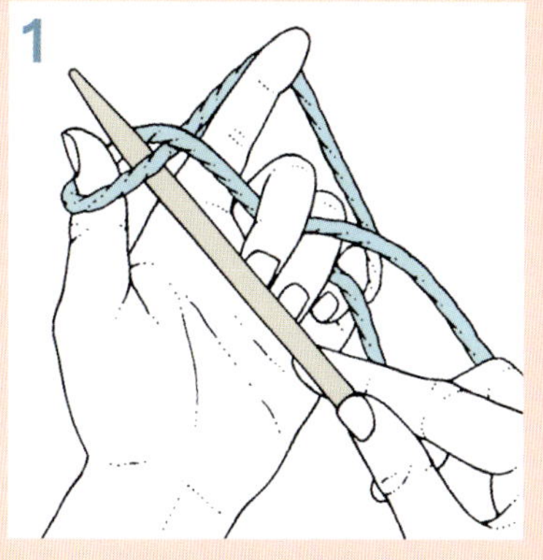
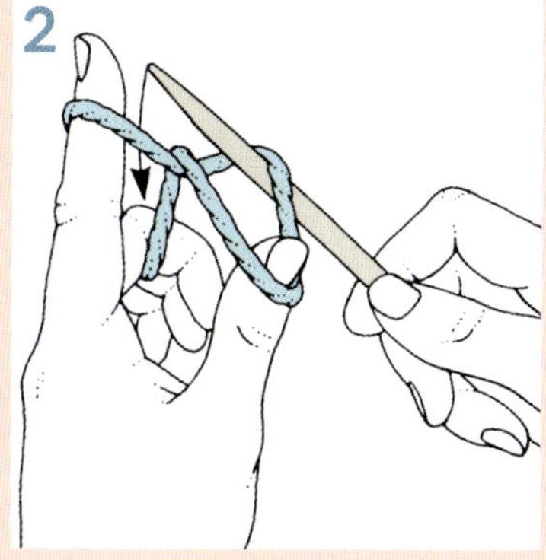

**1** 바늘 끝을 엄지의 고리를 통과해 위로
밀어 넣습니다.

**2** 검지에 연결된 실의 위에서 아래로 바
늘을 통과시켜 고리를 만듭니다. 이때
왼손을 몸쪽으로 살짝 돌립니다(자연
스럽게 이렇게 하게 될 겁니다).

## 팁

더욱 유연한 코잡기를 하려면, 더블
코잡기 또는 엄지 코잡기 방법을 사
용하되 바늘 2개를 함께 사용합니다.
코를 모두 잡은 뒤 2개의 바늘 중 1개
를 빼내면, 고리가 넉넉해져 첫 단을
작업하기가 훨씬 수월해집니다.

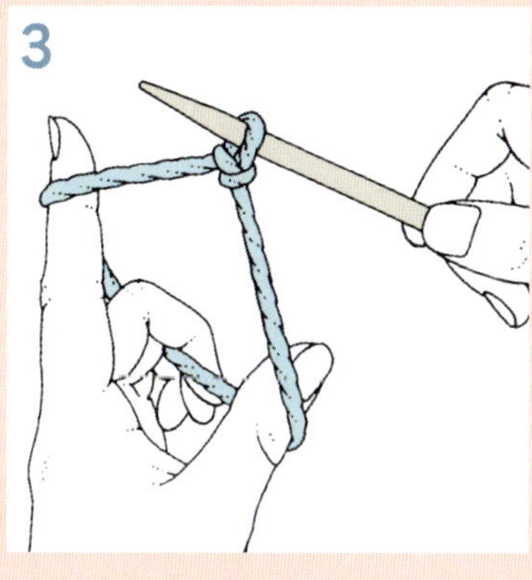

**3** 바늘을 다시 엄지의 고리 사이로 통과
해 가져옵니다. 엄지손가락을 고리에
서 빼낸 뒤 짧은 실을 아래로 당깁니
다. 1번째 코가 완성되었습니다. 1~3단
계를 반복합니다.

# 실과
# 바늘 잡기

바늘에 코를 만들고 나면 이제 뜨개를 시작할 준비가 된 것입니다. 실과 바늘을 잡는 방법에는 여러 가지가 있습니다. 여기에서는 2가지 기초적인 방법을 소개합니다.

오른손으로 실을 잡는 방법은 주로 영어권 국가에서, 왼손으로 잡는 방법은 유럽 대륙에서 더 일반적으로 사용됩니다. 두 방법 모두 결과물은 동일하니, 모두 시도해 보고 더 편한 방식을 선택하세요. 다만, 일부 배색 뜨개는 2가지 색상을 동시에 사용해야 하므로 두 방법을 모두 익혀 두는 것이 좋습니다.

어떤 방법을 사용하든 실을 손가락에 느슨하게 감아 약간 팽팽한 상태를 유지해야 매끄럽고 균일한 코가 나옵니다. 처음에는 새끼손가락에 실을 2번 감는 것이 더 편하게 느껴질 수도 있습니다.

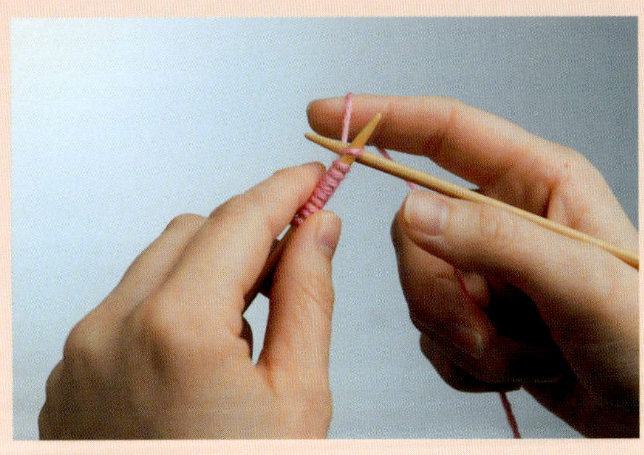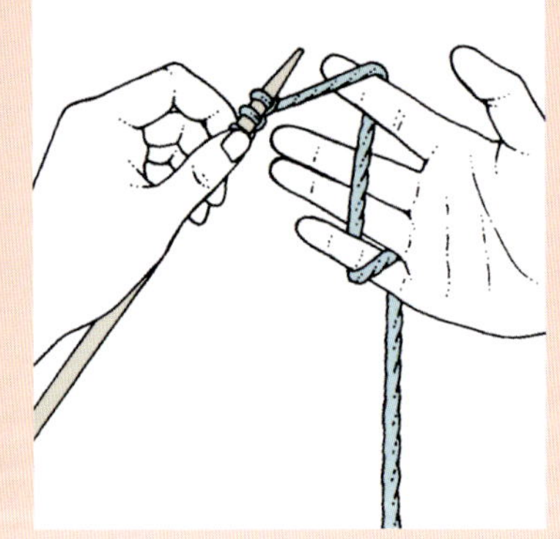

### 오른손 방법

코를 잡은 바늘을 왼손에 쥡니다. 그림과 같이 오른손 손가락에 실을 감습니다. 오른손의 바늘은 연필을 잡는 것처럼 엄지와 나머지 손가락 사이에 놓이도록 잡습니다(실제로는 실보다 바늘을 먼저 잡는 경우가 많습니다). 왼바늘의 1번째 코에 오른바늘을 넣고, 오른손을 앞으로 밀듯 검지를 펴서 오른바늘의 끝에 실을 감습니다. 사진은 겉뜨기 코를 만드는 동작입니다.

## 팁

왼손잡이라면 '컨티넨탈' 방식이 양손에 작업이 더 고르게 분배되므로 비교적 배우기 쉬울 수 있습니다. 오른손 방법을 반대로 적용하여 코가 걸린 바늘을 오른손으로 잡고 왼손 손가락에 실을 감은 다음 왼손으로 코를 뜨는 방법도 있습니다. 이 방법을 선택할 경우, 이 책의 설명을 따라갈 때 책을 거울에 비추어 보면 도움이 될 것입니다(반면 왼손 방법을 그대로 사용할 경우에는 그림과 똑같이 작업할 수 있으므로 거울은 필요하지 않습니다).

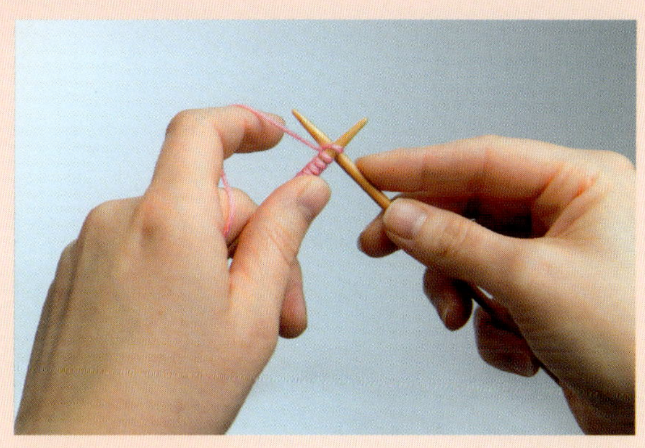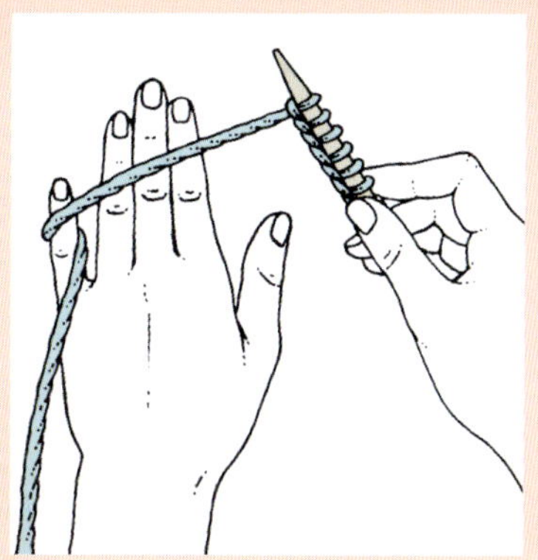

### 왼손 방법

코를 잡은 바늘을 오른손에 잡습니다. 그림과 같이 왼손 손가락에 실을 감은 뒤, 코가 걸린 바늘을 왼손으로 옮기고 검지를 들어 실을 팽팽하게 합니다. 오른손으로 작업용 바늘을 잡고 엄지손가락을 앞쪽에, 나머지 손가락을 뒤에 두고 칼을 쥐듯이 잡습니다. 오른바늘을 1번째 코에 넣고 왼손을 돌려 실을 바늘 끝 주위로 감습니다. 사진은 겉뜨기 코를 만드는 동작입니다.

# 겉뜨기와 안뜨기

*knit and purl*

대부분의 뜨개는 2가지 기본 코인 겉뜨기와 안뜨기에 기반을 둡니다. 이 2가지 코를 익히고 나면 다양한 무늬를 만들 수 있습니다.

밝은 색상의 더블니팅 실(가급적 울 100% 또는 울 혼방)을 사용하여 약 25~30개의 코를 만드는 것으로 시작하세요. 뜨개 코가 매끄러워질 때까지 겉뜨기를 연습하고, 그다음으로 안뜨기를 연습합니다.

가터뜨기(오른쪽). 모든 단을 겉뜨기로만 떠서 만드는 단순한 무늬입니다. 편물에는 가로로 뚜렷한 줄무늬(안뜨기 코의 올록볼록한 모양이 만드는 가로줄)가 생기며 신축성이 좋습니다.

## 겉뜨기 | knit stitch (약어 K)

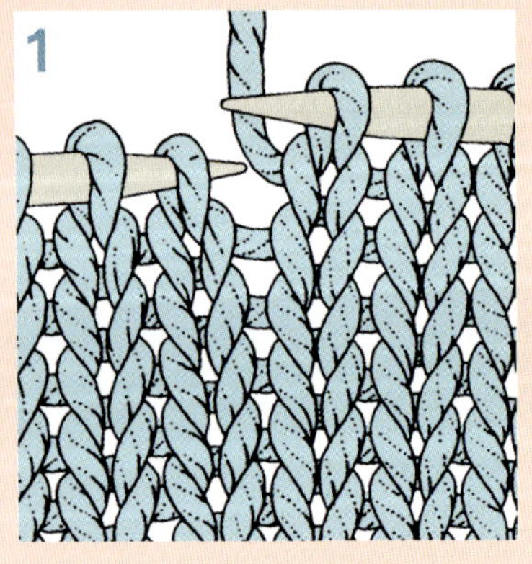

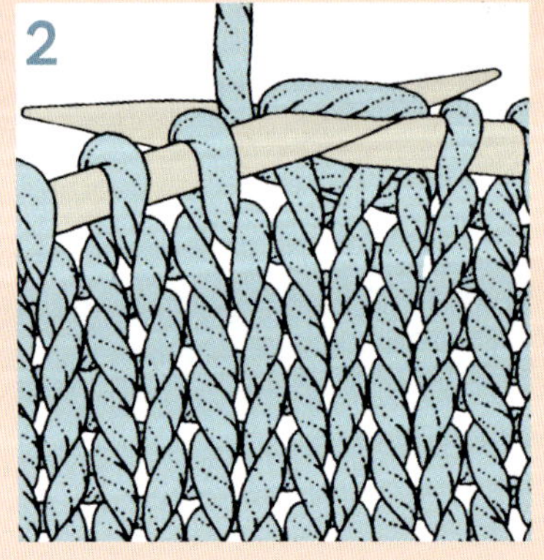

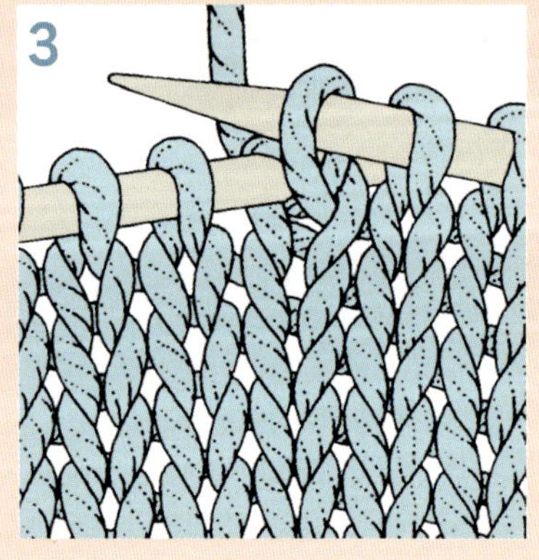

**1** 실을 편물 뒤쪽에 두고 겉뜨기할 코가 있는 바늘을 왼손으로 잡습니다.

**2** 오른바늘을 코의 앞에서 뒤로 넣습니다. 실을 오른바늘 끝에 감아 고리를 만듭니다.

**3** 바늘을 앞으로 당기며 새 고리를 앞쪽으로 끌어내고, 원래 있던 코를 왼바늘에서 빼냅니다.

## 안뜨기 purl stitch (약어 P)

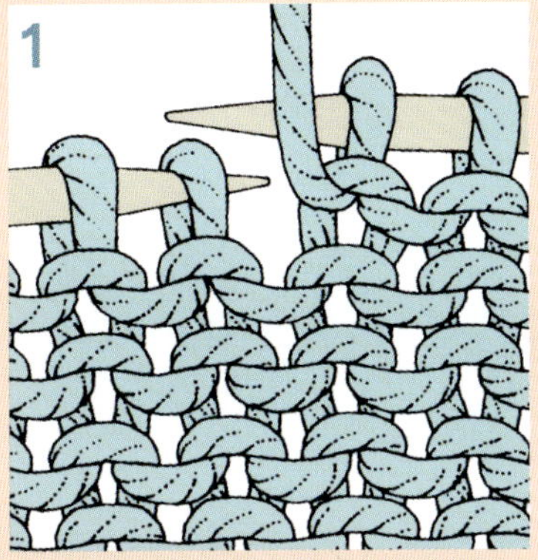

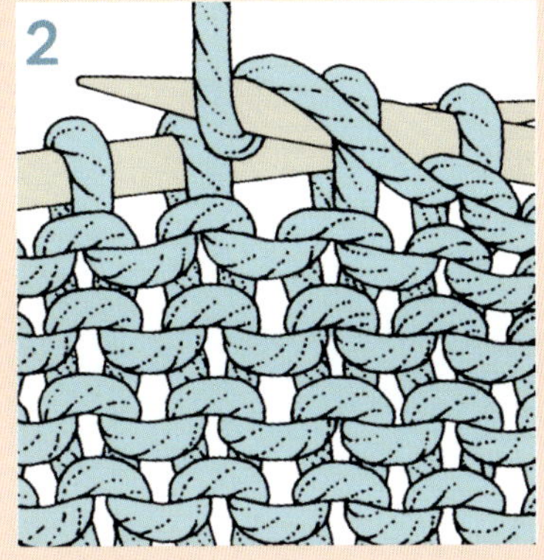

**1** 실을 편물 앞쪽에 두고 안뜨기할 코가 있는 바늘을 왼손으로 잡습니다.

**2** 오른바늘을 코의 뒤에서 앞으로 넣습니다. 실을 바늘 끝에 감아 고리를 만듭니다.

**3** 바늘과 새 고리를 뒤쪽으로 통과시킨 뒤, 원래 코를 왼바늘에서 빼냅니다.

메리야스뜨기(오른쪽). 가장 널리 사용되는 이 무늬는 겉면에서는 모든 단을 겉뜨기로, 안면에서는 모든 단을 안뜨기로 떠서 만듭니다. 메리야스뜨기 편물은 매우 매끄럽고 약간의 신축성이 있습니다.

# 변형

겉뜨기와 안뜨기를 배우고 나면 이 기본 기법에서 파생된 몇 가지 변형도 쉽게 배울 수 있습니다. 그중 하나는 코의 앞가닥이 아닌 뒷가닥에 작업하는 것입니다. 이 기법은 코를 늘릴 때(56~60쪽 참고)나 일부 무늬를 뜰 때 사용됩니다.

예를 들어, 모든 겉뜨기는 코의 뒷가닥에 넣어 뜨고, 안뜨기는 평소처럼 코의 앞가닥에 넣어 작업하면 변형 메리야스뜨기를 만들 수 있습니다. 이렇게 만들어진 편물은 일반 메리야스뜨기보다 훨씬 탄탄합니다.

또 다른 기법은 왼바늘에 있는 코를 뜨지 않고 그대로 오른바늘로 옮기는 것입니다. 걸러뜨기<sub>slip stitch</sub>는 일부 코줄임 기법이나 걸러뜨기 배색(172쪽 참고)에 활용됩니다.

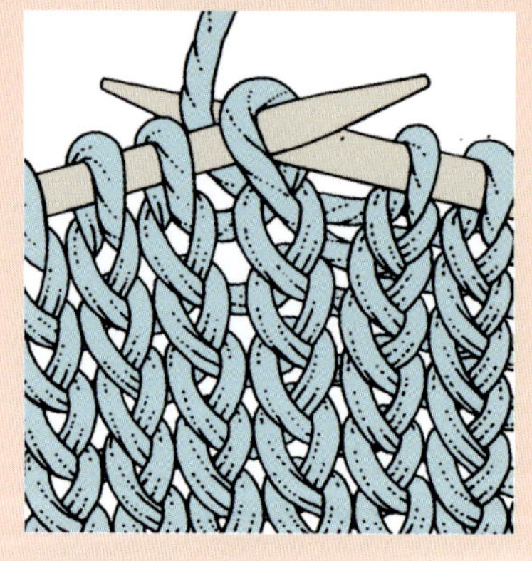

### 고리 뒷가닥에 겉뜨기
(겉뜨기 꼬아뜨기, 약어 K tbl)
오른바늘을 왼바늘에 걸린 코의 뒷가닥에 넣고, 실을 바늘 아래에서 위로 감아 일반적인 방법으로 겉뜨기 코를 만듭니다. 새 코를 앞으로 끌어내고 원래 코는 왼바늘에서 빼냅니다. 이렇게 만들어지는 코는 약간 꼬여 있습니다.

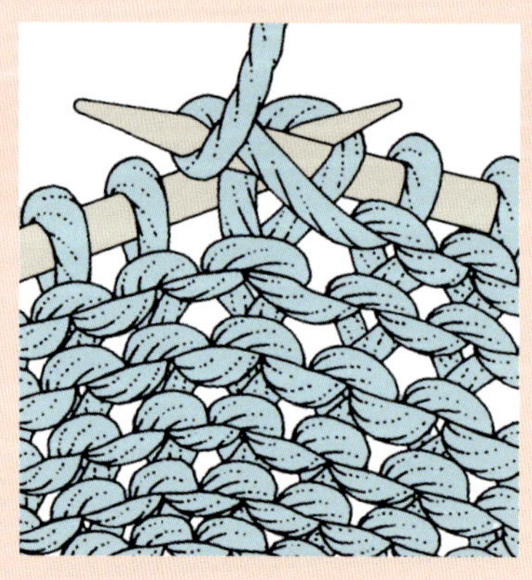

### 고리 뒷가닥에 안뜨기
(안뜨기 꼬아뜨기, 약어 P tbl)
오른바늘을 왼쪽에서 오른쪽으로 향하도록 약간 돌린 다음, 그림과 같이 뒤에서 앞으로 코의 뒷가닥에 바늘을 넣습니다. 일반적인 방법으로 안뜨기 코를 만들고 원래 코를 왼바늘에서 빼냅니다. 이렇게 만들어진 코 역시 약간 꼬여 있습니다.

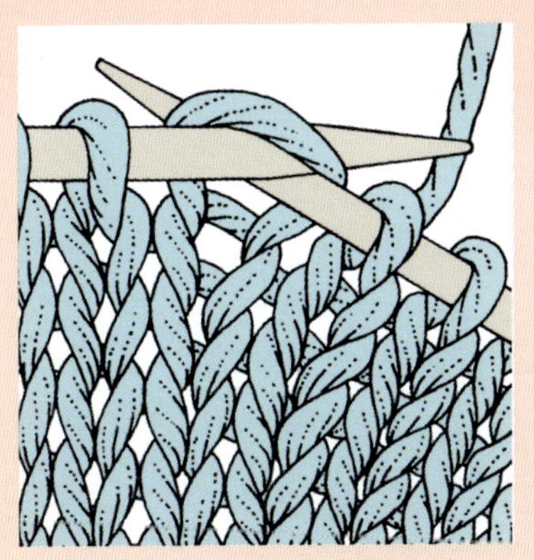

**겉뜨기 코를 겉뜨기하듯이 걸러뜨기** (약어 sl kw)

겉뜨기하는 것처럼 바늘을 코의 앞가닥에 넣되, 새 코를 만들지 않고 그대로 오른바늘로 옮깁니다. 안뜨기 코를 겉뜨기하듯이 걸러뜨기할 때도 같은 기법을 사용합니다.

　도안에 특별한 지시가 없는 한, 실은 직전 코와 마찬가지로 겉뜨기 코라면 편물 뒤에, 안뜨기 코라면 편물 앞에 둡니다.

**겉뜨기 코를 안뜨기하듯이 걸러뜨기** (약어 sl pw)

안뜨기하는 것처럼 바늘을 코의 뒤에서 앞으로 넣은 다음, 오른바늘로 옮깁니다. 안뜨기 코를 안뜨기하듯이 걸러뜨기할 때도 같은 기법이 사용됩니다.

　도안에 특별한 지시가 없는 한, 실은 직전 코와 같은 위치에 둡니다.

# 기본 코막음
## *casting/binding off*

뜨개를 마무리할 때는 '코막음'을 합니다. 이 기법은 진동을 만들 때와 같이 측면에서 코를 줄일 때, 중간에서 가로 단춧구멍을 만들 때나 네크라인을 만들 때 사용됩니다. 코막음에는 여러 가지 방법이 있지만, 여기에서는 가장 일반적으로 사용되는 방법을 소개합니다. 고무단을 코막음할 때는 이 기본 방법을 약간 변형해 사용하며, 기본 방법보다 부드럽고 약간 더 탄력 있는 가장자리가 만들어집니다.

코막음을 할 때 흔히 저지르는 실수는 너무 단단하게 코막음을 하여 가장자리가 편물의 폭보다 좁아지는 것입니다. 이를 방지하려면 메인 편물에 사용하는 바늘보다 1~2호수 큰 바늘을 사용하는 것이 좋습니다.

기본 코막음 방법을 익혔다면 222~225쪽에 나와 있는 고급 코막음 방법을 시도해 보세요.

## 기본 코막음

1 처음 2코를 겉뜨기로 뜹니다. 왼바늘을 오른바늘의 1번째 코에 넣습니다.

2 1번째 코를 2번째 코 위로 들어 올려 오른바늘에서 빼냅니다. 1코가 남을 때까지 1단계와 2단계를 반복합니다. 실을 끊고 이 실을 마지막 코 사이로 통과시켜 단단히 마무리합니다.

메리야스뜨기 편물의 안뜨기 면에서 코막음을 하는 경우, 겉뜨기 대신 안뜨기로 마감하는 것이 더 자연스럽습니다. 이렇게 하면 코막음한 가장자리의 고리가 작품의 겉면 쪽을 향하게 됩니다.

## 고무단 코막음

지금까지 뜨던 패턴 그대로 안뜨기 코는 안뜨기로, 겉뜨기 코는 겉뜨기로 계속 진행합니다. 기본 코막음 방법과 동일하게 1번째 코를 2번째 코 위로 들어 올립니다.

숙련된 니터라도 고무뜨기에서 균일하게 코막음을 하는 깃은 쉽지 않습니다. 별도의 연습용 고무뜨기 편물을 만들어 장력을 약간 느슨하게 균일하게 유지하며 연습해 보세요.

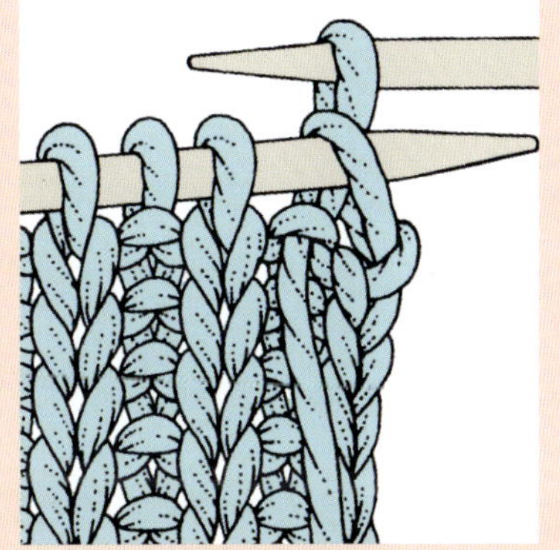

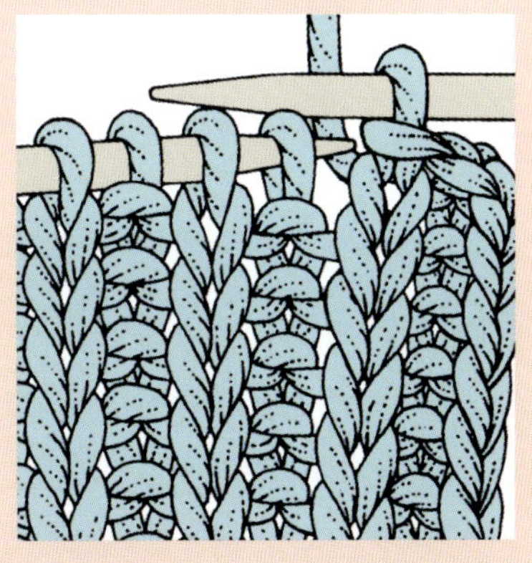

# 단순한 텍스처
## *simple texture*

기초

가장 인기 있는 무늬 중 상당수는 겉뜨기와 안뜨기만으로 이루어진 아주 단순한 조합입니다. 무늬에 필요한 코 단위에 맞추어 코를 잡고, 필요에 따라 여분의 코를 추가합니다.



### 엠보싱 셰브론 무늬

### 우븐 스티치

### 허니콤 걸러뜨기

### 엠보싱 리프 스티치

### 스텝 무늬

# 아이리시 멍석뜨기 irish moss/seed stitch

2의 배수
**1단(겉면)과 2단**: *겉뜨기1,
안뜨기1*, *~* 반복
**3단과 4단**: *안뜨기1, 겉뜨기1*,
*~* 반복

# 다이아몬드 멍석뜨기 diamond seed stitch

8의 배수

**1단(겉면)**: *안뜨기1, 겉뜨기7*,
*~* 반복

**2단과 8단**: *겉뜨기1, 안뜨기5,
겉뜨기1, 안뜨기1*, *~* 반복

**3단과 7단**: *겉뜨기2, 안뜨기1,
겉뜨기3, 안뜨기1, 겉뜨기1*, *~* 반복

**4단과 6단**: *안뜨기2, 겉뜨기1,
안뜨기1, 겉뜨기1, 안뜨기3*, *~* 반복

**5단**: *겉뜨기4, 안뜨기1, 겉뜨기3*,
*~* 반복

# 로만 스티치 roman stitch

2의 배수
**1단과 3단(겉면)**: 겉뜨기
**2단과 4단**: 안뜨기
**5단**: *겉뜨기1, 안뜨기1*, *~* 반복
**6단**: *안뜨기1, 겉뜨기1*, *~* 반복

# 셰브론 멍석뜨기 chevron seed stitch

8의 배수
**1단(겉면)**: *안뜨기1, 겉뜨기3*,
*~* 반복
**2단**: *겉뜨기1, 안뜨기5, 겉뜨기1,
안뜨기1*, *~* 반복
**3단**: *겉뜨기2, 안뜨기1, 겉뜨기3,
안뜨기1, 겉뜨기1*, *~* 반복
**4단**: *안뜨기2, 겉뜨기1, 안뜨기1,
겉뜨기1, 안뜨기3*, *~* 반복

# 바스켓위브 스티치 basketweave stitch

8의 배수 + 4

**1단(겉면)**: 겉뜨기4, *안뜨기4, 겉뜨기4*, *~* 반복

**2단**: 안뜨기4, *겉뜨기4, 안뜨기4*, *~* 반복

**3단**: 1단과 동일

**4단**: 2단과 동일

**5단과 7단**: 2단과 동일

**6단과 8단**: 1단과 동일

# 꼬아뜨기 1코 고무뜨기 single twisted rib

2의 배수
**1단(겉면)**: *겉뜨기 꼬아뜨기1,
안뜨기1*, *~* 반복
**2단**: 1단과 동일

# 패로우 고무뜨기 farrow rib

3의 배수
**1단과 모든 단**: *겉뜨기2, 안뜨기1*,
*~* 반복

# 엠보싱 셰브론 무늬 embossed chevron pattern

12의 배수
**1단(겉면)**: *겉뜨기3, 안뜨기5,
겉뜨기3, 안뜨기1*, *~* 반복
**2단과 모든 짝수단**: 보이는 대로
겉뜨기 코는 겉뜨기, 안뜨기 코는
안뜨기
**3단**: 안뜨기1, *겉뜨기3, 안뜨기3*,
5코 남을 때까지 *~* 반복,
겉뜨기3, 안뜨기2
**5단**: 안뜨기2, *겉뜨기3, 안뜨기1,
겉뜨기3, 안뜨기5*, *~* 반복하되
마지막 반복은 안뜨기3으로 마무리
**7단**: *안뜨기3, 겉뜨기5, 안뜨기3,
겉뜨기1*, *~* 반복
**9단**: 겉뜨기1, *안뜨기3, 겉뜨기3*,
5코 남을 때까지 *~* 반복, 안뜨기3,
겉뜨기2
**11단**: 겉뜨기2, *안뜨기3, 겉뜨기1,
안뜨기3, 겉뜨기5*, *~* 반복하되
마지막 반복은 겉뜨기3으로 마무리
**12단**: 2단과 동일

# 우븐 스티치 woven stitch

2의 배수

**1단과 3단(안면)**: 안뜨기

**2단**: 겉뜨기1, *실을 편물 앞에 두고
1코 걸러뜨기, 겉뜨기1*, 1코 남을 때까지
*~* 반복, 겉뜨기1

**4단**: 겉뜨기1, *겉뜨기1, 실을 편물 앞에
두고 1코 걸러뜨기*, 1코 남을 때까지
*~* 반복, 겉뜨기1

# 허니콤 걸러뜨기 honeycomb slipstitch

2의 배수 + 1
**1단(겉면)**: 안뜨기1, *안뜨기하듯이
1코 걸러뜨기, 안뜨기1*, *~* 반복
**2단과 4단**: 안뜨기
**3단**: 안뜨기2, *안뜨기하듯이
1코 걸러뜨기, 안뜨기1*,
1코 남을 때까지 *~* 반복, 안뜨기1

# 엠보싱 리프 스티치 embossed leaf stitch

10의 배수
**1단(겉면)**: 겉뜨기
**2단**: 안뜨기
**3단과 4단**: 겉뜨기
**5단**: *안뜨기5, 겉뜨기5*, *~* 반복
**6단**: *안뜨기4, 겉뜨기5, 안뜨기1*, *~* 반복
**7단**: *겉뜨기2, 안뜨기5, 겉뜨기3*, *~* 반복
**8단**: *안뜨기2, 겉뜨기5, 안뜨기3*, *~* 반복
**9단**: *겉뜨기4, 안뜨기5, 겉뜨기1*, *~* 반복
**10단**: 안뜨기
**11단**: 6단과 동일
**12단**: 7단과 동일
**13단**: 8단과 동일
**14단**: 9단과 동일
**15단**: *겉뜨기5, 안뜨기5*, *~* 반복
**16단**: 겉뜨기

기초

# 스텝 무늬 stepped pattern

18의 배수

**1단(겉면)**: *겉뜨기15, 안뜨기3*, *~* 반복

**2단과 모든 짝수단**: 보이는 대로 겉뜨기 코는 겉뜨기, 안뜨기 코는 안뜨기

**3단**: *겉뜨기15, 안뜨기3*, *~* 반복

**5단과 7단**: *겉뜨기3, 안뜨기15*, *~* 반복

**9단과 11단**: *겉뜨기3, 안뜨기3, 겉뜨기12*, *~* 반복

**13단과 15단**: *안뜨기6, 겉뜨기3, 안뜨기9*, *~* 반복

**17단과 19단**: *겉뜨기9, 안뜨기3, 겉뜨기6*, *~* 반복

**21단과 23단**: *안뜨기12, 겉뜨기3, 안뜨기3*, *~* 반복

**24단**: 2단과 동일

# 프로젝트 뜨기

## knitting a project

뜨개질을 배우다 보면 '겉뜨기와 안뜨기는 할 줄 아는데, 뜨개 도안은 못 따라가겠어요'라는 말을 종종 듣게 됩니다. 실제로 뜨개 도안은 복잡해 보이기도 하고, 초보자에게는 마치 외국어로 쓰인 것처럼 보일 수도 있습니다. 하지만 이 언어를 배우는 일이 생각보다 어렵지 않다는 걸 곧 알게 될 것입니다.

간단한 프로젝트를 제외한 대부분의 프로젝트에는 코늘림, 코줄임 및 솔기가 포함되고, 많은 경우 코줍기나 단춧구멍을 만들 수 있어야 하는데, 이러한 모든 기법을 이 파트에서 다룹니다. 그리고 무엇보다도 중요한 것은 뜨개 초보자가 실수했을 때 이를 바로잡는 방법을 배울 수 있다는 것입니다.

# 도안 선택

우선, 자신의 실력 수준에 맞는 뜨개 도안을 선택해야 작품을 성공적으로 완성하고 뜨개 실력을 키워나갈 수 있습니다. 첫 도안을 선택할 때는 치수나 모양이 정확하게 맞아야 하는 작품은 피하는 것이 좋습니다. 또한, 너무 복잡한 무늬는 선택하지 마세요.

### 사이즈

도안에 제시된 사이즈 중에서 자신의 치수에 맞는 사이즈가 포함되어 있는지 확인하세요. 의류는 입었을 때 움직임이 편하도록 약간의 여유 공간이 있어야 합니다(이를 '여유분' 또는 '허용 오차'라고 합니다). 도안에 여러 세트의 수치가 표기된 경우, 항상 가장 작은 수치가 먼저 나오고 괄호 안에 그 다음으로 큰 수치가 표시됩니다. 자신의 사이즈에 해당하는 각 수치에 미리 동그라미 표시를 해 두면 헷갈리지 않습니다.

### 재료 및 도구

도안에는 의류를 완성하는 데 필요한 모든 재료와 도구가 안내되어 있습니다. 사용해야 할 실의 양과 종류, 바늘 호수, 올바른 텐션/게이지(50쪽 참고), 단추나 지퍼 등의 부자재도 포함됩니다.

뜨개를 배우는 단계에서는 도안에 명시된 것과 동일한 실의 브랜드와 굵기를 선택하는 것이 좋습니다. 경험이 쌓이면 다른 실로 대체할 수 있습니다. 실 구입에 관한 자세한 안내는 10~14쪽을 참고하세요.

### 작업 순서

도안에는 작품의 각 부분을 작업하는 순서가 안내되어 있습니다. 한 편물 조각의 설명이 이전에 완성한 부분과 연결되는 경우가 종종 있으므로, 도안에 제시된 순서를 따르는 것이 좋습니다. 또한, 편물을 이을 때도 도안 순서대로 진행하는 것이 좋습니다. 넥밴드나 칼라와 같은 추가 작업과도 관련이 있을 수 있기 때문입니다.

특히 복잡한 무늬를 만들 때는 작업을 진행하면서 수시로 확인하는 습관을 들이세요. 밝은 빛 아래에 편물을 평평하게 펼쳐놓고 꼼꼼히 살펴보세요. 바늘에 걸린 콧수를 확인하는 것만으로도 작업이 계획대로 잘 진행되고 있는지 알 수 있습니다.

### 뜨개 언어

모든 뜨개 도안은 지면을 절약하기 위해 다양한 종류의 약어와 기호를 사용합니다(6쪽 참고). 영어권 국가, 디자이너와 니터, 도안과 뜨개 책에 따라 약간의 차이가 있기는 하지만, 비교적 표준화되어 있습니다. 이 책에서 사용된 약어의 전체 목록은 6쪽에 나와 있습니다. 특별한 약어는 각 도안의 시작 부분에서 설명합니다.

약어 외에도 도안에는 ( ), [ ], * *와 같은 기호를 사용합니다. 이 기호들은 사이즈별 변형을 구분하거나 반복 구간을 표시하는 데 쓰입니다. 예를 들어 '*겉뜨기1, 안뜨기1*, *~*를 끝까지 반복'은 '겉뜨기 1코, 안뜨기 1코를 끝까지 반복한다'는 뜻입니다. 반복해야 하는 무늬에 별표를 두 개 이상 사용하여 반복 내의 반복을 표시할 수도 있습니다. 경험이 쌓일수록 이러한 약어와 기호에 익숙해질 것입니다.

담요처럼 단순한
형태의 작품은 색상과
질감을 마음껏 실험해
볼 수 있는 좋은
기회가 됩니다.

# 텐션/게이지
## *tension/gauge*

뜨개 도안에서 가장 중요한 정보 중 하나가 바로 게이지입니다. 이는 해당 도안을 만든 디자이너가 특정 치수에서 얻은 콧수와 단수입니다. 일반적으로 '10*10cm, 21코*30단, 4mm 바늘로 작업'과 같이 표시됩니다. 때로는 작품의 주요 부분에 사용된 무늬를 기준으로 게이지가 표시되기도 합니다. 정확한 사이즈의 옷을 만들려면 게이지를 확인하는 것이 중요합니다. 이를 위해서는 본격적으로 의류를 뜨기 전에 반드시 스와치를 떠서 게이지를 맞춰 보아야 합니다.

## 스와치 뜨기

1 도안에 제시된 게이지보다 조금 더 많은 코를 잡습니다. 예를 들어, 21코가 필요한 경우라면 28코 정도를 뜹니다. 지정된 바늘을 사용하여 스와치가 10cm가 조금 넘을 때까지 무늬대로 작업한 뒤, 느슨하게 코막음을 합니다.

2 평평하고 푹신한 표면에 스와치를 고정합니다. 핀으로 고정할 때 스와치를 억지로 잡아당겨 늘리면 콧수가 정확하게 측정되지 않으므로 주의해야 합니다. 입체감이 있는 무늬나 레이스 무늬 같은 경우에는 완성된 작품처럼 매끄럽게 만들기 위해 편물을 블로킹해야 할 수도 있습니다(70쪽 참고).

3 오른쪽 그림과 같이 한쪽 가장자리로부터 몇 코 떨어진 지점에 핀을 꽂습니다. 게이지에 제시된 콧수만큼 세어 핀을 하나 더 꽂습니다. 두 핀 사이의 거리를 측정합니다. 거리는 10cm (또는 도안에 기재된 치수)가 되어야

합니다. 측정값이 더 크면 게이지가 너무 느슨한 것이므로 더 작은 호수의 바늘로 교체해야 합니다. 반대로 측정값이 더 작으면 게이지가 너무 빡빡한 것이므로 더 큰 호수의 바늘로 바꿔야 합니다.

단의 게이지 역시 같은 방법으로 측정합니다. 단, 메리야스뜨기의 경우, 가로줄이 있는 안뜨기 면에서 세는 것이 더 수월합니다. 일반적으로 진동, 네크라인과 같은 모양을 만드는 지시사항은 단수가 아니라 특정 길이로 주어지는 경우가 많기 때문에, 단의 게이지는 코의 게이지만큼 중요하지는 않습니다. 그러나 일부 도안은 특정 모양을 만들 때 무늬 반복 횟수가 기준이 되기도 합니다. 이러한 경우에는 단의 게이지가 맞지 않으면 옷의 비율이 달라집니다.

의류를 뜨는 동안에도 중간중간 게이지를 확인하여 틀어지지 않았는지 확인하는 것이 좋습니다. 작품의 일부 구간을 완성한 뒤에 게이지를 측정해 보세요.

게이지를 맞추기 위해 뜨개 방법을 바꾸려고 하지 마세요. 게이지는 각자의 자연스러운 리듬에 따라 다르므로, 바늘 호수를 바꾸는 것이 올바른 방법입니다.

다만, 너무 피곤하거나, 긴장된 상태이거나, 한동안 뜨개를 하지 않은 경우에는 게이지가 달라질 수 있습니다. 이런 때에는 본 작업에 들어가기 전에 여분의 실과 바늘로 몇 단 정도 뜨는 연습을 해 보면서 원래의 자연스러운 리듬을 되찾는 것이 좋습니다.

게이지를 정확하게 측정하려면 스와치를 올바르게 고정해야 합니다.

## 복잡한 무늬

복잡한 무늬의 게이지가 제시되면 혼란스러울 수 있습니다. 어떻게 무늬 전체에 필요한 모든 코를 만들지 않고 스와치를 뜰 수 있을까요?

먼저 반복되는 구간의 1번째 단을 보고 그 반복에 몇 개의 코가 있는지 계산합니다. 예를 들어, 도안에 '*1번째 코에 (겉뜨기1, 안뜨기1, 겉뜨기1), 안뜨기로 3코모아뜨기*, *~*를 끝까지 반복'이라고 적혀 있다고 합시다. 괄호 안의 1번째 지시사항을 따랐다면 3코를 뜨게 되고, 2번째 지시사항인 '안뜨기로 3코모아뜨기'에서는 1코를 뜨게 됩니다. 즉, 한 번의 반복에 4코 (3코+1코)가 필요함을 알 수 있습니다.

따라서 4의 배수로 코를 잡아야 하며, 이때 게이지에 표기된 콧수보다 몇 코 더 넉넉하게 잡아 스와치를 만듭니다. 도안에 가장자리코가 따로 표시되어 있다면, 이것도 더해야 합니다. 이 코는 *의 바깥쪽에서 찾을 수 있습니다. 이렇게 코를 잡고 스와치가 10cm가 조금 넘을 때까지 지시대로 작업합니다.

콧수를 세기 어렵다면, 지정된 콧수와 단수의 시작과 끝에 대비되는 색의 실을 묶어 표시해 둔 다음, 이 마커 사이의 게이지를 측정합니다.

# 잘못 뜬 부분 수정하기

뜨개질을 하다 보면 누구나 실수하기 마련입니다. 따라서 실수를 했을 때 효과적으로 대처하는 방법을 미리 익혀 두는 것이 중요합니다.

우선 뜨개를 하는 동안 코바늘을 항상 가까이에 두세요. 코바늘은 빠진 코를 줍는 데 매우 유용합니다. 꽈배기바늘 또한 문제를 해결하는 동안 느슨해진 코를 고정해 두는 데 유용하게 사용됩니다. 실수를 수정한 후에는 콧수를 세어 개수가 정확한지 확인하세요.

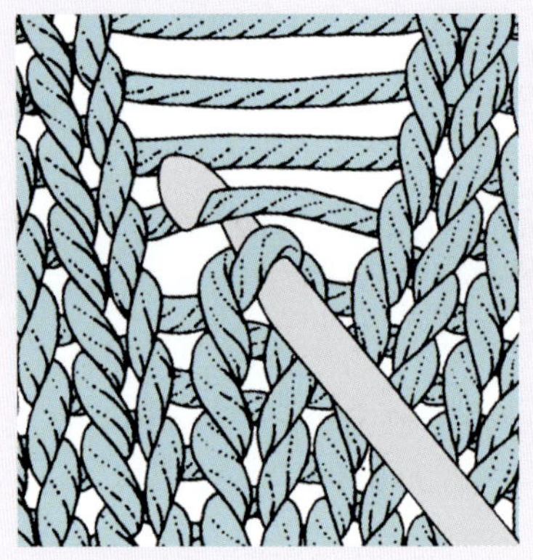

### 겉뜨기로 래더* 주워 올리기

메리야스뜨기의 경우, 가장 아래에 있는 완성된 코에 코바늘을 앞에서 뒤로 넣고, 그림과 같이 위의 가닥을 당겨서 새 코를 만듭니다. 이 과정을 사다리 상단까지 반복하고, 마지막 코를 왼바늘에 걸어 줍니다. 바늘에 걸린 코의 방향이 올바른지 확인합니다.

*사다리, 코 사이의 가로 가닥

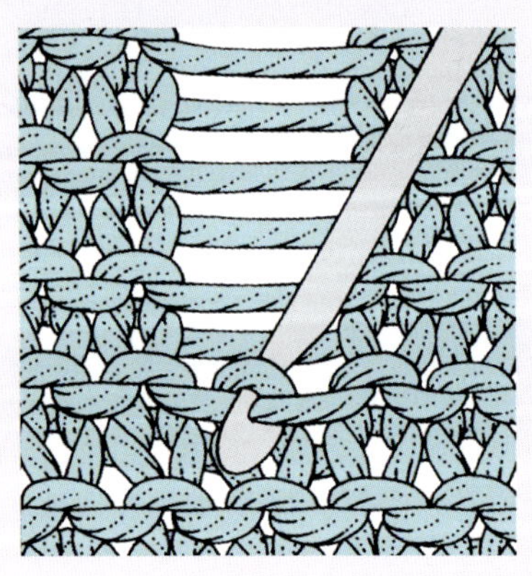

### 안뜨기로 래더 주워 올리기

일부 무늬에서는 안뜨기 코를 주워 올려야 할 때가 있습니다. 기본 원리는 겉뜨기 코를 주워 올릴 때와 동일하지만, 코바늘을 그림과 같이 뒤에서 앞으로 넣습니다.

## 코 풀기

뜨개를 하다가 몇 단 아래에서 실수를
발견한 경우, 그 지점까지 한 코 한 코 차
례대로 코를 풀고 수정한 다음, 다시 뜨
기를 이어갑니다.

**1** 겉뜨기 코를 풀려면 왼바늘을 오른바늘
에 걸린 고리 아래의 코에 넣습니다. 오
른바늘을 그 위에서 빼고, 실을 고리 밖
으로 당겨 풀어냅니다.

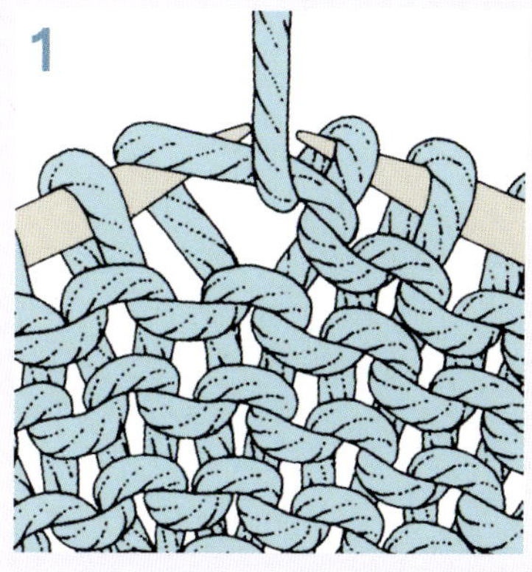

**1** 안뜨기 코 역시 기본적으로 겉뜨기 코를
풀 때와 동일하지만, 실을 편물 앞쪽에
둡니다.

## 편물 풀기

실수가 몇 단 이상 아래에서 발생했다
면, 편물을 푸는 것이 더 빠릅니다. 바늘
을 빼고 실수가 발생한 1단 또는 2단 아
래까지 편물을 푼 뒤, 실이 오른쪽 끝에
남은 상태로 끝내세요. 그런 다음 코들을
다시 바늘에 걸어 작업을 이어갑니다.

어떤 무늬는 편물의 겉면에서 작업하
는 것이 더 쉽지만, 메리야스뜨기와 같은
무늬에서는 그림과 같이 안면(보통 안뜨
기)에서 작업하는 것이 더 쉽습니다.

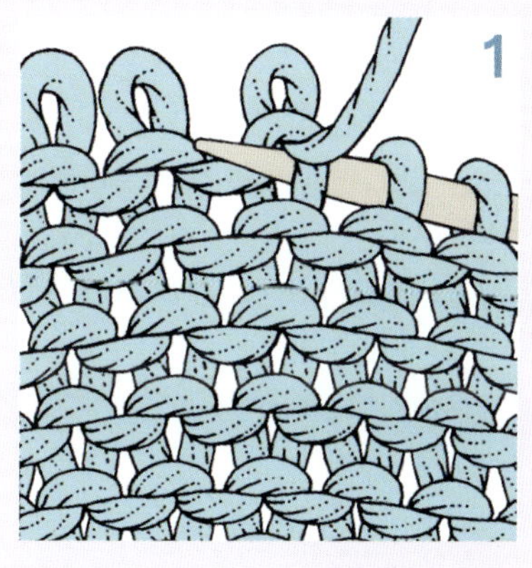

**1** 고리 아래쪽 코에 바늘을 뒤에서 앞으
로 넣고 고리를 빼냅니다. 이런 식으로
단 끝까지 계속합니다. 왼손잡이 니터
는 실이 왼쪽 끝에 오도록 편물을 푼 뒤
왼쪽에서 오른쪽으로 뜨는 것이 더 편
합니다.

### 팁

일반적으로 한 단을 뜨는 데 필요한
실의 길이는 편물 너비의 약 4배입니
다. 질감이 풍부한 무늬일수록 더 많
은 실이 필요할 수 있습니다.

실을 풀고 나서 코를 다시 주울 때는
뜨개에 사용한 바늘보다 2~3 호수
작은 바늘을 사용하세요. 이렇게 하
면 코 모양이 망가지는 것을 방지할
수 있습니다.

헤어리한 실을 풀 때는 끝이 뾰족한
가위를 준비하여 엉킨 부분을 조심
히 잘라 내세요. 단, 실의 메인 가닥
을 자르지 않도록 각별히 주의해야
합니다. 이런 경우 돋보기가 도움이
될 수 있습니다.



잘못 뜬 부분 수정하기

# 셀비지

*selvedge*

셀비지는 뜨개 편물에서 특별히 처리한 가장자리를 말합니다. 메리야스뜨기처럼 다소 느슨한 편물에 평평하고 단단한 가장자리를 만들어 주며, 편물을 이을 때 다루기가 훨씬 쉬워집니다. 또한, 일부 무늬에서 흔히 나타나는 가장자리의 말림 현상을 방지하고, 스카프처럼 잇지 않고 가장자리를 그대로 두는 작품에 장식적인 마감을 줄 수도 있습니다.

보통 도안에는 셀비지가 표시되지 않은 경우가 많습니다. 1코짜리 셀비지를 만들어 솔기 안쪽에 봉합하려는 경우, 대개는 별도의 코를 추가할 필요가 없습니다. 그러나 무늬가 복잡하거나 전통적인 페어 아일 모티프와 같이 섬세한 배색 무늬가 있는 경우에는 각 가장자리에 셀비지를 추가하여 무늬가 솔기 부분에서 끊기지 않고 자연스럽게 이어지도록 하는 것이 좋습니다.

### 싱글 사슬 가장자리
single chain edge

이 셀비지는 가장자리를 매끄럽고 평평하게 만들어 주며, 특히 가장자리끼리 잇거나(71쪽 참고) 코를 주워 뜨는 경우에 적합합니다(65쪽 참고).

겉면: 1번째 코를 겉뜨기하듯이 걸러뜨고, 마지막 코를 겉뜨기한다.

안면: 1번째 코를 안뜨기하듯이 걸러뜨고. 마지막 코를 안뜨기한다.

### 싱글 가터뜨기 가장자리

single garter stitch edge

이 방법은 느슨해지기 쉬운 편물의 가장자리를 단단하게 만들 수 있으며, 특히 박음질로 솔기를 잇는 데 적합합니다(72쪽 참고).

겉면과 안면: 1번째 코와 마지막 코를 겉뜨기한다.

### 더블 가터뜨기 가장자리

double garter stitch edge

이 방법은 가장자리가 말리지 않고 평평하게 놓이는 장식용 가장자리입니다. 각 가장자리에 2코를 추가합니다.

겉면과 안면: 1번째 코를 겉뜨기하듯이 걸러뜨기하고 2번째 코를 겉뜨기한다. 단 끝에서 마지막 2코를 겉뜨기한다.

# 코늘림 및
# 코줄임

코늘림과 코줄임에는 다양한 방법이 있으며, 여러 가지 목적에 따라 사용됩니다. 뜨개 편물의 가장자리나 단 위에서 모양을 만들 때 사용되기도 하고, 장식적인 무늬를 만드는 데 사용되기도 합니다. 무늬에 사용하는 코늘림과 코줄임은 콧수를 일정하게 유지하기 위해 쌍을 이루어 사용하는 것이 일반적입니다. 일부 레이스 무늬에서는 콧수가 일시적으로 늘어나기도 하지만, 1단 혹은 2단 후에 다시 코줄임이 들어가 원래의 콧수로 돌아옵니다.

'장식적인 코늘림'은 편물에 구멍을 만드는 것으로, 주로 레이스 무늬에 사용됩니다. 실을 바늘 위나 주위에 감아서 만들며, 실의 시작 위치에 따라 방법은 약간 다르지만, 효과는 동일합니다.

## 바 코늘림 - 겉뜨기로
bar increase - knitwise (약어 kfb)

보통 도안에서 'kfb'로 표시되는 바 코늘림은 1코에 2번 뜨는 것입니다. 겉뜨기 단이든 안뜨기 단이든 어디에서나 사용할 수 있으며, 작품의 겉면에 작은 가로줄(바)이 생깁니다. 가장자리에서 몇 코 안쪽에서 이 늘림을 사용하면, 장식적인 효과를 낼 수 있습니다.

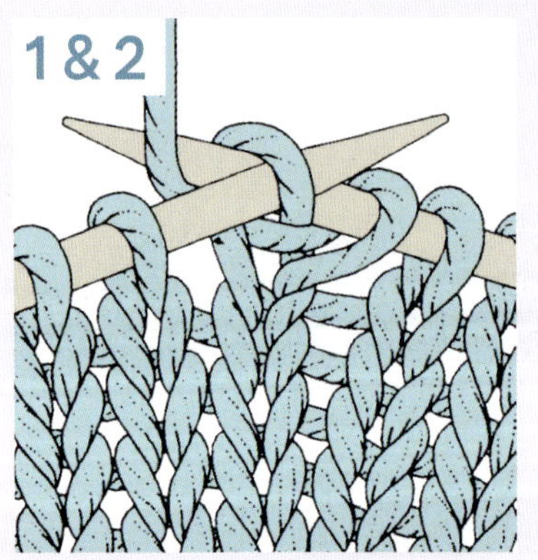


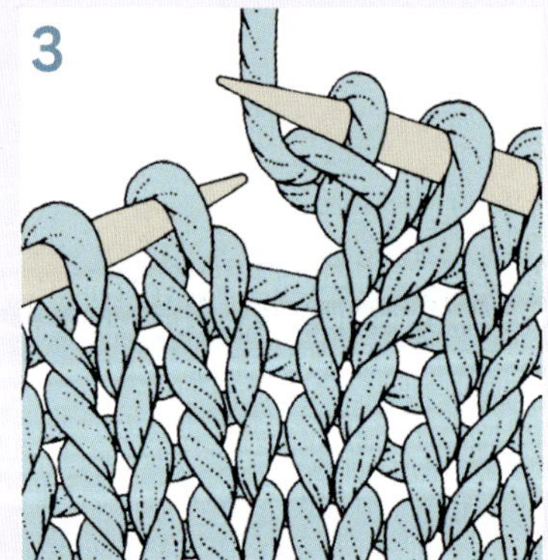


**1** 평소와 같이 코 앞가닥에 겉뜨기를 하되, 바늘에서 원래 코를 빼지 않습니다.

**2** 같은 코에 다시 뜨되, 이번에는 고리의 뒷가닥에 넣어 겉뜨기를 합니다.

**3** 왼바늘에서 코를 빼냅니다. 1코에서 2개의 코가 만들어졌습니다. 이 코늘림 방법은 종종 고무뜨기에서 무늬를 유지하기 위해 사용됩니다.

# 바 코늘림 - 안뜨기로 bar increase - purlwise (약어 pfb)

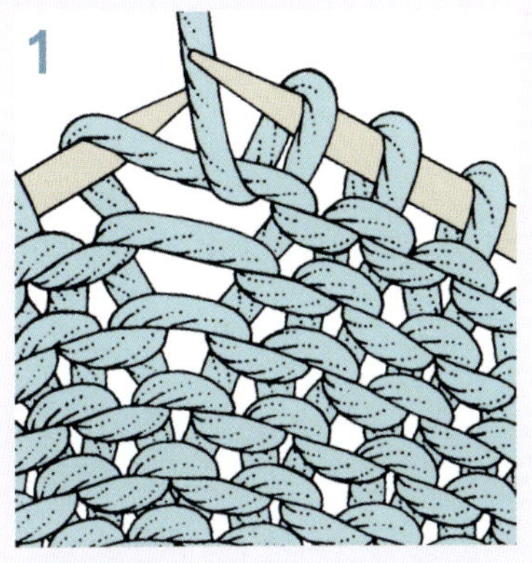

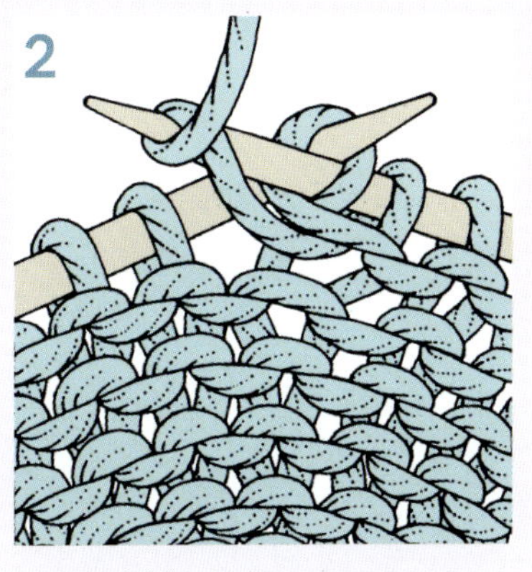

**1** 일반적인 방법으로 안뜨기를 하되, 원래 코를 바늘에서 빼지 않습니다.

**2** 같은 코에 다시 뜨되, 이번에는 그림과 같이 코를 비틀어 고리 뒷가닥에 안뜨기를 합니다.

**3** 왼바늘에서 코를 빼냅니다.



# 겉뜨기 1코 만들기 making one knit stitch (약어 m1l, m1r)

이런 종류의 코늘림은 보통 도안에서 'm1l' 혹은 'm1r'로 표시됩니다.[*]

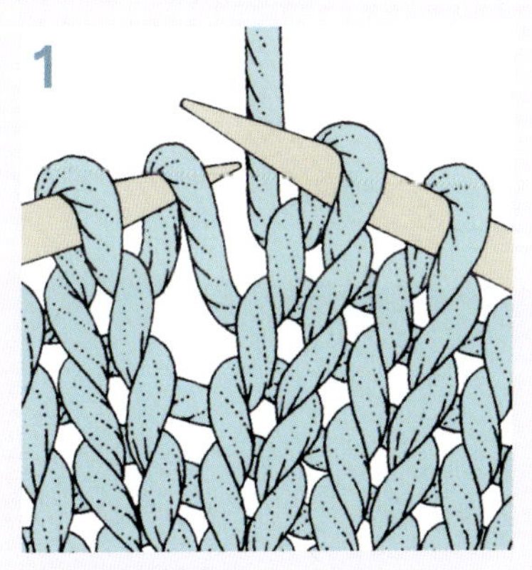

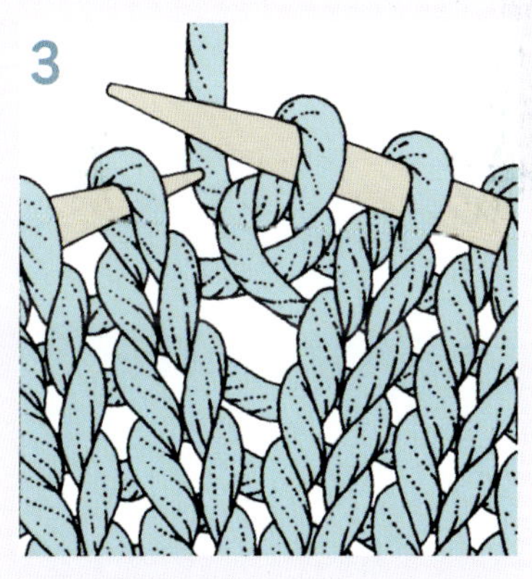

**1** 왼바늘과 오른바늘 사이에 놓인 실 가닥 아래에 왼바늘을 앞에서 뒤로 넣습니다.

**2** 새로 만들어진 고리의 뒷가닥에 바늘을 넣어 겉뜨기합니다.

**3** 고리를 바늘에서 빼냅니다.

[*]코늘림 방향에 따라 오른코늘림은 m1r, 왼코늘림은 m1l로 표기



코늘림 및 코줄임

### 안뜨기 1코 만들기 making one purl stitch (약어 m1lp, m1rp)

겉뜨기 1코 만들기와 마찬가지로 도안에 'm1lp' 혹은 'm1rp'로 표시됩니다[*].

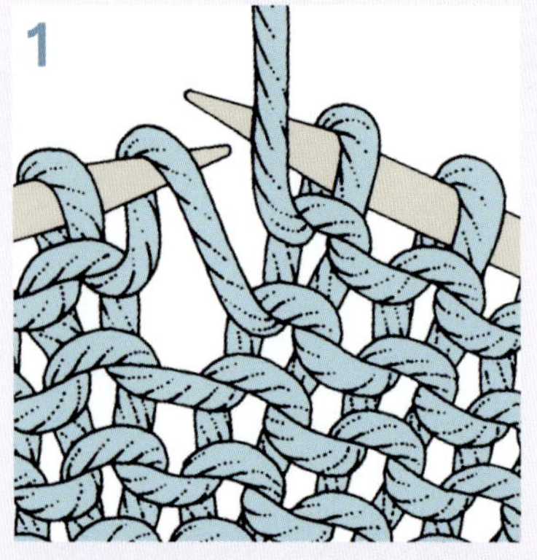

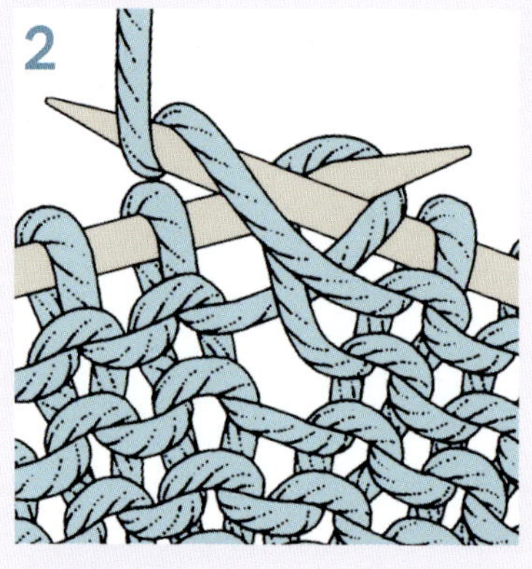

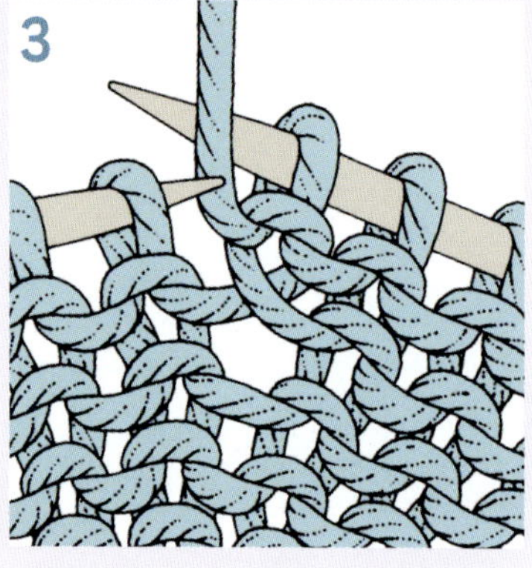

1 왼바늘과 오른바늘 사이에 놓인 실 가닥 아래에 왼바늘을 앞에서 뒤로 넣습니다.

2 그림과 같이 바늘을 비틀어 방금 만든 새 고리의 뒷가닥에 안뜨기합니다.

3 집어 올린 고리를 왼바늘에서 빼냅니다.


### 리프티드 코늘림 - 겉뜨기로 lifted increase - knitwise (약어 RLI, LLI)[**]

'M1 코늘림'처럼 눈에 잘 띄지 않는 코늘림 방식입니다.

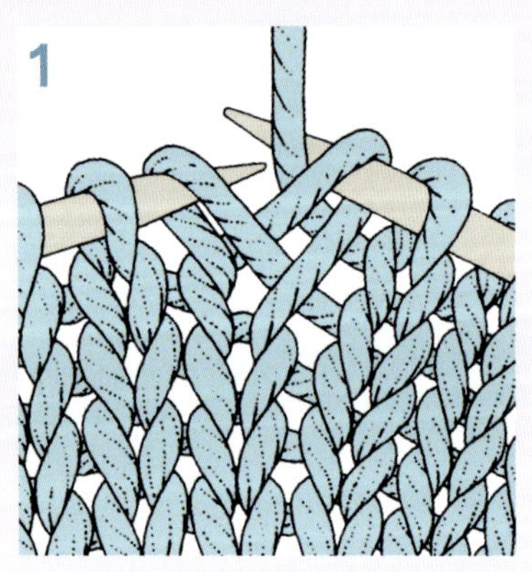

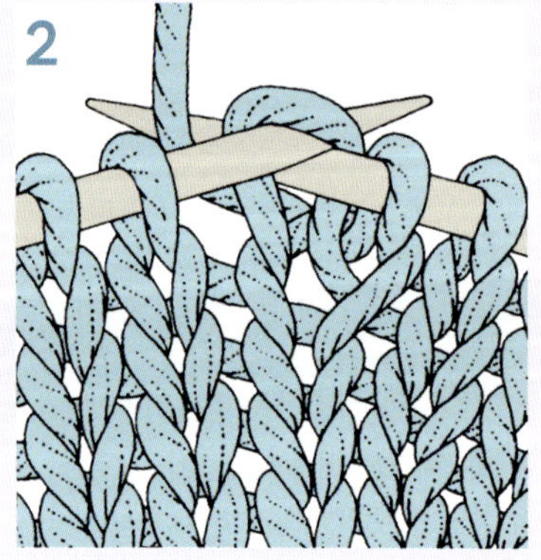

1 왼바늘에 걸린 코 바로 아래에 있는 코의 앞에서 뒤로 오른바늘을 넣어 겉뜨기합니다.

2 이제 평소와 같이 왼바늘의 같은 코에 겉뜨기합니다.


[*] 코늘림 방향에 따라 오른코늘림은 m1rp, 왼코늘림은 m1lp로 표기

[**] 코늘림 방향에 따라 오른코늘림은 RLI, 왼코늘림은 LLI로 표기



프로젝트 뜨기

## 리프티드 코늘림 - **안뜨기로** lifted increase - purlwise

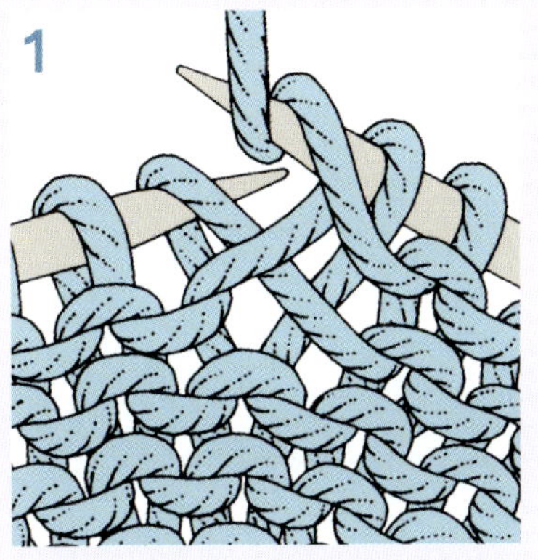

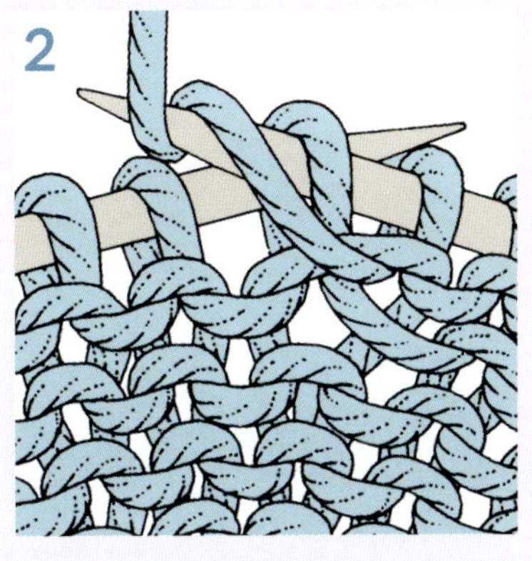

**1** 왼바늘에 걸린 코 바로 아래에 있는 코의 뒤에서 앞으로 넣어 오른바늘을 안뜨기합니다.

**2** 이제 평소와 같이 왼바늘의 같은 코에 안뜨기합니다.



**팁**

여러 가지 코늘림과 코줄임 방법이 만들어 내는 다양한 효과에 익숙해지려면, 부드러운 실을 사용하여 약 20코를 만들어 메리야스뜨기로 작업하면서 이 책에서 소개한 기법을 연습해 보세요. 코늘림과 코줄임을 할 때마다 사용한 방법을 작은 태그에 표시하여 편물에 부착해 두면, 나중에 참고할 수 있습니다.

## 바늘비우기**(실을 편물 앞으로)** yarn forward (약어 yf)
2개의 겉뜨기 코 사이에 작업합니다.

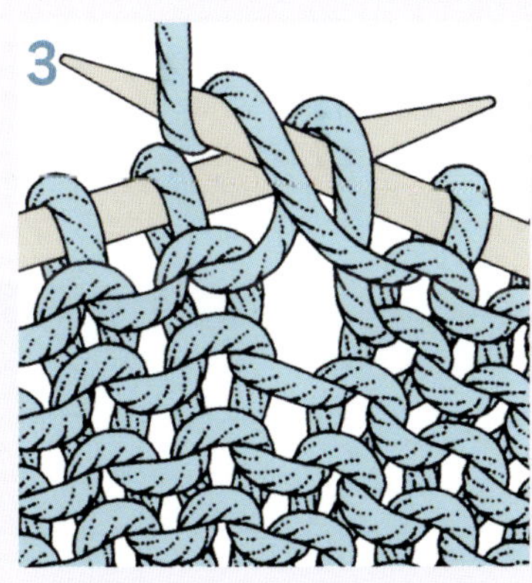

**1** 실을 작품의 앞쪽으로 가져온 다음, 다시 오른바늘 위로 가져옵니다.

**2** 일반적인 방법으로 다음 코를 겉뜨기합니다. 그러면 오른바늘에 여분의 고리가 만들어집니다.

**3** 다음 단에서 이 고리를 하나의 코로 간주하여 안뜨기하거나 도안에 지시된 대로 작업합니다.

## 바늘비우기(실을 바늘에 감아) yarn round needle (약어 yrn)

안뜨기-안뜨기 사이, 또는 겉뜨기-안뜨기 사이에서 작업합니다. 실을 편물 앞에 두고
시작하세요.

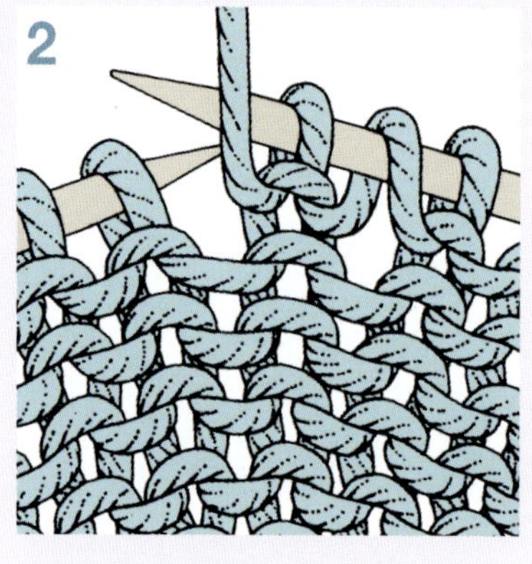

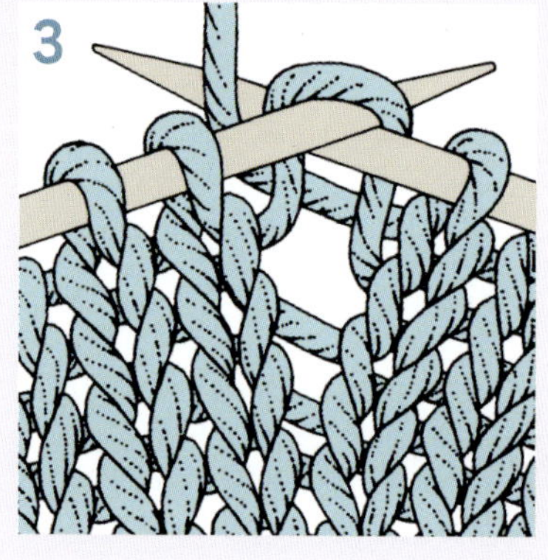

**1** 실을 바늘 위로 넘긴 다음 앞쪽으로 한
바퀴 돌려서 바늘을 완전히 감습니다.

**2** 평소와 같이 다음 코를 안뜨기합니다.
여분의 고리가 만들어졌습니다.

**3** 다음 단에서 이 고리를 하나의 코로 간
주하여 작업하세요.

## 바늘비우기(실을 바늘 위로) yarn over needle (약어 yon)

안뜨기 코와 겉뜨기 코 사이에서 작업합니다. 이때 실은 자연스
럽게 편물의 앞쪽에 위치하게 됩니다.

실을 바늘 위로 넘기고, 다음 코를 일반적인 방법으로 겉뜨기
합니다. 다음 단에서는 이 고리를 하나의 코로 간주하여 도안의
지시에 따라 작업합니다.

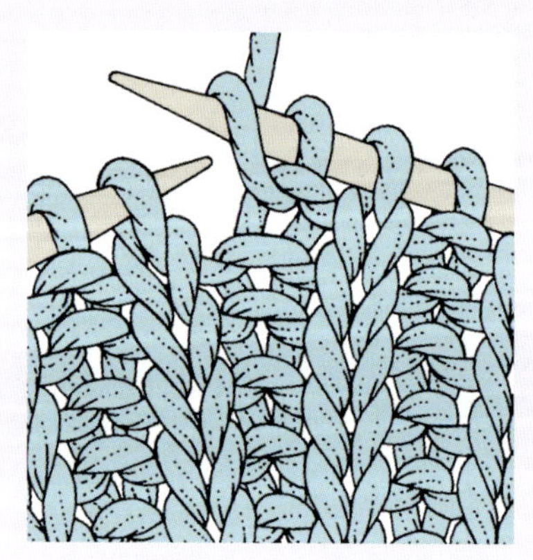



프로젝트 뜨기

## 코줄임 decreasing

코줄임 방법은 코늘림 방법에 비해 다양하지 않지만, 코늘림과 마찬가
지로 기법에 따라 편물에 다양한 효과를 주며, 눈에 띄지 않게 하거나
장식적으로 활용할 수도 있습니다.

래글런 진동에는 '풀패션' 모양이라고 하는 장식적인 코줄임 기법이
자주 사용됩니다. 이 경우 코줄임은 가장자리에서 2코 안에서 이루어집
니다. 오른쪽 가장자리에서는 가장자리에서 3번째와 4번째 코에서 걸러
뜨기 코줄임을 하고, 왼쪽 가장자리에서는 3번째와 4번째 코를 함께 겉
뜨기합니다.

## 겉뜨기로 2코모아뜨기 knitting two stitches together (약어 k2tog)

이 기법에 대한 설명은 'k2tog'(왼코줄임)로 약칭합니다.

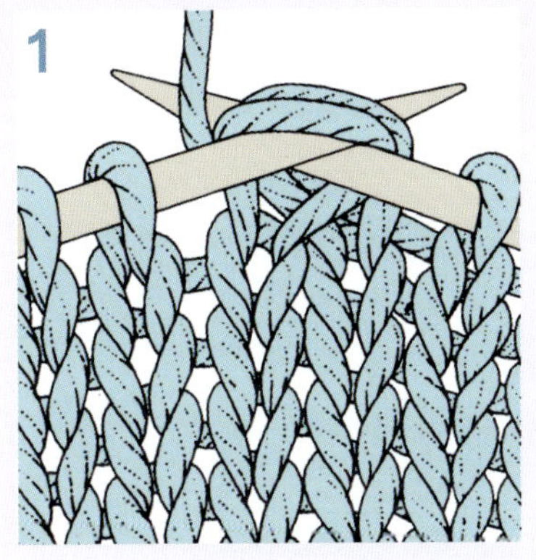

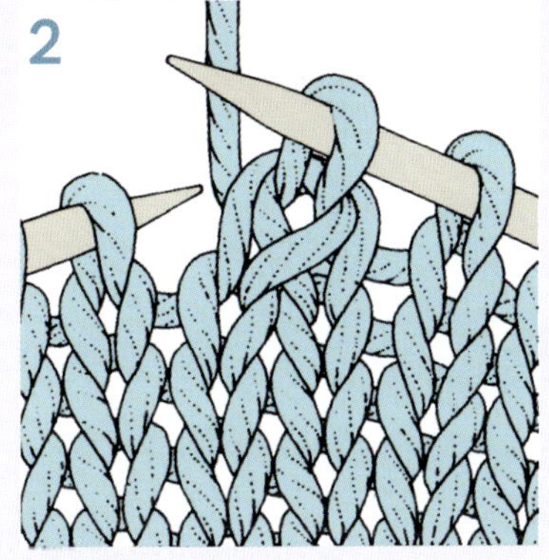

**1** 오른바늘을 왼바늘의 2번째 코에 겉뜨
기하듯이 넣은 다음, 1번째 코에도 넣
습니다.

**2** 일반적인 방법으로 2코를 동시에 겉뜨
기하고, 원래의 코를 왼바늘에서 빼냅
니다.

**안뜨기로 2코모아뜨기** purling two stitches together (약어 p2tog)

이 기법의 약어는 'p2tog'입니다.

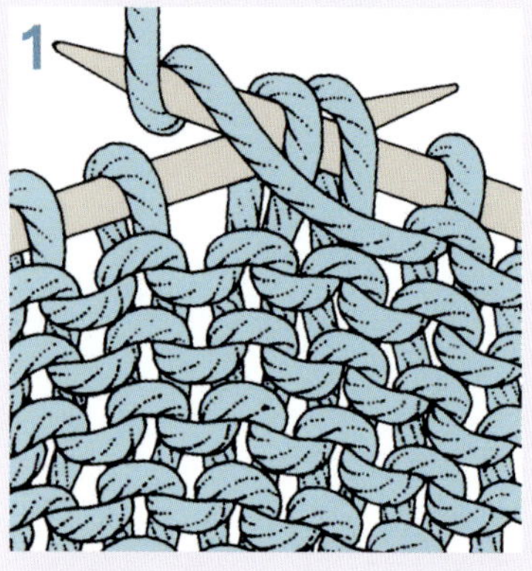 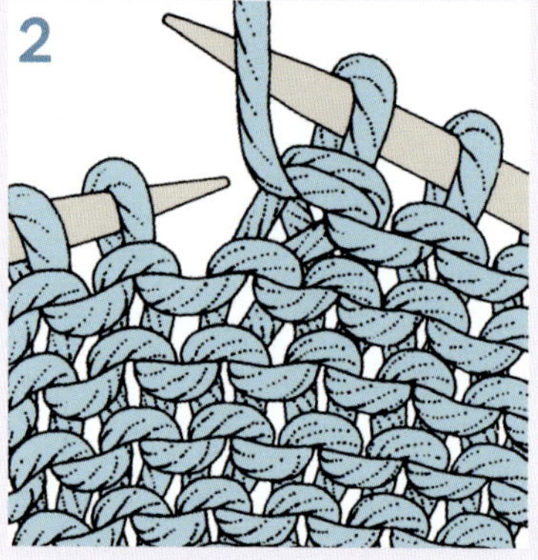

**1** 오른바늘을 왼바늘의 1번째 코에 안뜨기하듯이 넣고 2번째 코에도 넣습니다.

**2** 일반적인 방법으로 2코를 동시에 안뜨기하고 원래의 코를 왼바늘에서 빼냅니다.

**겉뜨기로 2코모아 꼬아뜨기** knitting two stitches together 'tbl'
(약어 k2tog tbl)

일반적으로 2코를 함께 겉뜨기하면 코가 오른쪽으로 약간 기울어집니다. 하지만 경우에 따라 왼쪽으로 기울어야 할 때도 있습니다. 이럴 때는 고리의 뒷가닥에 바늘을 넣어 겉뜨기합니다. 약어는 'k2tog tbl'입니다.

오른바늘을 왼바늘의 1번째와 2번째 코의 뒷가닥에 넣습니다. 일반적인 방법으로 2코를 함께 겉뜨기합니다.

프로젝트 뜨기

## 안뜨기로 2코모아 꼬아뜨기 purling two stitches together 'tbl'
(약어 p2tog tbl)

일반적으로 2코를 함께 안뜨기하면 편물의 겉면에서 코가 오른쪽으로 기울어집니다. 왼쪽으로 기울어지게 하려면 2코의 고리 뒷가닥에 바늘을 넣어 안뜨기합니다. 이 기법의 약어는 'p2tog tbl'입니다.

　오른바늘을 2번째 코의 뒤에서 앞으로 넣은 다음 1번째 코에도 넣습니다. 일반적인 방법으로 2코를 동시에 안뜨기합니다.

## 걸러뜨기 코줄임 - 겉뜨기로 slipstitch decrease - knitwise (약어 skp)

k2tog tbl과 마찬가지로 왼쪽으로 뚜렷한 경사가 만들어집니다. 지시사항은 '걸러뜨기1, 겉뜨기1, 걸러뜨기한 코를 겉뜨기한 코에 덮어씌운다', 약어는 'skp(s1, k1, psso)'입니다.

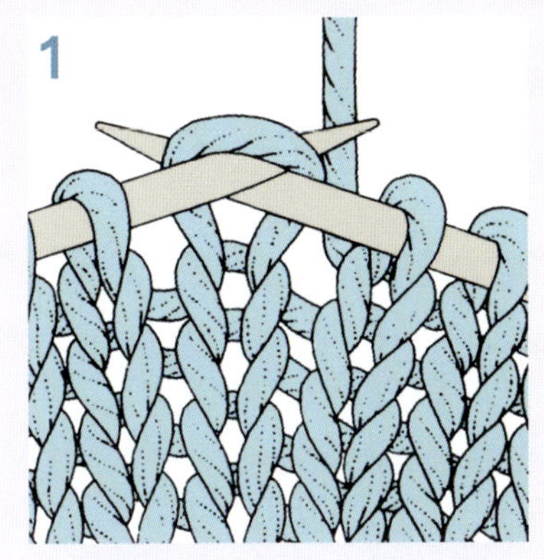
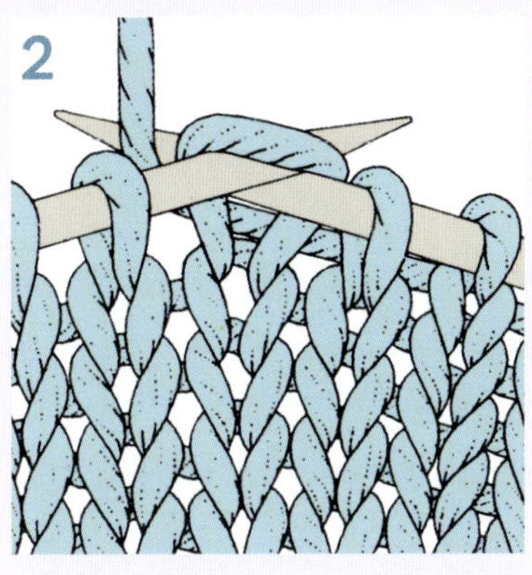
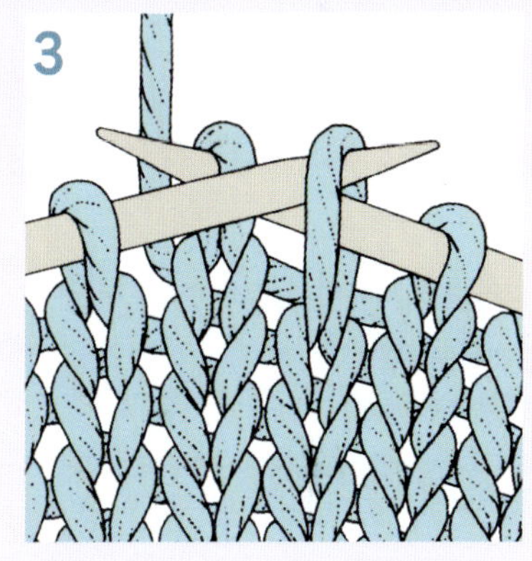

1 왼바늘의 1번째 코를 겉뜨기하듯이 오른바늘로 옮깁니다.

2 다음 코를 일반적인 방법으로 겉뜨기 합니다.

3 왼바늘을 오른바늘의 걸러뜨기한 코에 넣어 겉뜨기 코 위로 들어 올려 덮어씌웁니다.

## 걸러뜨기 코줄임 - 안뜨기로 slipstitch decrease - purlwise

지시사항은 '걸러뜨기 1, 안뜨기 1, 걸러뜨기한 코를 안뜨기한 코 위로 덮어씌운다', 약어는 's1, p1, psso'입니다.

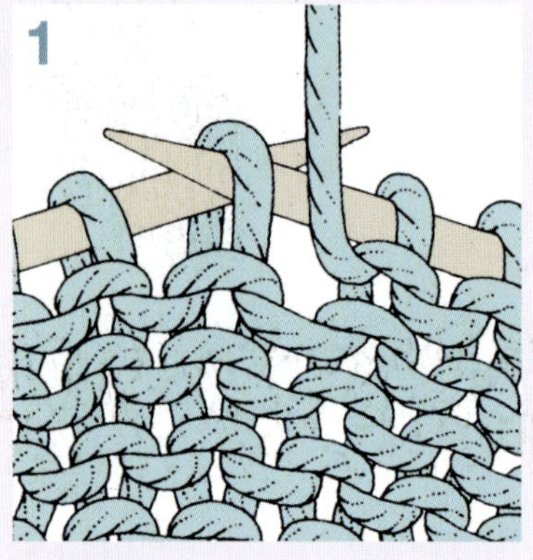
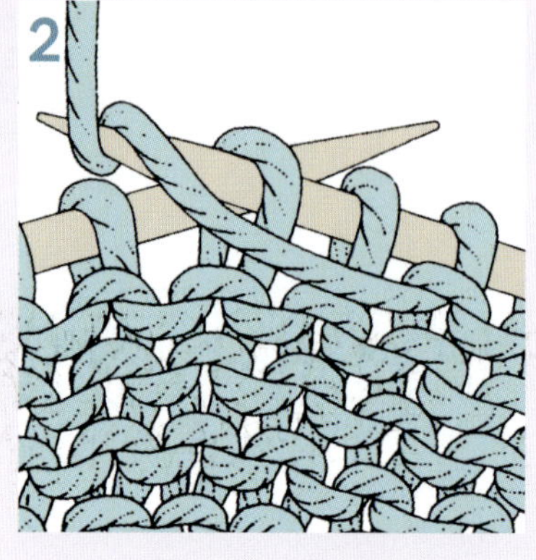
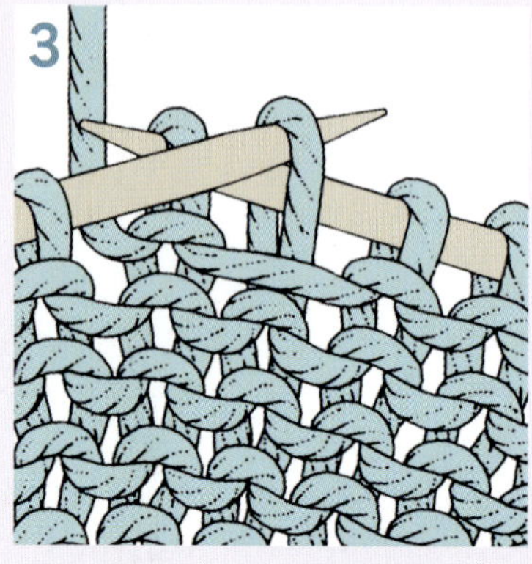

**1** 실을 앞에 둔 상태에서 왼바늘의 1번째 코를 안뜨기하듯이 오른바늘로 옮깁니다.

**2** 왼바늘의 다음 코를 일반적인 방법으로 안뜨기합니다.

**3** 왼바늘을 오른바늘의 걸러뜨기한 코에 넣어 안뜨기한 코 위로 들어 올려 덮어씌웁니다.

## 걸러뜨기, 걸러뜨기, 겉뜨기

slip, slip, knit decrease (약어 ssk)

일반적인 skp 코줄임과 비슷하지만, 더 부드러운 효과를 냅니다. 특히 일부 레이스 무늬에서 선호되기도 합니다. 약어로 'ssk'라고 합니다.

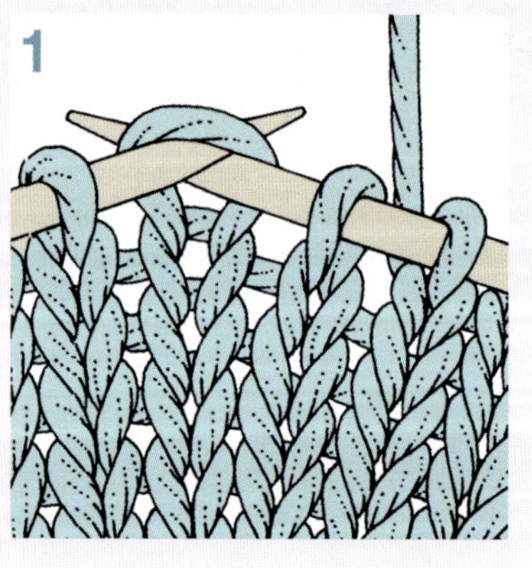
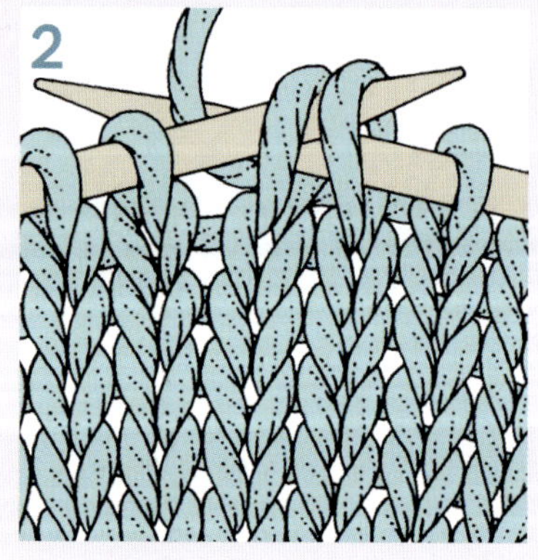

**1** 1번째 코를 겉뜨기하듯이 걸러뜨기하고, 2번째 코도 같은 방법으로 겉뜨기하듯이 걸러뜨기합니다.

**2** 오른바늘에 걸린 걸러뜨기 2코의 앞가닥에 왼바늘을 넣은 뒤 오른바늘에서 빠지지 않고, 오른바늘로 이 2코의 뒷가닥을 함께 겉뜨기합니다.



프로젝트 뜨기

# 코줍기

뜨개질을 하다 보면 어떤 코들은 코막음하지 않고 여분의 바늘이나 스티치 홀더에 쉼코로 보관해 두었다가, 옷의 다른 부분이 완성된 후 다시 이어서 작업하기도 합니다. 예를 들어, 주머니 안감의 코는 바로 코막음하지 않고 여분의 바늘에 보관해 두었다가, 주머니가 충분한 길이가 된 다음에 본체와 연결합니다(235쪽 참고).

이때 어느 쪽 끝에서든 작업할 수 있는 양쪽 막대바늘을 쓰는 것이 가장 편리합니다. 적은 수의 코를 보관해야 하는 경우라면 안전핀이나 여분의 실을 사용해도 됩니다. 주울 코가 겉뜨기든 안뜨기든 상관없이, 항상 안뜨기하듯이 걸러뜨기해서(27쪽 참고) 나중에 올바른 방향으로 작업할 수 있도록 하세요.

이미 코막음한 가장자리나 옆 가장자리에서 새 코를 주워 올려야 하는 경우도 있는데, 이를 '줍다' 또는 '주워 겉뜨기하다'라고 합니다. 이 작업은 실을 가장자리에 연결한 뒤, 코를 주워야 하는 자리에 일정한 간격으로 바늘을 넣어 실을 끌어내어 새 코를 만듭니다. 코줍기는 대바늘과 코바늘 모두 사용할 수 있습니다.

도안에는 주워야 하는 콧수가 명시되어 있습니다. 구부러진 가장자리는 특히 까다로울 수 있으므로, 간격을 균등하게 분배하는 것이 중요합니다. 큰 핀을 사용하여 가장자리의 중간 지점을 표시한 다음, 이를 기준으로 양쪽을 다시 반으로 나눕니다. 필요하다면 더 세분화할 수도 있습니다. 주울 콧수를 핀으로 나눈 구간의 수로 나누고, 그에 따라 각 구간에 들어갈 콧수를 계산합니다. 각 구간의 콧수를 세고 전체 콧수를 다시 세어 필요한 수를 확보했는지 확인합니다.

네크라인의 곡선 부분을 따라 뜨개 시침핀을 일정 간격으로 꽂으면 코를 고르게 주울 수 있습니다.

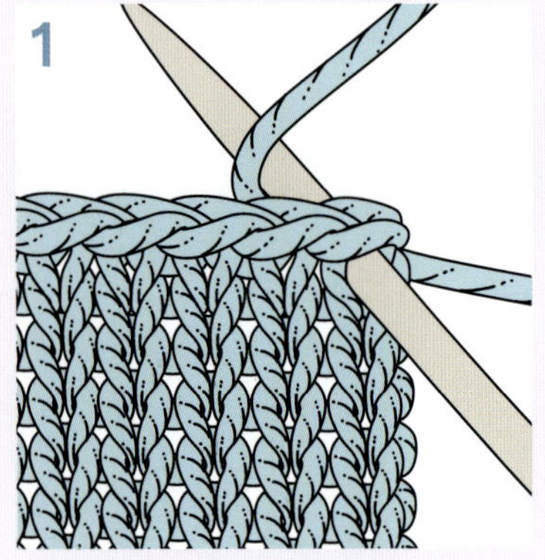

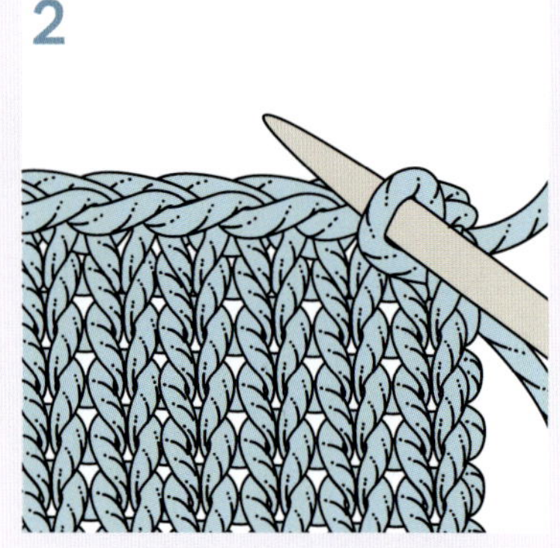

**1** 실을 오른쪽 가장자리 바로 아래에 눈에 띄지 않게 고정합니다. 1번째 코막음한 코 바로 아래의 1번째 가장자리코에 바늘을 앞에서 뒤로 넣습니다.

**2** 실을 바늘의 아래쪽에서 위쪽으로 감아 고리를 만들고 고리를 앞쪽으로 끌어당깁니다. 이 과정을 반복하여 고르게 간격을 두고 가장자리를 따라 필요한 콧수를 줍습니다. 1번째 단은 안면에서 작업하게 됩니다.

## 측면 가장자리에서 코줍기

이 방법은 코막음한 가장자리에서 코를 줍는 방법과 기본적으로 동일합니다. 다만, 곡선 가장자리에서는 모든 코를 줍거나 한 코씩 건너뛰며 주우면 콧수가 너무 많거나 너무 적을 수 있기 때문에, 코 간격을 미리 계산하는 것이 중요합니다. 다음 단의 코를 침범하지 않도록 주의하면서 가장자리에서 코를 주워 올립니다.

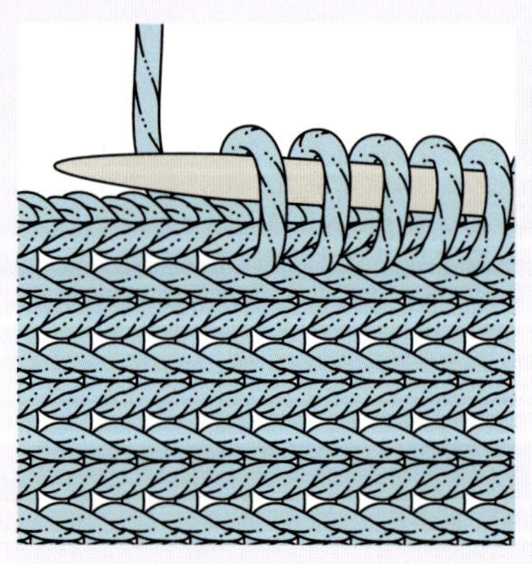

## 코바늘로 코줍기

1 왼쪽 가장자리 바로 아래에 실을 눈에 띄지 않게 고정합니다. 코바늘을 사용하여 편물 앞쪽으로 고리를 당깁니다.

2 이 고리를 바늘에 넣고 실을 살짝 당겨서 알맞게 조여 줍니다. 가장자리를 따라 반복합니다.

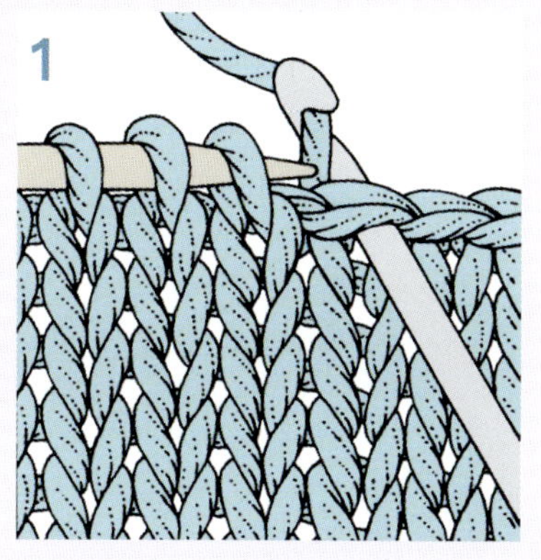

## 왼손잡이 니터

왼손잡이 니터는 편물의 안면에서 코바늘을 사용하여 오른쪽에서 왼쪽으로 이동하면서 코를 줍는 것이 더 편할 수 있습니다.

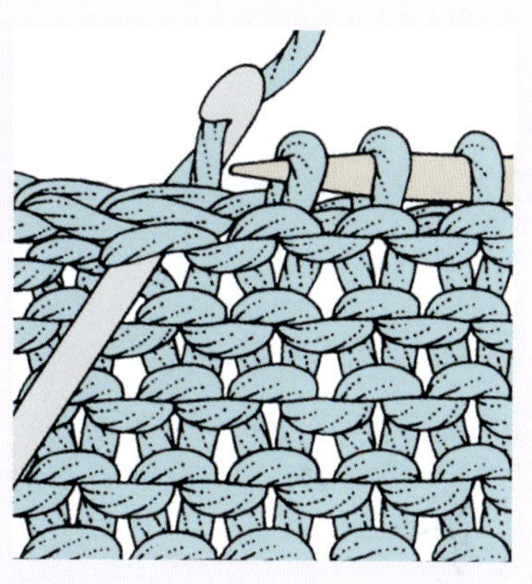

코바늘은 뜨개 도구 상자에 있으면 좋은 아이템입니다. 코를 줍는 데 사용할 수 있어 실수를 수정하는 데 아주 유용합니다.

# 단춧구멍
*buttonhole*

많은 뜨개 의류에서 단추가 사용되는 만큼, 단춧구멍 만들기는 꼭 배워야 할 중요한 기법입니다. 단춧구멍 만들기는 그리 어렵지 않습니다. 가장 쉬운 것은 아일릿 단춧구멍으로, 주로 아기용 의류에 사용되지만 성인용 의류에도 잘 어울립니다. 중간 굵기의 실로 떴을 때 만들어진 구멍은 최대 지름 15mm의 단추까지 사용할 수 있습니다.

가로 단춧구멍은 보통 고무단 위에 만들어집니다. 고무단은 카디건이나 재킷의 앞 중심선을 따라 코를 주워 올려 작업하기 때문에, 고무단은 몸통과 직각으로 놓이고, 단춧구멍은 수직으로 만들어집니다. 세로 단춧구멍은 3가지 종류의 단춧구멍 중 가장 약하기 때문에 장식적인 용도로만 사용하는 것이 좋습니다.

241쪽에서 소개하는 방법을 사용하면 단춧구멍을 더 튼튼하고 깔끔하게 정리할 수 있습니다.

## 가로 단춧구멍

겉면에서 단춧구멍을 만들 위치까지 작업합니다.

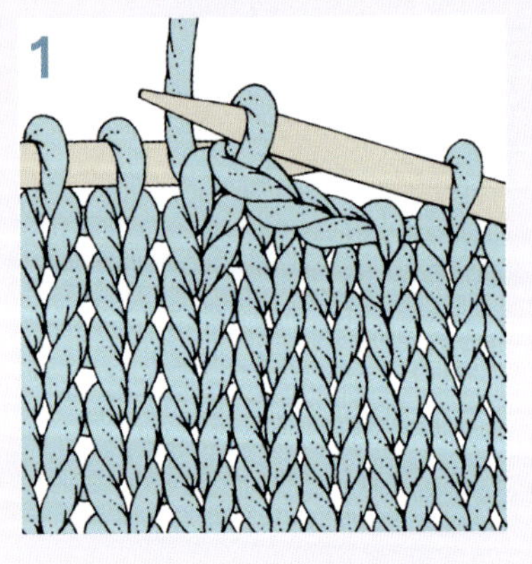 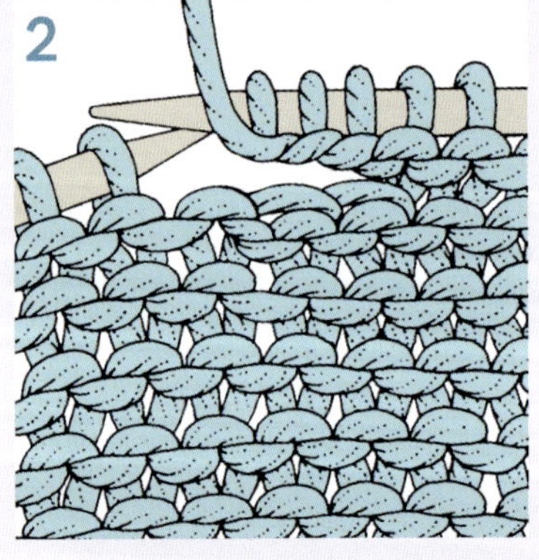 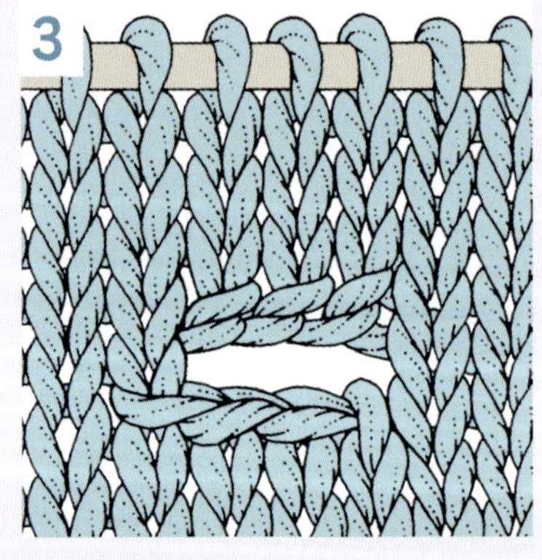

**1** 겉면에서, 도안에 지정된 콧수만큼 코 막음합니다. 나머지 코를 단 끝까지 작업합니다.

**2** 안면에서, 싱글 코잡기 기법을 사용하여 이전 단에서 코막음한 콧수와 동일한 수의 코를 만듭니다(18쪽 참고).

**3** 다음 단에서는 새로 만든 코의 뒷가닥에 작업하여 깔끔하게 마무리합니다.



프로젝트 뜨기

## 세로 단춧구멍

겉면에서 단춧구멍을 만들 위치까지 작업합니다.

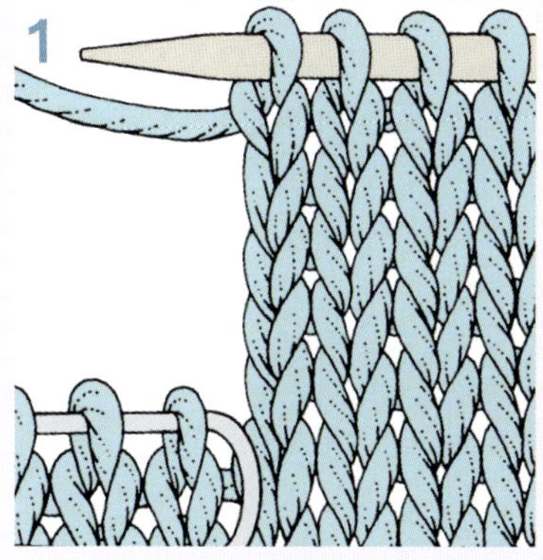

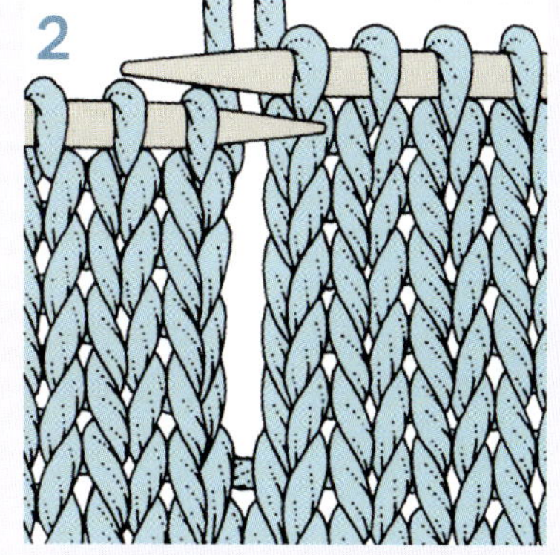

**1** 남은 코를 스티치 홀더에 쉼코로 둡니다. 편물을 뒤집어서 바늘에 걸려 있는 코를 지정된 단수만큼 계속 뜨되, 마지막으로 뜨는 단이 겉면이 되도록 합니다. 실은 끊지 마세요.

**2** 쉼코의 단춧구멍 가장자리에 새 실을 연결합니다. 코가 있는 오른바늘을 사용하여 단 끝까지 작업한 다음, 편물을 돌려서 오른쪽보다 1단 적게 뜹니다.

**3** 2번째 실을 자르고 단 끝까지 계속 작업합니다. 이때 모든 단의 단춧구멍 가장자리에서 격단마다 1번째 코를 걸러 뜨기하면 더 매끄럽고 평평한 가장자리를 만들 수 있습니다.

## 아일릿 단춧구멍

겉면에서 단춧구멍을 만들 위치까지 작업합니다.

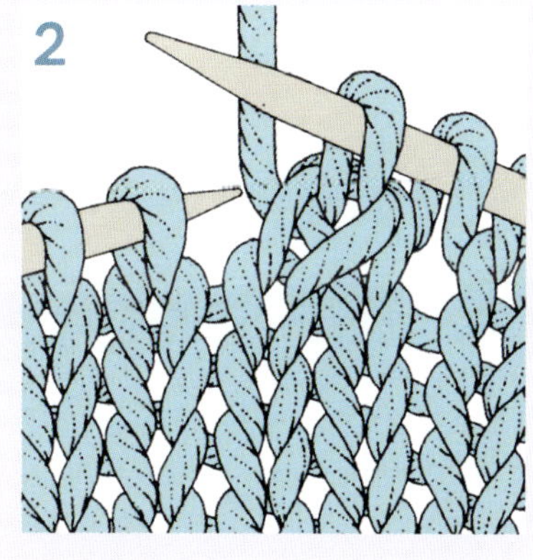

**1** 실을 앞으로 가져와서 바늘비우기(59쪽 참고)로 새 코를 만듭니다. 다음 2코에 겉뜨기하듯이 바늘을 넣습니다.

**2** 2코를 함께 겉뜨기해서 1코를 줄입니다. 다음 안면 단에서 실을 앞으로 가져와서 새로 만든 코에 작업합니다.

# 블로킹과 다림질

오랜 시간을 들여 옷을 완성한 만큼, 마무리 과정에서도 서두르지 않는 것이 중요합니다. 이 단계를 잘 활용하면 작품의 완성도가 한층 더 올라갑니다.

편물을 연결하기 전에 먼저 블로킹으로 모양을 잡고, 필요하다면 다림질을 해야 합니다. 일반적으로 도안에는 작품을 어떻게 처리해야 하는지 안내되어 있습니다. 블로킹하고 다림질할 때는 담요와 시트 또는 수건을 덧댄 단단하고 평평한 표면이 필요하며, 작은 편물은 다리미판을 사용해도 좋습니다. 또한, 녹슬지 않는 핀(다리미를 사용하는 경우 플라스틱 헤드 제외), 줄자, 스팀 다리미 또는 물을 채운 분무기가 필요합니다.

## 습식 블로킹

평평한 표면에 편물의 겉면이 위로 오도록 올려놓고, 도안에 제시된 치수에 맞춰 모양을 잡습니다. 반듯해야 할 가장자리가 곧게 펴지고 모양이 뒤틀리지 않았는지 확인하세요. 핀을 2cm 간격으로 뜨개 가장자리코에 통과시켜 푹신한 표면에 비스듬히 꽂습니다. 고무단은 핀으로 고정하지 않습니다.

분무기로 찬물을 뿌려 작품을 완전히 적셔 주세요. 편물을 완전히 말린 후 핀을 제거합니다.

## 스팀 블로킹

천연 섬유에 적합한 방법입니다. 습식 블로킹과 같은 방법으로 편물을 평평한 표면에 핀으로 고정하되, 이번엔 겉면이 아래로 향하도록 둡니다. 스팀을 가하려면 스팀 다리미와 마른 편물 혹은 마른 다리미와 젖은 편물 조합 중 하나를 사용하세요. 천을 편물 위에 올려놓고 다리미를 그 위에 살짝 띄워 스팀이 편물에 스며들도록 합니다. 편물이 완전히 다 마른 후에 핀을 제거합니다.

## 다림질

일반 헤드가 달린 핀을 사용하여 편물의 안면이 위로 향하도록 평평한 표면에 고정합니다. 고무단은 고정하지 않습니다. 핀은 촘촘하게 배치하고 푹신한 표면에 비스듬히 찔러 넣습니다. 스팀 다리미와 마른 천을 사용합니다. 천연-합성섬유 혼방일 경우에는 마른 천 위에 스팀이 없는 찬 다리미를 사용하세요. 다리미로 편물을 밀지 말고, 한 부위에 살짝 올려놓았다가 떼어냅니다. 편물이 완전히 식은 후에 핀을 제거합니다.

편물이 일직선이 되도록 조심스럽게 고정합니다.

# 솔기

*seam*

편물을 연결하는 데에는 다양한 방법이 있으며, 작품의 부위에 따라 사용하는 방법이 달라집니다. 예를 들어, 엣지 투 엣지 솔기는 부피가 적고 솔기가 거의 보이지 않기 때문에 버튼밴드를 앞쪽 가장자리에 연결할 때 이상적입니다. 반면, 측면 솔기와 같이 튼튼한 연결이 필요한 경우에는 박음질이 적합합니다. 또한, 경우에 따라서는 꿰매지 않고 그래프팅으로 연결할 수도 있습니다. 그래프팅 기법은 226쪽을 참고하세요.

작품을 뜨는 데 사용한 실을 편물을 이을 때에도 그대로 사용할 수 있습니다. 그러나 실이 너무 굵다면 더 가는 실로 작업하는 것이 좋습니다. 반드시 두세 번의 박음질로 실을 단단히 고정해 주세요.

### 엣지 투 엣지 솔기 edge-to-edge seam

매트리스 스티치라고도 하는 이 기법은 솔기가 거의 보이지 않습니다. 두 편물을 평평한 표면에 겉면이 위로 향하도록 나란히 놓습니다.

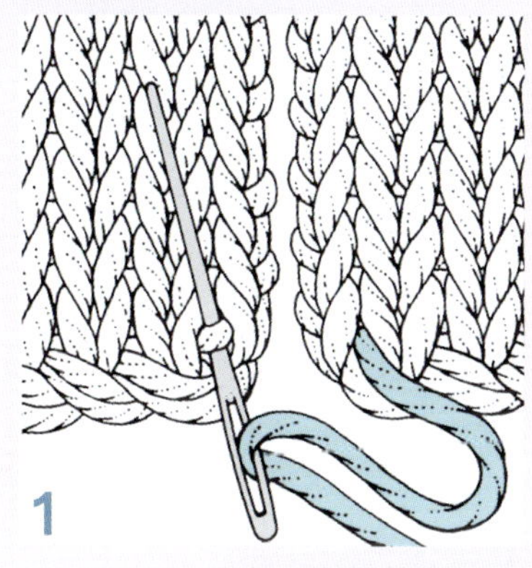

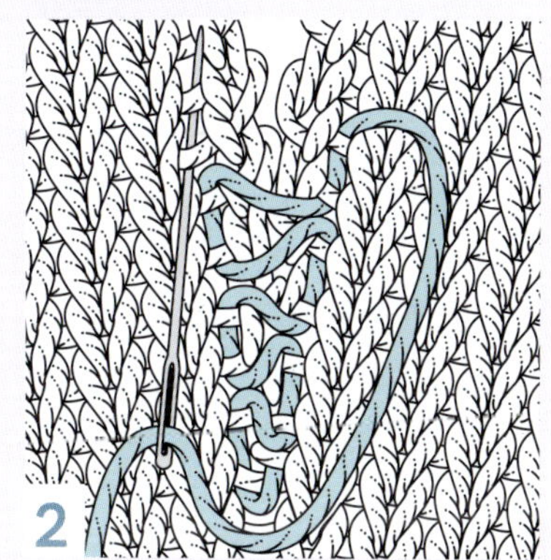

1 실을 오른쪽 편물의 안면에 고정하고 1번째 단의 가장자리코와 다음 코 사이로 바늘을 넣어 겉면으로 실을 끌어 올립니다. 왼쪽 편물의 1번째 단에 있는 가장자리코와 다음 코 사이의 가로 바 아래로 바늘을 통과시킵니다.

2 가장자리가 맞닿게 합니다. 오른쪽 편물의 2번째 단에 있는 가장자리코와 다음 코 사이로 바늘을 넣습니다. 계속해서 솔기를 따라 왼쪽 편물과 오른쪽 편물을 번갈아 가며 2개의 가로 바 아래로 바늘을 넣어 이어 줍니다. 이때 실을 살짝 당기면서 작업하면 가장자리가 매끄럽게 이어집니다.

**박음질 솔기** backstitch seam

두 편물의 겉면이 서로 맞닿도록 포개어
함께 고정합니다.

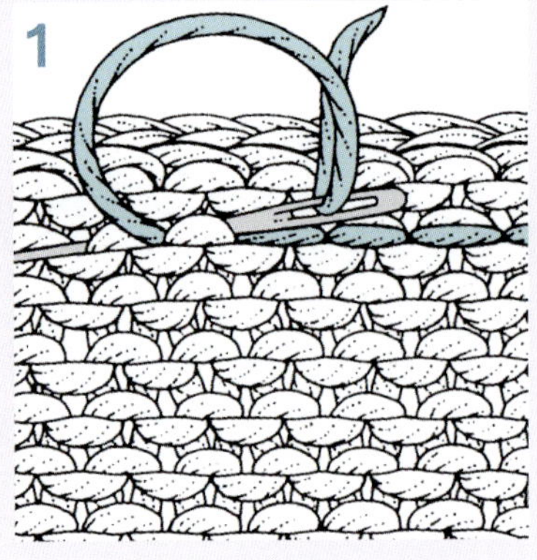

1 오른쪽 모서리에 실을 고정합니다. 오
른쪽에서 왼쪽으로 작업하면서 실을 아
래쪽에서 2코 꿰맨 다음 위쪽에서 1코
를 다시 꿰매어 그림과 같이 코들의 끝
과 끝이 만나도록 합니다. 반대쪽에서
는 박음질하는 실이 겹치게 됩니다.

**세트인 소매** setting in a sleeve

곡선 형태의 소매산을 가진 소매는 인접
한 솔기를 연결한 후 진동에 달아 줍니다.

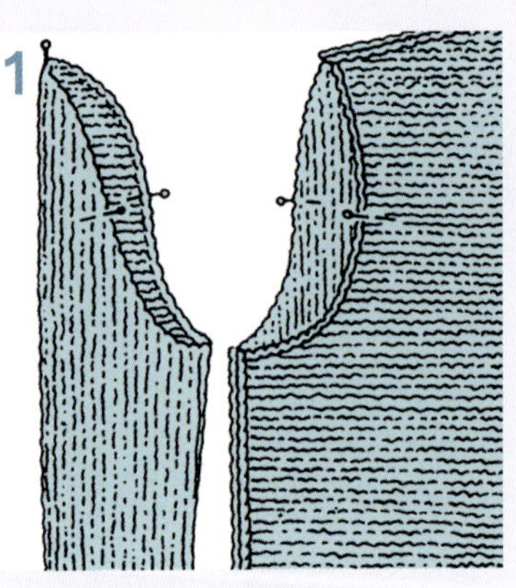

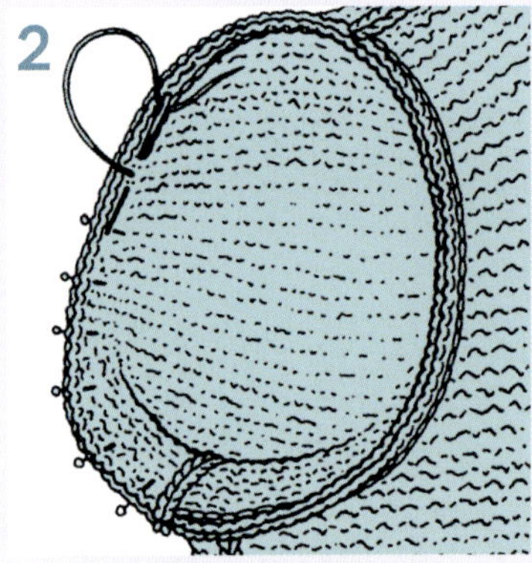

1 몸통의 안면이 바깥으로 나오게 뒤집
습니다. 앞판과 뒤판 솔기의 중간 지점
에 핀을 꽂습니다. 소매는 겉면이 바깥
으로 나오게 뒤집고, 소매산 꼭대기와
중간 지점에 핀을 꽂습니다.

2 소매를 진동 안쪽에 끼워 넣고 핀과 솔
기가 일치하도록 가장자리를 핀으로
고정합니다. 필요한 경우 가장자리 주
위에 2~3cm 간격으로 핀을 더 추가하
여 소매를 진동에 맞춰 여유 있게 조정
합니다. 경우에 따라 가장자리를 함께
시침질해도 좋습니다. 진동 가장자리
에서 약 5mm 안쪽을 따라 소매 쪽에
서 박음질 작업을 합니다.

## 실 끝 정리하기

뜨개나 솔기를 잇고 나면 남은 실 끝은 보통 가장자리를 따라 편물 사이에 숨겨야 합니다. 코가 갈라지지 않도록 돗바늘을 사용하세요. 가장자리에 작게 바느질한 다음, 실을 가장자리코 사이로 일정 길이만큼 통과시킨 후 끝을 잘라 냅니다. 더 안전하게 고정하려면 그림과 같이 반대방향으로 한 번 더 통과시켜 줍니다. 실이 너무 굵어서 바늘귀에 꿰기힘들거나 너무 짧아서 작업하기 어려운 경우, 코바늘을 사용하여 실을코 사이로 통과시킵니다.

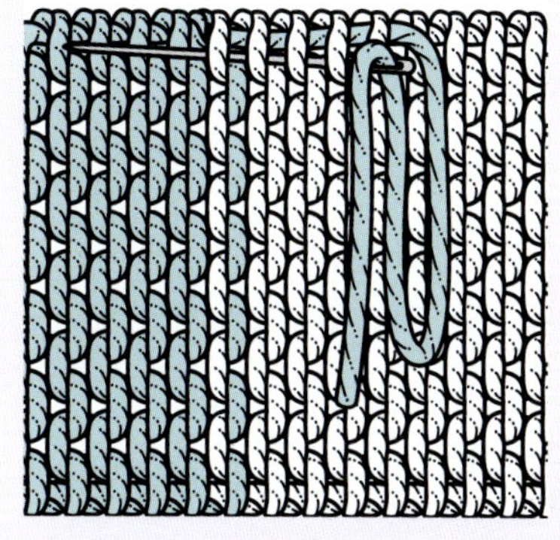

## 모티프에서 실 끝 정리하기

인타르시아 뜨기(164쪽 참고)에서 모티프가 완성되면 모티프와 배경의 2가지 실이 남습니다(나머지 배경색은 뜨개를 계속하는 데 사용됩니다). 이 2가지 실은 정리를 위해 충분히 여유를 남겨 두고 자릅니다(겉면에서 두께 차이가 보이지 않는 한, 모티프 끝까지 다 꿰맬 필요는 없습니다). 모티프의 가장자리를 따라 꿰매되, 어두운 실이 밝은 뜨개 편물 사이로 보이지 않도록 주의합니다.

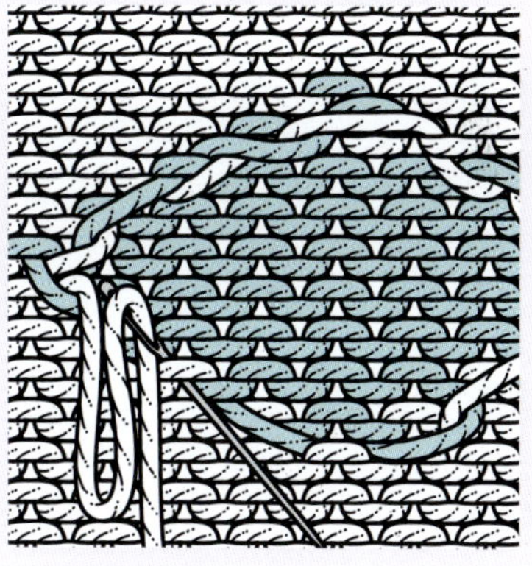

# 복잡한 텍스처

*complex texture*

너트 무늬

코랄 노트 스티치

피셔맨즈 립 스티치

리프 무늬

프로젝트 뜨기

코늘림과 코줄임 기법을 활용하면 무궁무진한 무늬 변화를 만들 수 있습니다. 데이지 스티치와 코랄 노트 스티치는 편물을 구성하는 코를 번갈아 가며 늘리거나 줄임으로써 독특한 텍스처를 만들어 냅니다. 너트 무늬 역시 기본적으로 동일한 원리를 사용하여 작은 클러스터를 만들며 이는 120-125쪽의 방울 무늬와 유사합니다.

리프 무늬와 셰브론 무늬는 코늘림과 코줄임으로 선형 패턴을 만드는 대표적인 예입니다. 셰브론 무늬에서는 코줄임으로 아래쪽 뾰족한 부분을 만들고, 코늘림으로 위쪽 뾰족한 부분을 만듭니다. 다만, 이러한 뾰족한 가장자리는 고무단 위에 올리면 잘 드러나지 않습니다.

피셔맨즈 립에서는 코를 늘리지는 않지만, 부드럽고 탄력 있는 질감을 만들기 위해 리프티드 코늘림과 유사한 기법이 사용됩니다.

**데이지 스티치**

**셰브론 무늬**

# 너트 무늬 nut pattern

4의 배수

**1단(겉면)**: *안뜨기3,
다음 코에 (겉뜨기1, 바늘비우기,
겉뜨기1)*, *~* 반복

**2단과 3단**: *안뜨기3, 겉뜨기3*,
*~* 반복

**4단**: *p3tog, 겉뜨기3*, *~* 반복

**5단**: 안뜨기

**6단**: 겉뜨기

**7단**: *안뜨기1, 다음 코에
(겉뜨기1, 바늘비우기, 겉뜨기1),
안뜨기2*, *~* 반복

**8단**: 겉뜨기2, *안뜨기3, 겉뜨기3*,
4코 남을 때까지 *~* 반복,
안뜨기3, 겉뜨기1

**9단**: 안뜨기1, *겉뜨기3, 안뜨기3*,
5코 남을 때까지*~* 반복,
겉뜨기3, 안뜨기2

**10단**: 겉뜨기2, *p3tog, 겉뜨기3,
4코 남을 때까지 *~* 반복,
p3tog, 겉뜨기1

**11단**: 안뜨기

**12단**: 겉뜨기

프로젝트 뜨기

# 코랄 노트 스티치 coral knot stitch

2의 배수 + 2
**1단(겉면)**: 겉뜨기1, *k2tog*,
1코 남을 때까지 *~* 반복, 겉뜨기1
**2단**: 겉뜨기1, *겉뜨기1, M1 코늘림*,
1코 남을 때까지 *~* 반복, 겉뜨기1
**3단**: 겉뜨기
**4단**: 안뜨기

# 피셔맨즈 립 스티치 fisherman's rib stitch

2의 배수
**1단**: 안뜨기
**2단**: *안뜨기1, 다음 코의 1단 아래에
겉뜨기*, 2코 남을 때까지 *~* 반복,
안뜨기2
2단을 끝까지 반복

프로젝트 뜨기

# 리프 무늬 leaf pattern

24의 배수 + 1

**주의** **1코 줍기**: 코줍기하다(65쪽 참고).

**1단(겉면)**: 겉뜨기1, *1코 줍기, skp,
겉뜨기4, k2tog, 겉뜨기3, 1코 줍기,
겉뜨기1, 1코 줍기, 겉뜨기3, skp, 겉뜨기4,
k2tog, 1코 줍기, 겉뜨기1*, *~* 반복

**2단과 모든 짝수단**: 안뜨기

**3단**: 겉뜨기1, *1코 줍기, 겉뜨기1, skp,
겉뜨기2, k2tog, 겉뜨기4, 1코 줍기,
겉뜨기1, 1코 줍기, 겉뜨기4, skp,
겉뜨기2, k2tog, 겉뜨기1, 1코 줍기,
겉뜨기1*, *~* 반복

**5단**: 겉뜨기1, *1코 줍기, 겉뜨기2, skp,
k2tog, 겉뜨기5, 1코 줍기, 겉뜨기1,
1코 줍기, 겉뜨기5, skp, k2tog, 겉뜨기2,
1코 줍기, 겉뜨기1*, *~* 반복

**7단**: 겉뜨기1, *1코 줍기, 겉뜨기3, skp,
겉뜨기4, k2tog, 1코 줍기, 겉뜨기1,
1코 줍기, skp, 겉뜨기4, k2tog, 겉뜨기3,
1코 줍기, 겉뜨기1*, *~* 반복

**9단**: 겉뜨기1, *1코 줍기, 겉뜨기4, skp,
겉뜨기2, k2tog, 겉뜨기1, 1코 줍기,
겉뜨기1, 1코 줍기, 겉뜨기1, skp,
겉뜨기2, k2tog, 겉뜨기4, 1코 줍기,
겉뜨기1*, *~* 반복

**11단**: 겉뜨기1, *1코 줍기, 겉뜨기5, skp,
k2tog, 겉뜨기2, 1코 줍기, 겉뜨기1,
1코 줍기, 겉뜨기2, skp, k2tog, 겉뜨기5,
1코 줍기, 겉뜨기1*, *~* 반복

**12단**: 2단과 동일

# 데이지 스티치 daisy stitch

4의 배수 + 1

**1단과 3단(겉면)**: 겉뜨기

**2단**: 겉뜨기1, *p3tog, 모아뜨기한
코를 바늘에서 빼지 않고 바늘비우기,
같은 3코를 다시 p3tog, 겉뜨기1*,
*~* 반복

**4단**: 겉뜨기1, 안뜨기1, 겉뜨기1, *p3tog,
모아뜨기한 코를 바늘에서 빼지 않고
바늘비우기, 같은 3코를 다시 p3tog,
겉뜨기1*, 2코 남을 때까지*~* 반복,
안뜨기1, 겉뜨기1

프로젝트 뜨기

# 셰브론 무늬 chevron pattern

13의 배수 + 2

**주의** **sk2p(오른코중심 3코모아뜨기)**: 겉뜨기하듯이 1코 걸러뜨기, k2tog, 코 덮어씌우기

**1단(겉면)**: *겉뜨기2, M1 코늘림(m1l), 겉뜨기4, sk2p, 겉뜨기4, M1 코늘림(m1r)*, 2코 남을 때까지 *~* 반복, 겉뜨기2

**2단**: 안뜨기

# 레이스 무늬
*lace pattern*

스노우드롭 레이스

바인 레이스

콰트르포일(네잎) 아일릿 레이스

셰브론 레이스

반다이크 레이스

오픈워크 다이아몬드 무늬



프로젝트 뜨기

레이스 무늬는 모든 뜨개 기법 중에서도 가장 매력적인 무늬로 손꼽힙니다. 뜨개 편물의 조직과 구멍이 어우러져 만들어 내는 조화로운 무늬는 특히 아름답습니다.

레이스 무늬는 사용하는 실에 따라 특성이 크게 달라집니다. 고급 베이비실, 부드러운 모헤어 혼방사, 탄탄한 면사, 글리터실 등 여러 가지 실로 책에 나온 무늬를 만들어 보세요. 다만, 실은 너무 두껍지 않은 것이 좋습니다.

고무뜨기 없이 가장자리에서 레이스 무늬를 시작하는 경우에는 부드러운 가장자리를 만들어 주는 싱글 코잡기(18쪽 참고) 기법을 사용하는 것이 가장 좋습니다.

**펀(고사리, 양치식물) 레이스**

**커빙 래티스 레이스**

**오픈 셰브론 레이스**

**잉글리시 메시 레이스**

**폴링 리프 무늬**

**피시테일 레이스**

# 스노우드롭 레이스 snowdrop lace

8의 배수 + 5

**1단과 3단(겉면)**: 겉뜨기1, *바늘비우기,
안뜨기하듯이 1코 걸러뜨기, k2tog,
코 덮어씌우기, 바늘비우기, 겉뜨기5*,
4코 남을 때까지 *~* 반복, 바늘비우기,
안뜨기하듯이 1코 걸러뜨기, k2tog,
코 덮어씌우기, 바늘비우기, 겉뜨기1

**2단과 모든 짝수단**: 안뜨기

**5단**: 겉뜨기1, *겉뜨기3, 바늘비우기, skp,
겉뜨기1, k2tog, 바늘비우기*, 4코 남을
때까지 *~* 반복, 겉뜨기4

**7단**: 겉뜨기1, *바늘비우기, sk2p,
바늘비우기, 겉뜨기1*, 끝까지 *~* 반복

**8단**: 2단과 동일

프로젝트 뜨기

# 바인 레이스 *vine lace*

9의 배수 + 4
**1단과 모든 홀수단(안면)**: 안뜨기
**2단**: 겉뜨기3, *바늘비우기,
겉뜨기2, skp, k2tog, 겉뜨기2,
바늘비우기, 겉뜨기1*, 1코 남을 때까지
*~* 반복, 겉뜨기1
**4단**: 겉뜨기2, *바늘비우기,
겉뜨기2, skp, k2tog, 겉뜨기2,
바늘비우기, 겉뜨기1*, 2코 남을 때까지
*~* 반복, 겉뜨기2

# 콰트로포일 아일릿 레이스 quatrefoil eyelet lace

8의 배수

**1단과 모든 홀수단(안면)**: 안뜨기

**2단**: 겉뜨기

**4단**: 겉뜨기3, *바늘비우기, skp, 겉뜨기6*, *~*를 반복하되 마지막에 겉뜨기6 대신 겉뜨기3으로 마무리

**6단**: 겉뜨기1, *k2tog, 바늘비우기, 겉뜨기1, 바늘비우기, skp, 겉뜨기3*, *~*를 반복하되 마지막에 겉뜨기3 대신 겉뜨기2로 마무리

**8단**: 4단과 동일

**10단**: 겉뜨기

**12단**: 겉뜨기7, *바늘비우기, skp, 겉뜨기6*, 1코 남을 때까지 *~* 반복, 겉뜨기1

**14단**: 겉뜨기5, *k2tog, 바늘비우기, 겉뜨기1, 바늘비우기, skp, 겉뜨기3*, 3코 남을 때까지 *~* 반복, 겉뜨기3

**16단**: 12단과 동일

프로젝트 뜨기

# 셰브론 레이스 chevron lace



8의 배수 + 1

(배수는 9단에서 1코 늘어나고 11단에서
줄어든다)

**1단(겉면)**: *겉뜨기5, 바늘비우기,
k2tog, 겉뜨기1*, 1코 남을 때까지
*~* 반복, 겉뜨기1

**2단과 모든 짝수단**: 안뜨기

**3단**: *겉뜨기3, k2tog tbl, 바늘비우기,
겉뜨기1, 바늘비우기, k2tog*,
1코 남을 때까지 *~* 반복, 겉뜨기1

**5단**: 겉뜨기1, *겉뜨기1, k2tog tbl,
바늘비우기, 겉뜨기3, 바늘비우기,
k2tog*, *~* 반복

**7단**: 겉뜨기1, k2tog tbl, *바늘비우기,
겉뜨기5, 바늘비우기, k2tog tbl,
코를 다시 왼바늘로 옮긴다, 다음
코를 그 위로 덮어씌운다, 코를 다시
오른바늘로 옮긴다*, 6코 남을 때까지
*~* 반복, 바늘비우기, 겉뜨기6

**9단**: *겉뜨기1, kfb, 겉뜨기6*,
1코 남을 때까지 *~* 반복, 겉뜨기1

**11단**: *k2tog, 겉뜨기4, 바늘비우기,
k2tog, 겉뜨기1*, 1코 남을 때까지
*~* 반복, 겉뜨기1

**12단**: 안뜨기

# 반다이크 레이스 vandyke stitch

10의 배수

**1단(겉면)**: *바늘비우기, skp, 겉뜨기8*,
*~* 반복

**2단과 모든 짝수단**: 안뜨기

**3단**: *겉뜨기1, 바늘비우기, skp,
겉뜨기5, k2tog, 바늘비우기*, *~*를
반복하되 마지막에 k2tog, 바늘비우기
대신 겉뜨기2로 마무리

**5단**: *겉뜨기2, 바늘비우기, skp, 겉뜨기3,
k2tog, 바늘비우기, 겉뜨기1*, *~* 반복

**7단**: *겉뜨기5, 바늘비우기, skp,
겉뜨기3*, *~* 반복

**9단**: *겉뜨기3, k2tog, 바늘비우기,
겉뜨기1, 바늘비우기, skp, 겉뜨기2*,
*~* 반복

**11단**: *겉뜨기2, k2tog, 바늘비우기,
겉뜨기3, 바늘비우기, skp, 겉뜨기1*,
*~* 반복

**12단**: 안뜨기

프로젝트 뜨기

# 오픈워크 다이아몬드 무늬 openwork diamond pattern

10의 배수 + 2

**주의** sk2p: 81쪽 참고

**1단(겉면)**: 겉뜨기1, *겉뜨기1, 바늘비우기, skp, 겉뜨기5, k2tog, 바늘비우기*, 1코 남을 때까지 *~* 반복, 겉뜨기1

**2단과 모든 짝수단**: 안뜨기

**3단**: 겉뜨기1, *겉뜨기2, 바늘비우기, skp, 겉뜨기3, k2tog, 바늘비우기, 겉뜨기1*, 1코 남을 때까지 *~* 반복, 겉뜨기1

**5단**: 겉뜨기1, *겉뜨기1, (바늘비우기, skp)를 2회 반복, 겉뜨기1, (k2tog, 바늘비우기)를 2회 반복*, 1코 남을 때까지 *~* 반복, 겉뜨기1

**7단**: 겉뜨기1, *겉뜨기2, 바늘비우기, skp, 바늘비우기, sk2p, 바늘비우기, k2tog, 바늘비우기, 겉뜨기1*, 1코 남을 때까지 *~* 반복, 겉뜨기1

**9단**: 겉뜨기1, *겉뜨기3, k2tog, 바늘비우기, 겉뜨기1, 바늘비우기, skp, 겉뜨기2*, 1코 남을 때까지 *~* 반복, 겉뜨기1

**11단**: 겉뜨기1, *겉뜨기2, k2tog, 바늘비우기, 겉뜨기3, 바늘비우기, skp, 겉뜨기1*, 1코 남을 때까지 *~* 반복, 겉뜨기1

**13단**: 겉뜨기1, *겉뜨기1, (k2tog, 바늘비우기)를 2회 반복, 겉뜨기1, (바늘비우기, skp)를 2회 반복*, 1코 남을 때까지 *~* 반복, 겉뜨기1

**15단**: k2tog, *바늘비우기, skp, 바늘비우기, 겉뜨기5, 바늘비우기, skp, 코를 다시 왼바늘로 옮긴다, 다음 코를 그 위로 덮어씌운다, 코를 다시 오른바늘로 옮긴다*, 10코 남을 때까지 *~* 반복, 바늘비우기, skp, 바늘비우기, 겉뜨기5, 바늘비우기, k2tog, 겉뜨기1

**16단**: 안뜨기

# 펀 레이스 fern lace

10의 배수 + 1

**주의** **sk2p**: 81쪽 참고

**1단과 모든 홀수단(안면)**: 안뜨기

**2단**: 겉뜨기3, *k2tog, 바늘비우기, 겉뜨기1, 바늘비우기, skp, 겉뜨기5*, *~*를 반복하되 겉뜨기3으로 마무리

**4단**: 겉뜨기2, *k2tog, (겉뜨기1, 바늘비우기)를 2회 반복, 겉뜨기1, skp, 겉뜨기3*, *~*를 반복하되 겉뜨기2로 마무리

**6단**: 겉뜨기1, *k2tog, 겉뜨기2, 바늘비우기, 겉뜨기1, 바늘비우기, 겉뜨기2, skp, 겉뜨기1*, *~* 반복

**8단**: k2tog, *겉뜨기3, 바늘비우기, 겉뜨기1, 바늘비우기, 겉뜨기3, sk2p*, 9코 남을 때까지 *~* 반복, 겉뜨기3, 바늘비우기, 겉뜨기1, 바늘비우기, 겉뜨기3, skp

**10단**: 겉뜨기1, *바늘비우기, skp, 겉뜨기5, k2tog, 바늘비우기, 겉뜨기1*, *~* 반복

**12단**: 겉뜨기1, *바늘비우기, 겉뜨기1, skp, 겉뜨기3, k2tog, 겉뜨기1, 바늘비우기, 겉뜨기1*, *~* 반복

**14단**: 겉뜨기1, *바늘비우기, 겉뜨기2, skp, 겉뜨기1, k2tog, 겉뜨기2, 바늘비우기, 겉뜨기1*, *~* 반복

**16단**: 겉뜨기1, *바늘비우기, 겉뜨기3, sk2p, 겉뜨기3, 바늘비우기, 겉뜨기1*, *~* 반복



프로젝트 뜨기

# 커빙 래티스 레이스 curving lattice lace

13의 배수 + 2

**1단(겉면)**: 겉뜨기1, *겉뜨기2, skp, 겉뜨기4, k2tog, 겉뜨기2, 바늘비우기, 겉뜨기1, 바늘비우기*, 1코 남을 때까지 *~* 반복, 겉뜨기1

**2단과 모든 짝수단**: 안뜨기

**3단**: 겉뜨기1, *바늘비우기, 겉뜨기2, skp, 겉뜨기2, k2tog, 겉뜨기2, 바늘비우기, 겉뜨기3*, 1코 남을 때까지 *~* 반복, 겉뜨기1

**5단**: 겉뜨기1, *겉뜨기1, 바늘비우기, 겉뜨기2, skp, k2tog, 겉뜨기2, 바늘비우기, 겉뜨기4*, 1코 남을 때까지 *~* 반복, 겉뜨기1

**7단**: 겉뜨기1, *바늘비우기, 겉뜨기1, 바늘비우기, 겉뜨기2, skp, 겉뜨기4, k2tog, 겉뜨기2*, 1코 남을 때까지 *~* 반복, 겉뜨기1

**9단**: 겉뜨기1, *겉뜨기3, 바늘비우기, 겉뜨기2, skp, 겉뜨기2, k2tog, 겉뜨기2, 바늘비우기*, 1코 남을 때까지 *~* 반복, 겉뜨기1

**11단**: 겉뜨기1, *겉뜨기4, 바늘비우기, 겉뜨기2, skp, k2tog, 겉뜨기2, 바늘비우기, 겉뜨기1*, 1코 남을 때까지 *~* 반복, 겉뜨기1

**12단**: 안뜨기

# 오픈 셰브론 레이스 open chevron lace

12의 배수 + 1

**주의** sk2p: 81쪽 참고

**1단과 모든 홀수단(안면):** 안뜨기

**2단:** 겉뜨기4, *k2tog, 바늘비우기, 겉뜨기1, 바늘비우기, skp, 겉뜨기7*, *~*를 반복하되 마지막 반복은 겉뜨기4로 마무리

**4단:** 겉뜨기3, *k2tog, 바늘비우기, 겉뜨기3, 바늘비우기, skp, 겉뜨기5*, *~*를 반복하되 겉뜨기3으로 마무리

**6단:** 겉뜨기2, *(k2tog, 바늘비우기)를 2회 반복, 겉뜨기1, (바늘비우기, skp)를 2회 반복, 겉뜨기3*, *~*를 반복하되 겉뜨기2로 마무리

**8단:** 겉뜨기1, *(k2tog, 바늘비우기)를 2회 반복, 겉뜨기3, (바늘비우기, skp)를 2회 반복, 겉뜨기1*, *~* 반복

**10단:** k2tog, *바늘비우기, k2tog, 바늘비우기, 겉뜨기5, 바늘비우기, skp, 바늘비우기, sk2p*, *~*를 반복하되 skp로 마무리

**12단:** 겉뜨기1, *k2tog, 바늘비우기, 겉뜨기1, 바늘비우기, skp, 겉뜨기1*, *~* 반복

**14단:** k2tog, *바늘비우기, 겉뜨기3, 바늘비우기, sk2p*, *~*를 반복하되 skp로 마무리

# 잉글리시 메시 english mesh lace



6의 배수 + 1

**주의** sk2p: 81쪽 참고

**1단과 모든 홀수단(안면)**: 안뜨기

**2단**: 겉뜨기1, *바늘비우기, skp, 겉뜨기1, k2tog, 바늘비우기, 겉뜨기1*, *~* 반복

**4단**: 겉뜨기1, *바늘비우기, 겉뜨기1, sk2p, 겉뜨기1, 바늘비우기, 겉뜨기1*, *~* 반복

**6단**: 겉뜨기1, *k2tog, 바늘비우기, 겉뜨기1, 바늘비우기, skp, 겉뜨기1*, *~* 반복

**8단**: k2tog, *(겉뜨기1, 바늘비우기)를 2회 반복, 겉뜨기1, sk2p*, 5코 남을 때까지 *~* 반복, (겉뜨기1, 바늘비우기)를 2회 반복, 겉뜨기1, ssk

# 폴링 리프 무늬 *falling leaf pattern*

10의 배수 + 1

**주의** **sk2p**: 81쪽 참고

**1단(겉면)**: 겉뜨기1, *바늘비우기, 겉뜨기3, sk2p, 겉뜨기3, 바늘비우기, 겉뜨기1*, *~* 반복

**2단과 모든 짝수단**: 안뜨기

**3단**: 겉뜨기1, *겉뜨기1, 바늘비우기, 겉뜨기2, sk2p, 겉뜨기2, 바늘비우기, 겉뜨기2*, *~* 반복

**5단**: 겉뜨기1, *겉뜨기2, 바늘비우기, 겉뜨기1, sk2p, 겉뜨기1, 바늘비우기, 겉뜨기3*, *~* 반복

**7단**: 겉뜨기1, *겉뜨기3, 바늘비우기, sk2p, 바늘비우기, 겉뜨기4*, *~* 반복

**9단**: k2tog, *겉뜨기3, 바늘비우기, 겉뜨기1, 바늘비우기, 겉뜨기3, sk2p*, 9코 남을 때까지 *~* 반복, 겉뜨기3, 바늘비우기, 겉뜨기1, 바늘비우기, 겉뜨기3, skp

**11단**: k2tog, *겉뜨기2, 바늘비우기, 겉뜨기3, 바늘비우기, 겉뜨기2, sk2p*, 9코 남을 때까지 *~* 반복, 겉뜨기2, 바늘비우기, 겉뜨기3, 바늘비우기, 겉뜨기2, skp

**13단**: k2tog, *겉뜨기1, 바늘비우기, 겉뜨기5, 바늘비우기, 겉뜨기1, sk2p*, 9코 남을 때까지 *~* 반복, 겉뜨기1, 바늘비우기, 겉뜨기5, 바늘비우기, 겉뜨기1, skp

**15단**: k2tog, *바늘비우기, 겉뜨기7, 바늘비우기, sk2p*, 9코 남을 때까지 *~* 반복, 바늘비우기, 겉뜨기7, 바늘비우기, skp

**16단**: 안뜨기

프로젝트 뜨기

# 피시테일 레이스 *fishtail lace*

10의 배수 + 1

**주의** **sk2p**: 81쪽 참고

**1단(겉면):** 겉뜨기1, *바늘비우기,
겉뜨기3, sk2p, 겉뜨기3, 바늘비우기,
겉뜨기1*, *~* 반복

**2단과 모든 짝수단:** 안뜨기

**3단:** 겉뜨기1, *겉뜨기1, 바늘비우기,
겉뜨기2, sk2p, 겉뜨기2, 바늘비우기,
겉뜨기2*, *~* 반복

**5단:** 겉뜨기1, *겉뜨기2, 바늘비우기,
겉뜨기1, sk2p, 겉뜨기1, 바늘비우기,
겉뜨기3*, *~* 반복

**7단:** 겉뜨기1, *겉뜨기3, 바늘비우기,
sk2p, 바늘비우기, 겉뜨기4*, *~* 반복

**8단:** 안뜨기

# 스페셜 텍스처

## *special texture*

기본적인 뜨개 기법을 익히고 도안을 어느 정도 따라갈 수 있게
되었다면 좀 더 모험적인 무늬에 도전해 보는 건 어떨까요? 여
기에 설명된 기법은 실과 바늘을 다루는 데 어느 정도의 숙련도
가 필요하지만, 결과는 그만큼 매력적입니다. 조금만 연습하면
우아하게 얽힌 케이블, 크고 작은 입체적인 방울, 니트 스모킹,
얽히고 설킨 고리 모양의 패브릭을 만들 수 있습니다. 이 파트
는 뜨개의 무궁무진한 가능성을 보여 주는 부분이기도 합니다.

다양한 실을 사용해 뜨개 코로 얼마나 다양한 효과를 낼 수 있는
지 실험해 보는 것도 재미있습니다. 예를 들어, 케이블은 전통적
인 아란 스타일의 어부 스웨터에서 아란 실로 뜨는 경우가 많지
만, 광택이 있는 면사나 반짝이는 실크사를 사용하면 더욱 고급
스러워 보이며, 보송보송한 모헤어나 앙고라 실과도 잘 어울립
니다. 방울은 보통 울 더블니팅과 같은 부드러운 일반실로 뜨는
데, 면사로 뜨면 더 선명한 질감이 나옵니다.

# 트위스트 스티치와 케이블

*twisted stitch and cable*

뜨개 무늬 중 가장 아름다운 것은 코와 코를 교차시켜 만드는 무늬입니다. 코는 여러 가지 방법으로 교차시킬 수 있으며, 일부 기법은 별도의 바늘 없이 메인 바늘 한 쌍만으로도 작업할 수 있는데, 이를 흔히 '트위스트 스티치'라고 합니다. 두 바늘에 최대 4개의 코를 꼬아서 만드는 모크 케이블은 실제 꽈배기바늘로 만든 것과 거의 구별할 수 없습니다.

코를 교차할 때는 꼬는 단과 그 앞뒤 단의 텐션을 느슨하게 유지해야 작업이 더 수월해지고, 실에 가해지는 부담을 줄일 수 있습니다. 교차뜨기를 할 때는 항상 메인 바늘보다 굵지 않은 꽈배기바늘을 사용하여 코가 늘어나지 않도록 주의하세요.

교차뜨기는 오른쪽으로 기울어지면 '케이블 백cable back', 왼쪽으로 기울어지면 '케이블 포워드cable forward'라고 부릅니다. 기본 교차뜨기는 4, 6, 8코 단위로 작업합니다.

케이블 단 사이의 단수를 달리하면 각기 다른 효과를 얻을 수 있습니다. 6단마다 케이블을 작업하면 우아한 밧줄 모양, 4단마다 작업하면 굵은 밧줄 무늬, 10단 또는 12단마다 작업하면 납작하게 꼬인 리본 무늬를 만들 수 있습니다. 교차뜨기의 절반을 대비되는 색상으로 뜨면 색다른 효과를 연출할 수 있습니다.

## 교차뜨기 기법의 변형

기본 교차뜨기 기법을 활용하여 단일 코 또는 코 그룹을 편물의 원하는 방향으로 옮겨 더 복잡한 교차뜨기 및 격자무늬를 만들 수 있습니다. 103쪽의 그림은 안메리야스뜨기 배경에서 단일 겉뜨기 코를 오른쪽 또는 왼쪽으로 옮기는 방법을 보여 줍니다. 동일한 방법을 적용하면 한 번에 여러 코를 동시에 옮길 수 있습니다. 교차뜨기 기법에 익숙해지려면 아란 또는 더블니팅 실을 사용하여 샘플을 만들고 반복해서 연습하세요.

이 샘플은 트위스트 코와 교차뜨기 예시입니다. 왼쪽은 4단마다 2개의 코가 오른쪽으로 꼬여 있고, 오른쪽은 6단마다 '오른코 위 2코 교차뜨기'로 작업한 것입니다.



스페셜 텍스처

## 왼코 위 1코 교차뜨기
twist 2 right (약어 Tw2R)

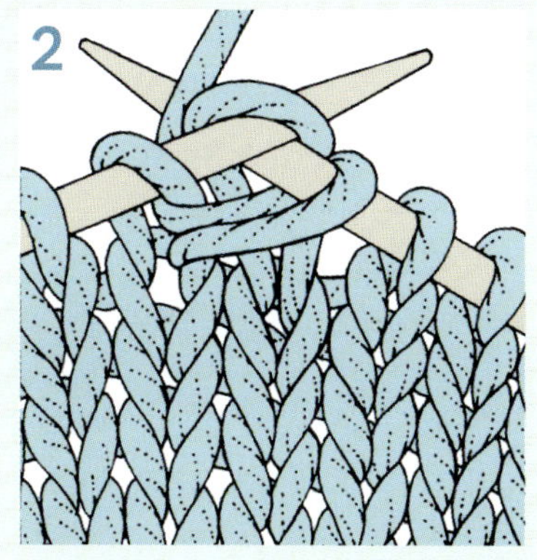

**1** 오른바늘을 왼바늘의 1번째 코 앞으로 가져와 2번째 코를 겉뜨기합니다. 1번째 코를 바늘에서 빼지 않습니다.

**2** 1번째 코를 겉뜨기하고 2코를 함께 왼바늘에서 빼냅니다. 다음 단에서 일반적인 방식으로 꼬인 코를 안뜨기합니다. 코는 오른쪽으로 꼬입니다.

## 오른코 위 1코 교차뜨기
twist 2 left (약어 Tw2L)

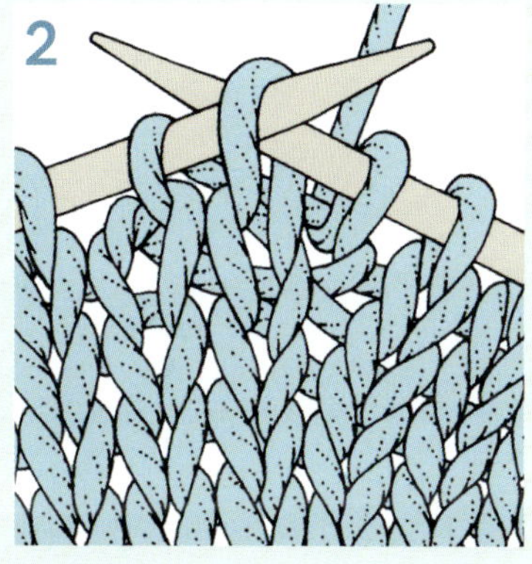

**1** 오른바늘을 왼바늘의 1번째 코 뒤로 가져와 2번째 코의 뒷가닥에 넣어 겉뜨기합니다. 1번째 코를 바늘에서 빼지 않습니다.

**2** 1번째 코 또한 뒷가닥에 넣어 겉뜨기하고 2코를 함께 왼바늘에서 빼냅니다. 다음 단에서 일반적인 방식으로 꼬인 코를 안뜨기합니다. 코는 왼쪽으로 꼬입니다.

**안면에서 왼코 위 1코 교차뜨기**
twist 2 right purlwise
(약어 Tw2PR)

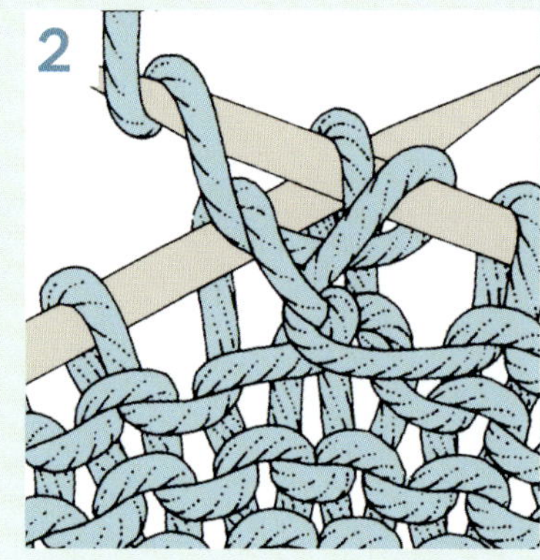

**1** 오른바늘을 왼바늘의 1번째 코 앞으로 가져와 2번째 코를 안뜨기합니다. 1번째 코를 바늘에서 빼지 않습니다.

**2** 1번째 코를 안뜨기하고 2코를 왼바늘에서 빼냅니다. 다음 단에서 일반적인 방법으로 꼬인 코를 겉뜨기합니다. 편물 겉면에서 코는 오른쪽으로 꼬입니다.

**안면에서 오른코 위 1코 교차뜨기**
twist 2 left purlwise
(약어 Tw2PL)

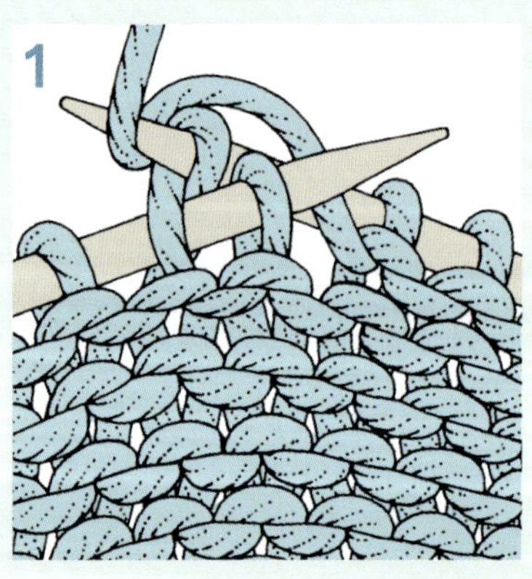

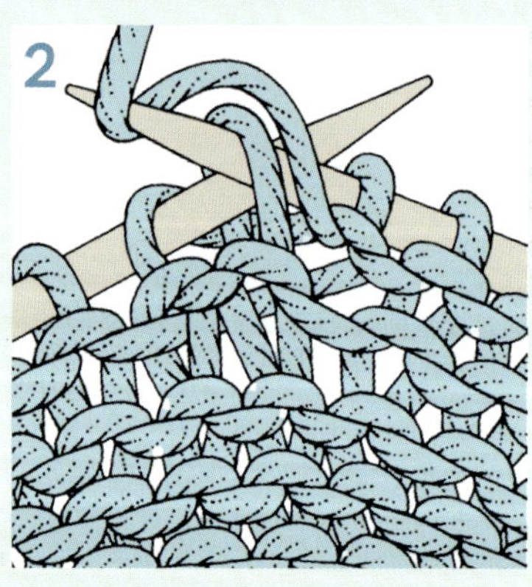

**1** 오른바늘을 왼바늘의 1번째 코 뒤로 가져와 2번째 코의 뒷가닥에 넣어 안뜨기합니다. 1번째 코를 바늘에서 빼지 않습니다.

**2** 1번째 코 앞가닥에 넣어 안뜨기하고 2코를 왼바늘에서 빼냅니다. 다음 단에서 일반적인 방법으로 꼬인 코를 겉뜨기합니다. 코는 왼쪽으로 꼬입니다.



스페셜 텍스처

## 꽈배기바늘 없이 왼코 위 2코 교차뜨기
mock cable back (약어 C4B)
이 모크 케이블은 4코로 진행합니다.

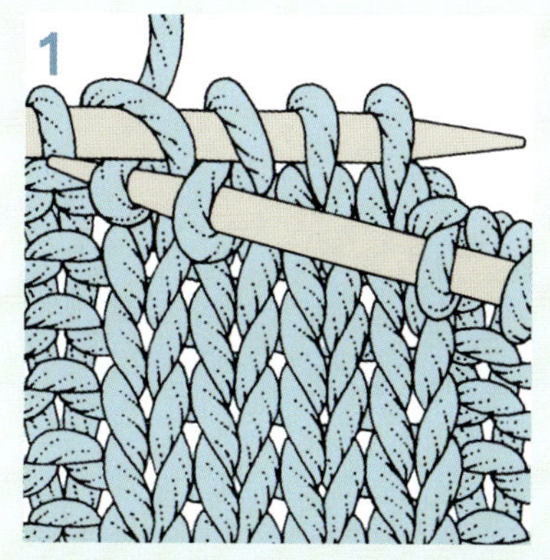

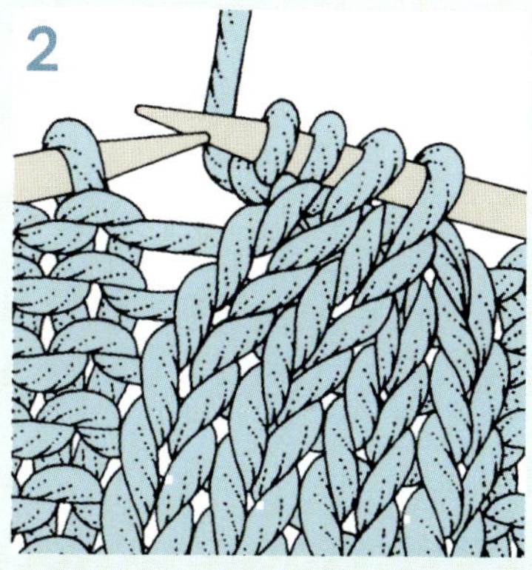

**1** 오른바늘을 왼바늘의 처음 2코 앞으로 가져와 3번째 코를 겉뜨기합니다. 이어서 4번째 코도 겉뜨기합니다. 이때 4코 모두 왼바늘에 둡니다.

**2** 왼바늘의 2번째 코를 겉뜨기하고 1번째 코를 겉뜨기합니다. 4코를 모두 왼바늘에서 빼냅니다. 다음 단에서 텐션을 느슨하게 유지하며 이 4코를 안뜨기합니다. 그 결과 꽈배기는 오른쪽으로 기울어집니다.

## 꽈배기바늘 없이 오른코 위 2코 교차뜨기
mock cable forward (약어 C4F)
이 모크 케이블에서는, 3번째와 4번째 코는 뒷가닥에 넣어 겉뜨기하고, 1번째 코는 앞가닥에 넣어 겉뜨기한 후 바늘에서 빼냅니다, 2번째 코도 앞가닥에 넣어 겉뜨기하고 모든 코를 바늘에서 빼냅니다. 그 결과 꽈배기는 왼쪽으로 기울어집니다.

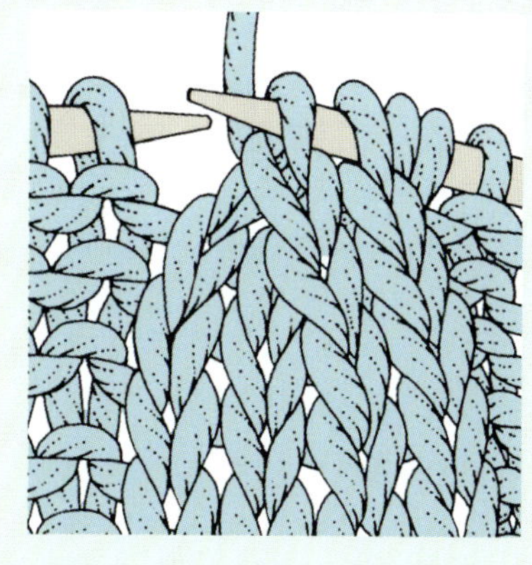



트위스트 스티치와 케이블

## 왼코 위 3코 교차뜨기
cable 6 back (약어 C6B)

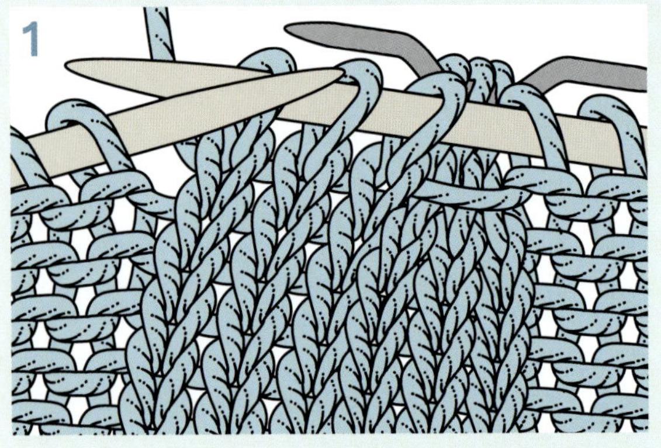

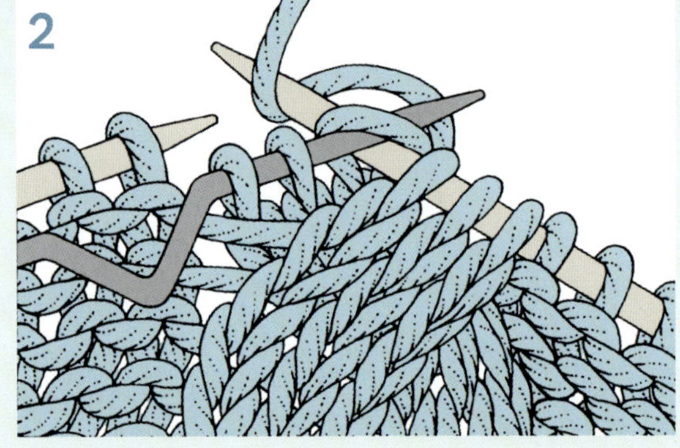

1 꽈배기 위치까지 뜹니다. 다음 3코를 꽈배기바늘에 옮겨 편물 뒤에 두고, 다음 3코를 겉뜨기합니다.

2 꽈배기바늘의 3코를 겉뜨기합니다. 다음 단에서 이 코들을 일반적인 방법으로 안뜨기합니다. 꽈배기 무늬는 오른쪽으로 기울어집니다.

## 오른코 위 3코 교차뜨기
cable 6 forward (약어 C6F)

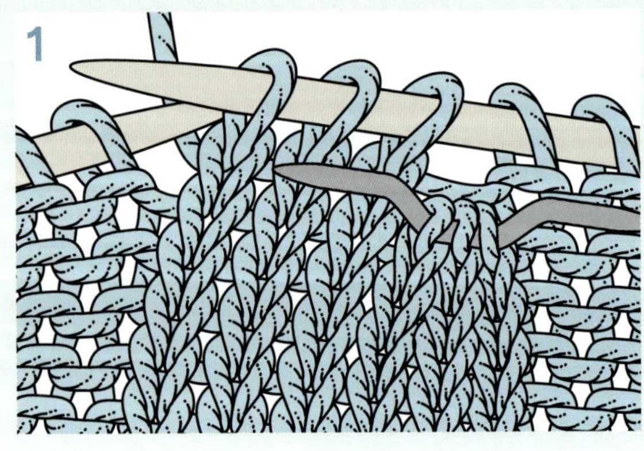

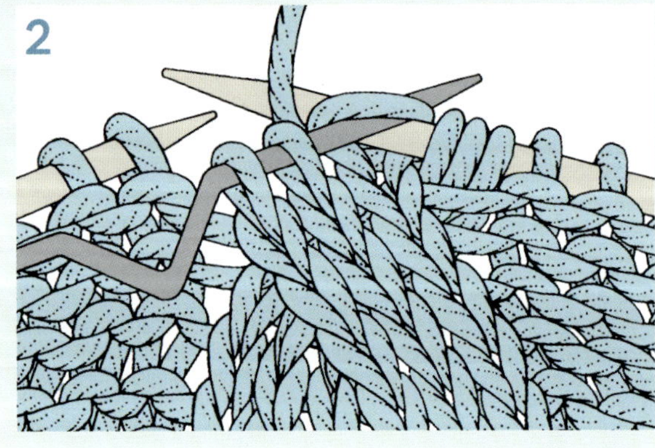

1 꽈배기 위치까지 뜹니다. 다음 3코를 꽈배기바늘에 옮겨 편물 앞에 두고, 다음 3코를 겉뜨기합니다.

2 꽈배기바늘의 3코를 순서대로 겉뜨기합니다. 다음 단에서 이 코들을 일반적인 방법으로 안뜨기합니다. 꽈배기 무늬는 왼쪽으로 기울어집니다.

## 왼코 위 1코 교차뜨기
### (아래쪽 코 안뜨기)
cross 2 back (약어 Cr2B)

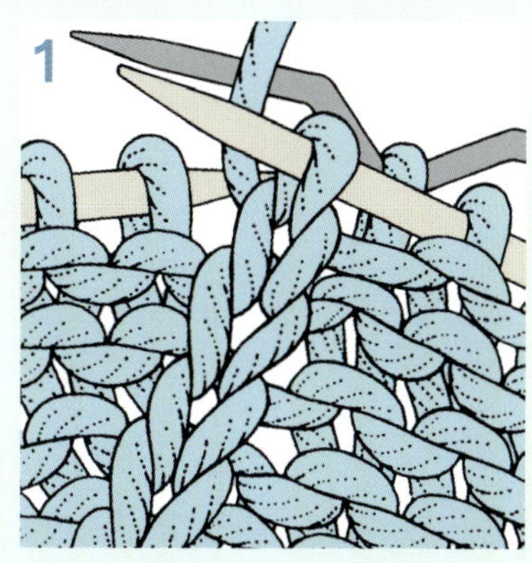 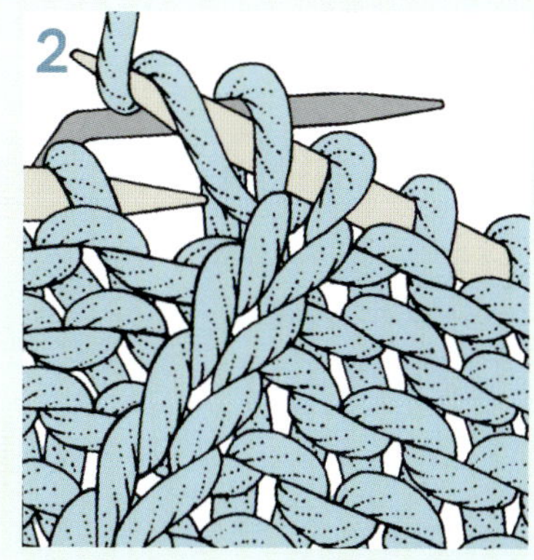

**1** 겉뜨기 코 전의 안뜨기 코를 꽈배기바늘로 옮겨 편물 뒤에 둡니다. 다음 코를 겉뜨기합니다.

**2** 꽈배기바늘의 코를 안뜨기합니다. 다음 단에서 일반적인 방법으로 이 코들을 뜹니다. 겉뜨기 코는 오른쪽으로 기울어집니다.

## 오른코 위 1코 교차뜨기
### (아래쪽 코 안뜨기)
cross 2 forward (약어 Cr2F)

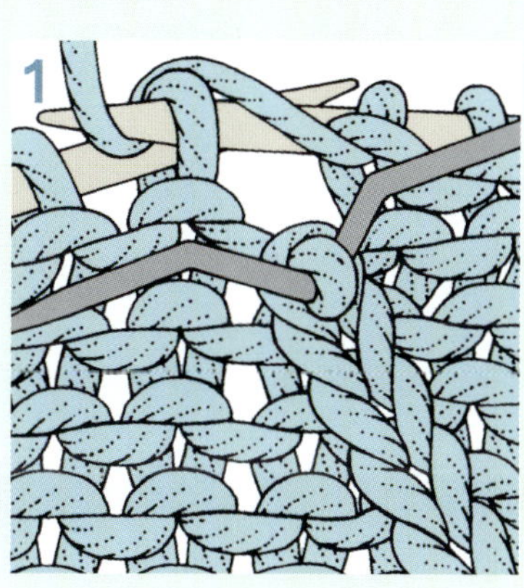 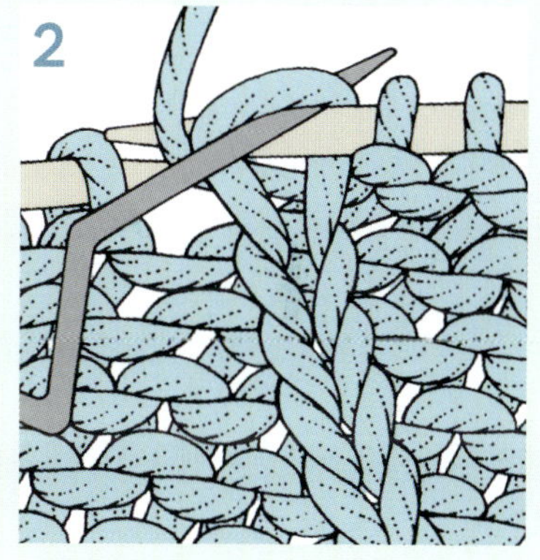

**1** 겉뜨기 코를 꽈배기바늘로 옮겨 편물 앞에 둡니다. 다음 코를 안뜨기합니다.

**2** 꽈배기바늘의 코를 겉뜨기합니다. 다음 단에서 일반적인 방법으로 이 코들을 뜹니다. 겉뜨기 코는 왼쪽으로 기울어집니다.



트위스트 스티치와 케이블

# 방울 및 매듭
### *bobble and knot*

방울은 크기와 모양이 매우 다양하지만, 원리는 모두 같습니다. 1코에서 여러 코를 늘린 다음, 1단이나 몇 단을 더 뜬 뒤 다시 1코로 코줄임합니다. 추가로 뜨는 단은 보통 방울 부분만 단독으로 작업하며, 이렇게 하면 방울이 배경 편물의 위와 아래에만 고정되어 입체감이 확실히 드러납니다. 반면, 늘린 코를 배경 편물과 함께 뜨면 더 부드러운 형태의 방울이 만들어집니다. 흔히 매듭(노트knot)이라고도 불리는 작은 방울은 코를 늘린 직후 바로 줄여서 만듭니다.

방울을 만들 때 코를 늘리는 방법에는 1코에 겉뜨기와 안뜨기를 번갈아 뜨거나, 1코의 앞가닥과 뒷가닥에 번갈아 겉뜨기하거나, 겉뜨기 코 사이에 실을 거는(바늘비우기) 등 여러 가지가 있습니다.

## 방울 - 방법1

이 방울은 안메리야스뜨기로 작업해서 메리야스뜨기 편물에서 볼 수 있습니다. 메리야스뜨기로 방울을 만들고 싶다면 2단계와 3단계의 '겉뜨기'와 '안뜨기'를 반대로 뜹니다.

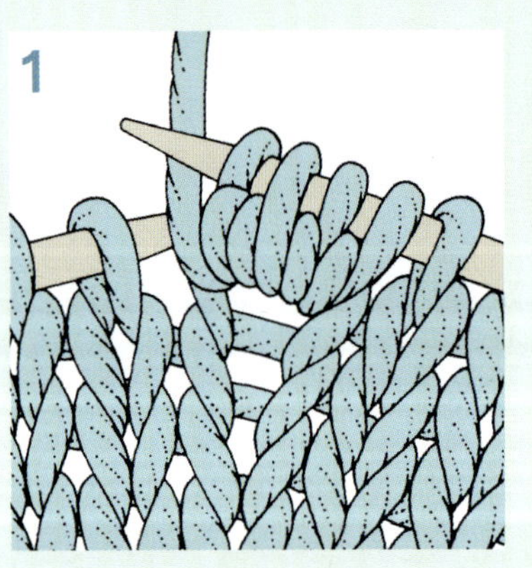

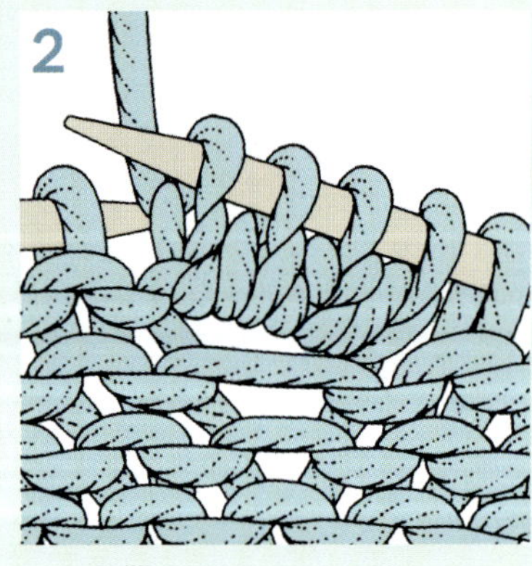

1 같은 코에 겉뜨기, 안뜨기, 겉뜨기, 안뜨기를 차례로 작업하여 1코에서 4코를 만듭니다. 편물을 뒤집습니다.

2 이 4코를 겉뜨기합니다. 편물을 뒤집은 후 이 4코를 안뜨기합니다. 편물을 뒤집습니다.



스페셜 텍스처

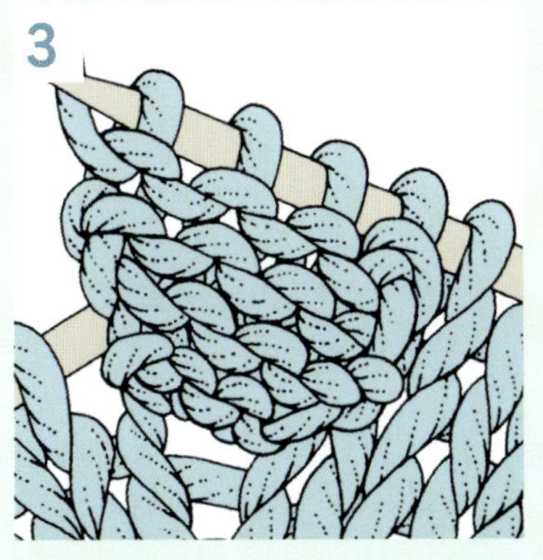

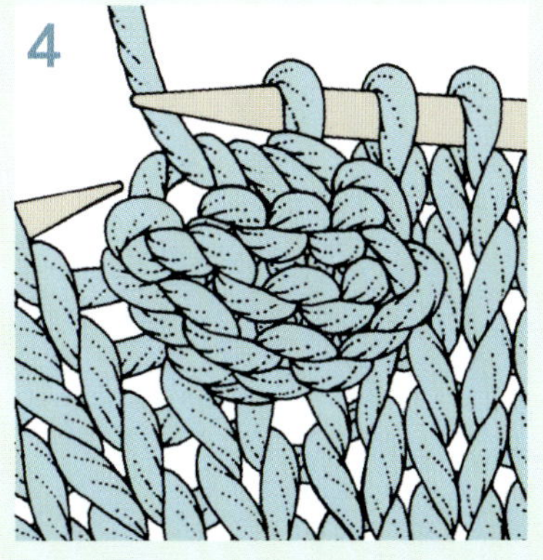

**3** 2단계를 1회 더 반복합니다. 이제 방울의 겉(안뜨기)면이 보입니다.

**4** 왼바늘을 사용해서, 2번째, 3번째, 4번째 코를 1번째 코 위로 덮어씌워, 다시 1코로 코줄임해 방울을 완성합니다.

## 방울 - 방법2

이 방울은 방법1에서 만든 방울보다 살짝 납작한 모양입니다.

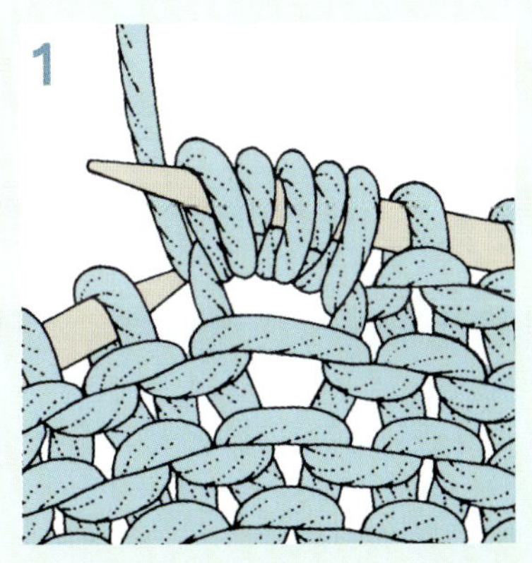

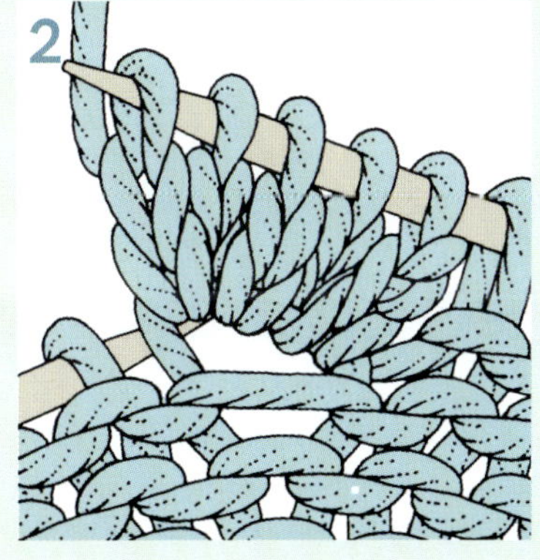

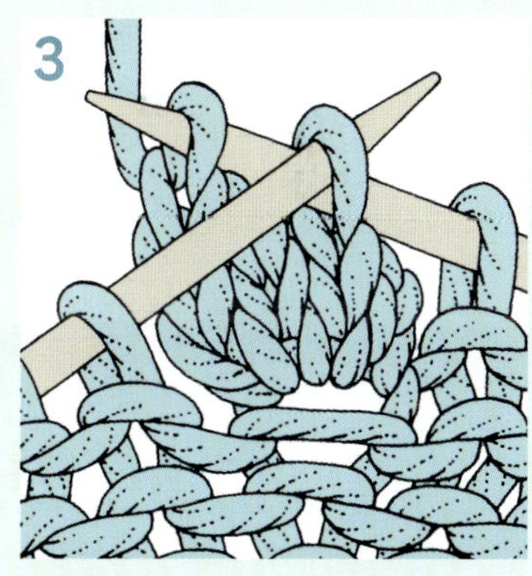

**1** 같은 코에 겉뜨기, 바늘비우기, 겉뜨기, 바늘비우기, 겉뜨기로 1코에서 5코를 만듭니다. 편물을 뒤집습니다.

**2** 이 5코를 겉뜨기합니다. 편물을 뒤집은 후 이 5코를 안뜨기합니다. 편물을 뒤집습니다.

**3** p2tog, 안뜨기, p2tog를 합니다(3코 남음). 편물을 뒤집습니다. sk2p(1코 걸러뜨기, k2tog, 코 덮어씌우기)로 다시 1코로 코줄임해 방울을 완성합니다.

**매듭 - 방법1**

이 작은 방울 혹은 매듭은 104쪽 방법1
의 방울과 동일한 원리로 만들지만, 늘
린 코를 즉시 줄여서 완성합니다.

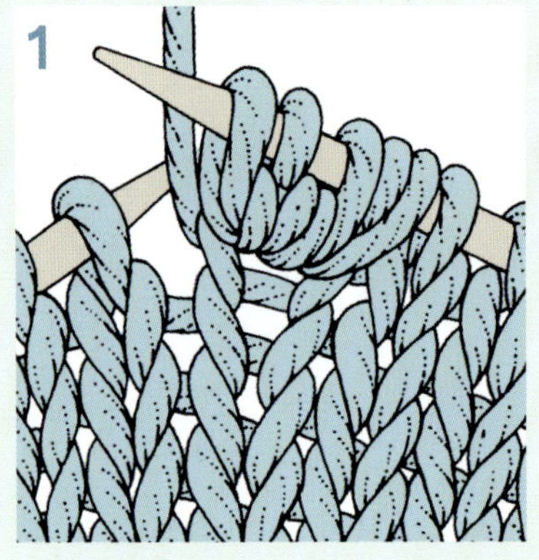

**1** 같은 코에 겉뜨기, 안뜨기, 겉뜨기, 안
뜨기, 겉뜨기로 1코에서 5코를 만듭니
다. 편물을 뒤집지 않습니다.

**2** 왼바늘을 사용해서 오른바늘의 2번째
코를 1번째 코로 덮어씌웁니다. 3번째,
4번째, 5번째 코도 각각 차례대로 같은
방식으로 1번째 코 위로 덮어씌워, 다
시 1코로 코줄임해 매듭을 완성합니다.

**매듭 - 방법2**

이 방법은 위의 방법1에서 만든 것보다
살짝 납작하고 매끈한 매듭이 만들어집
니다.

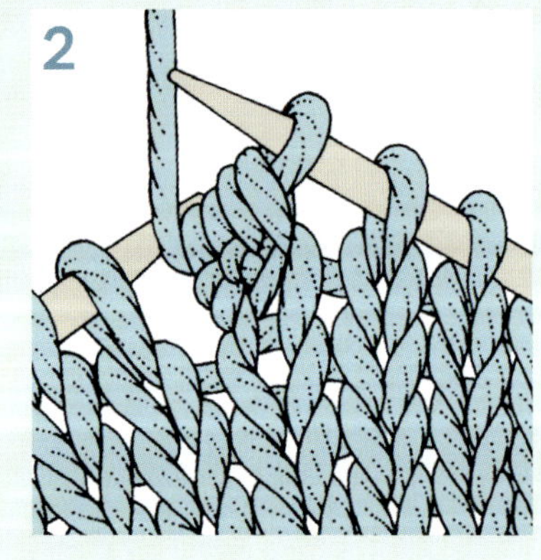

**1** 같은 코의 앞가닥, 뒷가닥, 앞가닥, 뒷가
닥에 차례로 겉뜨기해서 1코에서 4코를
만듭니다. 왼바늘을 사용해서 오른바늘
의 2번째 코를 1번째 코 위로 덮어씌웁
니다.

**2** 3번째, 4번째 코를 각각 1번째 코 위로
덮어씌워, 다시 1코로 코줄임해 매듭을
완성합니다.



스페셜 텍스처

# 대비되는 색상의 방울 및 매듭

방울이나 매듭을 대비되는 색으로 작업하려면, 방울이나 매듭을 넣을 위치의 안쪽에서 새로운 색상의 실을 1번째 색상 실에 묶은 후, 1번째 색을 내려 두고 새로운 색상의 실로 방울을 만듭니다. 방울이 완성되면 새로운 색상의 실을 끊고 끝을 단단히 묶은 다음, 1번째 색상 실로 계속 작업을 이어갑니다. 작업이 완료되면 실 끝을 안면에서 정리하세요. 방울을 1단에 짧은 간격으로 여러 개 연속으로 작업해야 하는 경우, 168쪽에 소개한 것처럼 대비 색상의 실을 함께 끌어가며 뜨는 것(위빙)이 훨씬 깔끔합니다.

방울은 원하는 만큼 다양한 색상으로 자유롭게 작업할 수 있습니다.

# 일롱게이티드 스티치
## *elongated stitch*

바늘에 실을 2번 이상 감은 다음, 다음 단에서 여러 개의 고리 중 1번째 고리만 작업하고 나머지 고리들은 풀리도록 함으로써 다양한 비침 효과를 연출할 수 있습니다. 이 기법을 사용한 무늬는 '드롭 스티치 무늬'라고 불리며, 편물 전체에 걸쳐 코를 길게 늘여서 만드는 단순한 띠 모양의 비침 무늬부터 매우 복잡한 무늬까지 다양합니다.

### 기본 일롱게이티드 스티치

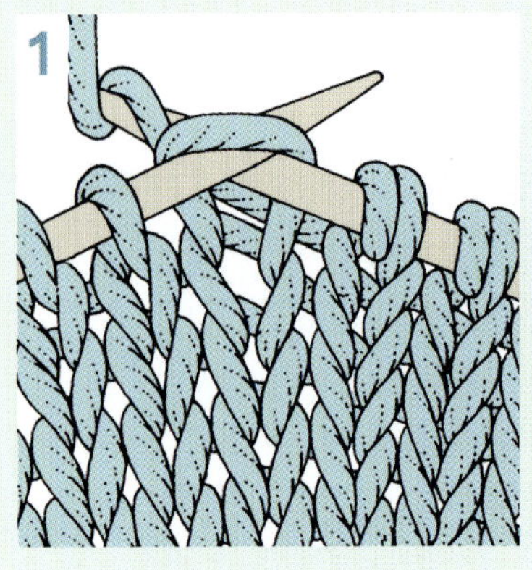 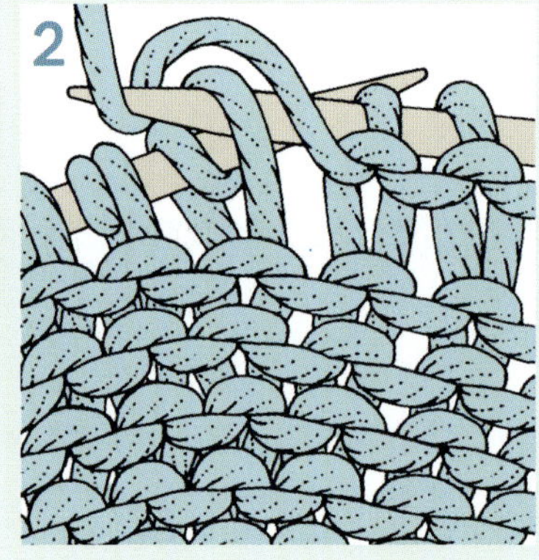

**1** 오른바늘을 겉뜨기하듯이 코에 넣고 실로 바늘을 2번 감은 다음, 코를 통과해 2개의 고리를 바늘에서 빼냅니다. 단 끝까지 반복합니다.

**2** 다음 단에서 고리 2개 중 1번째 고리에 안뜨기하고 남은 고리는 바늘에서 빼냅니다. 겉뜨기 쪽 또는 안뜨기 쪽 중 어느 쪽이든 편물의 겉면으로 사용할 수 있습니다. 실을 바늘에 3번 이상 감으면 더 긴 스티치를 만들 수 있습니다.



스페셜 텍스처

## 스모킹 smocking

스모킹은 편물을 다 뜬 뒤에 바느질로 꿰매서 만들 수도 있고
(209쪽 참고), 뜨는 과정 중에 직접 만들 수 있습니다. 이 기법
은 고무뜨기를 기반으로 하며, 고무뜨기의 두께나 간격을 조
정하여 다양한 무늬를 만들 수 있습니다. 코를 모아서 감쌀 때
는 꽈배기바늘을 사용하며, 그림과 같이 작업하기 전에 감을
수도 있고, 작업한 후에 감을 수도 있습니다.

### 기본 고무뜨기 스모킹

8의 배수에 10을 더한 코를 만듭니다. 2코
고무뜨기(겉뜨기2, 안뜨기2)로 5단 뜹니
다. 6번째 단(겉면)에서, 다음과 같이 스모
킹 무늬를 뜹니다.

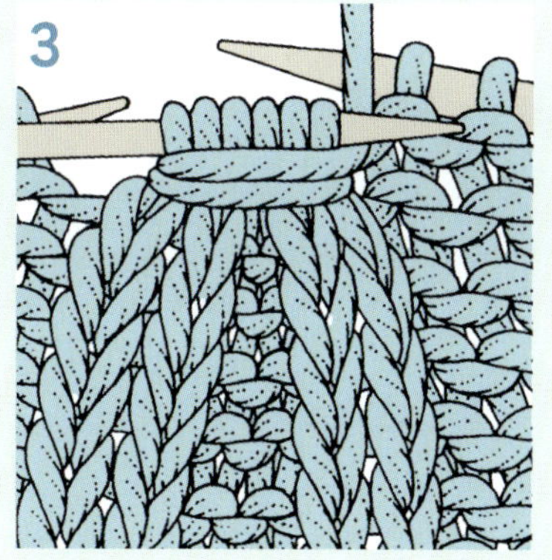

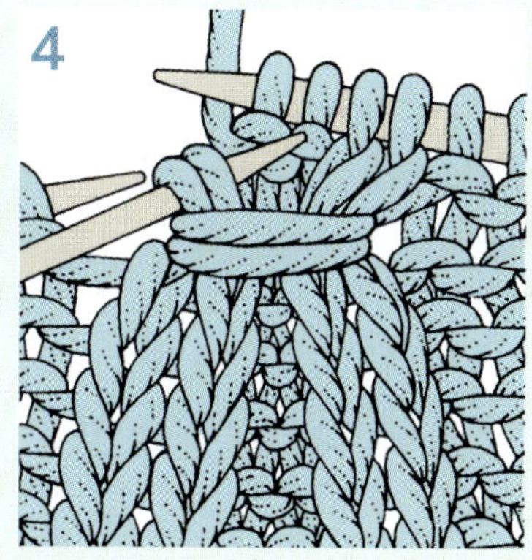

1 처음 (안뜨기) 2코를 안뜨기합니다.

2 다음 6코를 꽈배기바늘에 옮겨 편물
   앞에 둡니다.

3 꽈배기바늘에 옮긴 코 주위에 왼쪽에
   서 오른쪽으로(시계 반대 방향) 실을
   단단하게 당기며 2회 감습니다.

4 꽈배기바늘의 6코를 겉뜨기2, 안뜨기2,
   겉뜨기2 순서로 뜹니다.

5 1-4단계를 단 끝까지 반복합니다.

6 다시 2코고무뜨기로 5단 뜹니다.

7 12번째 단에서 처음 2코를 안뜨기합니
   다.

8 겉뜨기 2코를 꽈배기바늘에 옮깁니다.
   이전과 동일한 방식으로 이 2코 주위
   에 실을 2회 감은 후 겉뜨기하고 바늘
   에서 빼냅니다.

9 2코를 안뜨기합니다, 2코가 남을 때까
   지 2-4단계를 반복합니다. 마지막 2코
   는 겉뜨기합니다. 위의 1-12단이 스모
   킹 무늬가 됩니다.

# 루프 스티치
## *loop stitch*



엄지손가락에 실을 일정한 간격으로 감아 고리를 만든 뒤, 이를 그대로 남겨 고리 형태로 두거나 가위로 잘라 복슬복슬한 효과를 낼 수 있습니다.

22쪽의 안내처럼 오른손으로 실을 잡으면 고리 코를 더 쉽게 만들 수 있습니다(왼손잡이 니터는 동작을 반대로 해야 합니다).

**루프 스티치 만들기**

메리야스뜨기로 2단을 뜬 뒤, 셀비지 1코 혹은 2코를 뜨세요.

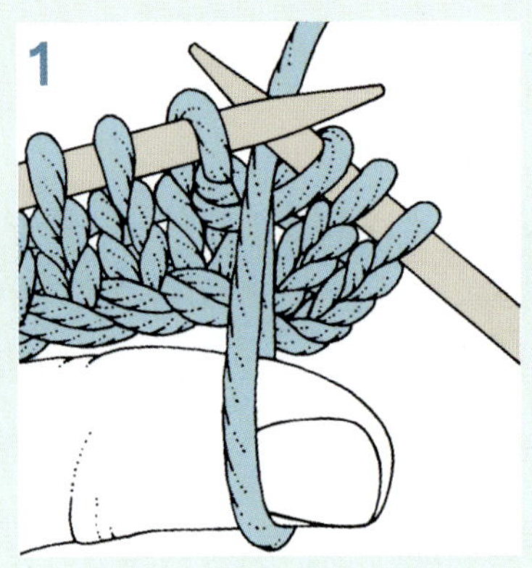 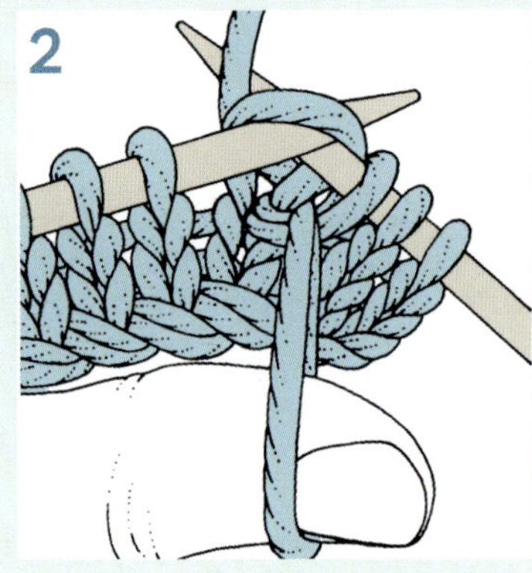

**1** 다음 코를 뜨되, 원래 코를 아직 왼바늘에서 빼지 않습니다. 실을 바늘 사이 앞으로 가져와 왼쪽 엄지 뒤에서 앞으로 감아 원하는 길이의 고리를 만듭니다. 엄지손가락을 더 낮게 잡으면 고리의 길이를 늘릴 수 있습니다.

**2** 같은 코에 다시 겉뜨기한 뒤 왼바늘에 걸려 있던 코를 왼바늘에서 뺍니다. 이때 엄지손가락은 여전히 고리를 잡고 있어야 합니다.

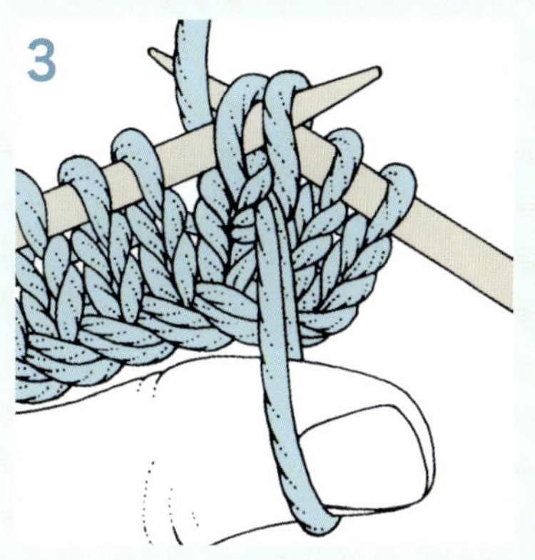

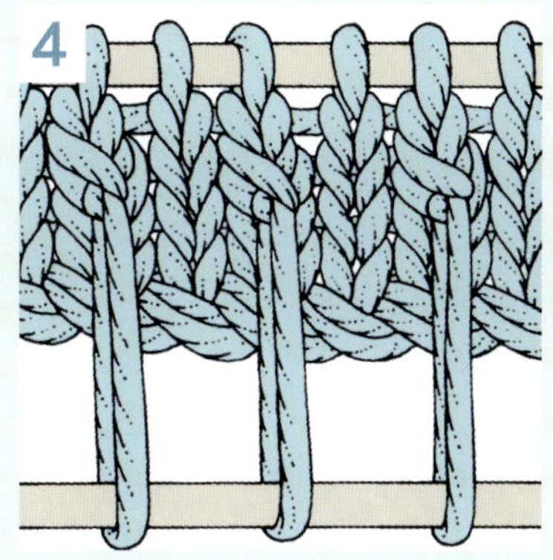

**3** 엄지손가락을 고리 안에 넣은 상태에서, 방금 뜬 2코의 앞가닥에 왼바늘을 넣고 2코를 뒤쪽에서 함께 겉뜨기합니다. 엄지손가락을 고리에서 빼냅니다. 다음 고리를 만들 위치까지 작업하고 다시 1-3단계를 반복합니다. 여기에서는 고리 사이에 겉뜨기 1코를 두고 배치했지만, 원한다면 더 넓은 간격을 둘 수도 있습니다.

**4** 다음 단은 안뜨기로 뜹니다. 여분의 바늘을 고리 사이에 끼워 넣고 아래쪽으로 부드럽게 당기면 고리가 고른 길이로 가지런히 정리됩니다.

이 편물에서는 루프 스티치를 엇갈리게 작업했습니다.

# 케이블 무늬
*cable pattern*

고무뜨기 케이블

링크 케이블

스태그혼(사슴뿔) 케이블

위시본(차골)* 케이블

*흉골 앞의 두 갈래의 뼈. 식사 때 남은 이 뼈의 양단을 두 사람이 잡아당겨 긴 쪽을 차지하면 소원이 이루어진다고 한다.



스페셜 텍스처

이 케이블 무늬 모음은 꽈배기바늘로 코를 교차시켜 얻을 수 있는 다양한 표현 효과를 보여 줍니다. 샘플들은 전통적인 뜨개 방식에서 어부들의 밧줄을 상징하는 케이블 무늬와의 연관성을 반영하여 아란 굵기의 실로 작업했습니다.

그러나 케이블은 활용도가 뛰어나서, 고급스러운 실크사는 물론 탄탄한 면사나 부드러운 모헤어 등 어떤 실과도 두루 잘 어울립니다.

**트렐리스(격자) 케이블**

**인터레이스 케이블**

# 고무뜨기 케이블 ribbed cable

7코로 뜬다

**1, 3, 5단(겉면):** 겉뜨기 꼬아뜨기1,
(안뜨기 꼬아뜨기1, 겉뜨기 꼬아뜨기1)
3회 반복

**2단과 모든 짝수단:** 안뜨기 꼬아뜨기1,
(겉뜨기 꼬아뜨기1, 안뜨기 꼬아뜨기1)
3회 반복

**7단:** 다음 4코를 꽈배기바늘에 옮겨
편물 앞에 둔다, 겉뜨기 꼬아뜨기1,
안뜨기1, 겉뜨기 꼬아뜨기1, 꽈배기바늘의
4번째 코를 왼바늘에 옮겨 안뜨기1,
꽈배기바늘의 남은 코를 (겉뜨기
꼬아뜨기1, 안뜨기1, 겉뜨기 꼬아뜨기1)

**9, 11, 13, 15단:** 1단과 동일

**16단:** 2단과 동일

스페셜 텍스처

# 링크 케이블 link cable



12코로 뜬다
**1, 3, 5단(겉면)**: 겉뜨기12
**2, 4, 6단**: 안뜨기12
**7단**: C6B 교차뜨기, C6F 교차뜨기
**8단**: 2단과 동일

# 스태그혼 케이블 staghorn cable

16코로 뜬다
**1단과 모든 홀수단(안면):** 안뜨기16
**2단:** 겉뜨기4, C4B 교차뜨기, C4F 교차뜨기,
겉뜨기4
**4단:** 겉뜨기2, C4B 교차뜨기, 겉뜨기4,
C4F 교차뜨기, 겉뜨기2
**6단:** C4B 교차뜨기, 겉뜨기8, C4F 교차뜨기

스페셜 텍스처

# 위시본 케이블 wishbone cable



7코로 뜬다

**1단(겉면)**: 겉뜨기7

**2단**: 안뜨기7

**3단**: 2코를 꽈배기바늘에 옮겨 편물
뒤에 둔다, 겉뜨기1, 꽈배기바늘의 코를
겉뜨기2, 겉뜨기1, 1코를 꽈배기바늘에
옮겨 편물 앞에 둔다, 겉뜨기2,
꽈배기바늘의 코를 겉뜨기1

**4단**: 안뜨기7

# 트렐리스 케이블 trellis cables

6의 배수 + 2

**주의** **C3B 교차뜨기**: 다음 2코를 꽈배기바늘에 옮겨 편물 뒤에 둔다, 겉뜨기1, 꽈배기바늘의 코를 안뜨기2

**C3F 교차뜨기**: 다음 1코를 꽈배기바늘에 옮겨 편물 앞에 둔다, 안뜨기2, 꽈배기바늘의 코를 겉뜨기1

**1단과 3단(겉면)**: 안뜨기3, *겉뜨기2, 안뜨기4*, 5코 남을 때까지 *~* 반복, 겉뜨기2, 안뜨기3

**2단과 4단**: 겉뜨기3, *안뜨기2, 겉뜨기4*, 5코 남을 때까지 *~* 반복, 안뜨기2, 겉뜨기3

**5단**: 안뜨기1, *C3B 교차뜨기, C3F 교차뜨기*, 1코 남을 때까지 *~* 반복, 안뜨기1

**6, 8, 10단**: 겉뜨기1, 안뜨기1, *겉뜨기4, 안뜨기2*, 6코 남을 때까지 *~* 반복, 겉뜨기4, 안뜨기1, 겉뜨기1

**7, 9단**: 안뜨기1, 겉뜨기1, *안뜨기4, 겉뜨기2*, 6코 남을 때까지 *~* 반복, 안뜨기4, 겉뜨기1, 안뜨기1

**11단**: 안뜨기1, *C3F 교차뜨기, C3B 교차뜨기*, 1코 남을 때까지 *~* 반복, 안뜨기1

**12단**: 2단과 동일



스페셜 텍스처

# 인터레이스 케이블 interlaced cable

13코로 뜬다

**주의** **Cr3F 교차뜨기**: 다음 2코를 꽈배기바늘에
옮겨 편물 앞에 둔다, 안뜨기1, 꽈배기바늘의
코를 겉뜨기2

**Cr3B 교차뜨기**: 다음 1코를 꽈배기바늘에
옮겨 편물 뒤에 둔다, 겉뜨기2, 꽈배기바늘의
코를 안뜨기1

**1단(안면)**: 안뜨기2, 겉뜨기2, 안뜨기2, 겉뜨기1,
안뜨기2, 겉뜨기2, 안뜨기2

**2단**: 겉뜨기2, 안뜨기2, 다음 3코를 꽈배기바늘에
옮겨 편물 뒤에 둔다, 겉뜨기2, 꽈배기바늘의
안뜨기 코를 왼바늘에 옮겨 안뜨기, 꽈배기바늘의
코를 겉뜨기2, 안뜨기2, 겉뜨기2

**3단**: 1단과 동일

**4단**: Cr3F 교차뜨기, Cr3B 교차뜨기, 안뜨기1,
Cr3F 교차뜨기, Cr3B 교차뜨기

**5단**: 겉뜨기1, 안뜨기4, 겉뜨기3, 안뜨기4, 겉뜨기1

**6단**: 안뜨기1, C4B 교차뜨기, 안뜨기3,
C4F 교차뜨기, 안뜨기1

**7단**: 5단과 동일

**8단**: Cr3B 교차뜨기, Cr3F 교차뜨기, 안뜨기1,
Cr3B 교차뜨기, Cr3F 교차뜨기

**9단**: 1단과 동일

**10단**: 겉뜨기2, 안뜨기2, 다음 3코를 꽈배기바늘에
옮겨 편물 앞에 둔다, 겉뜨기2, 꽈배기바늘의
안뜨기 코를 왼바늘에 옮겨 안뜨기, 꽈배기바늘의
코를 겉뜨기2, 안뜨기2, 겉뜨기2

**11-16단**: 3-8단과 동일

# 방울 무늬
*bobble pattern*

심플 방울 스티치

방울이 있는 하프 다이아몬드 케이블

방울은 케이블, 아일릿, 고무뜨기와 같은 다른 요소와 결합할 때 더욱 돋보입
니다. 방울이 있는 하프 다이아몬드 케이블은 노즈게이 무늬와 마찬가지로
단조로운 배경에 세로로 뚜렷하게 나타나는 모티프를 만듭니다.

**아일릿과 방울 무늬**

**노즈게이(꽃다발) 무늬**



방울 무늬

# 심플 방울 스티치 simple bobble stitch

6의 배수 + 1

**1단(겉면):** *겉뜨기3, **다음 코의
앞가닥-뒷가닥-앞가닥에 겉뜨기,
편물 뒤집기, 겉뜨기3, 편물 뒤집기,
안뜨기3, 편물 뒤집기, 겉뜨기3,
편물 뒤집기, 2번째 코를 1번째 코 위로
덮어씌우기, 3번째 코를 1번째 코 위로
덮어씌우기, 코를 오른바늘로 옮긴다**,
겉뜨기2*, 1코 남을 때까지 *~* 반복,
겉뜨기1

**2, 4, 6단:** 안뜨기

**3, 5단:** 겉뜨기

**7단:** *1단의 **~**, 겉뜨기5*,
1코 남을 때까지 *~* 반복, **~** 작업

**8, 10단:** 안뜨기

**9, 11단:** 겉뜨기

**12단:** 안뜨기

스페셜 텍스처

# 방울이 있는 하프 다이아몬드 케이블

half diamond cable with bobbles

19코로 뜬다

**주의** **C5B 교차뜨기**: 3코를 꽈배기바늘에 옮겨 편물 뒤에 둔다, 겉뜨기2, 꽈배기바늘의 안뜨기 코를 왼바늘에 옮겨 안뜨기, 꽈배기바늘의 코를 겉뜨기2

**Cr3B 교차뜨기**: 119쪽 참고

**Cr3F 교차뜨기**: 119쪽 참고

**1단과 3단(안면)**: 겉뜨기7, 안뜨기2, 겉뜨기1, 안뜨기2, 겉뜨기7

**2단**: 안뜨기7, C5B 교차뜨기, 안뜨기7

**4단**: 안뜨기6, Cr3B 교차뜨기, 안뜨기1, Cr3F 교차뜨기, 안뜨기6

**5단과 모든 홀수단**: 모든 겉뜨기 코는 겉뜨기, 모든 안뜨기 코는 안뜨기

**6단**: 안뜨기5, Cr3B 교차뜨기, 안뜨기1, *다음 코에 (겉뜨기1, 안뜨기1, 겉뜨기1, 안뜨기1, 겉뜨기1, 안뜨기1, 겉뜨기1), 오른바늘의 2번째 코를 1번째 코 위로 덮어씌우고, 3번째, 4번째, 5번째, 6번째 7번째 코를 각각 1번째 코 위로 덮어씌운다*, 안뜨기1, Cr3F 교차뜨기, 안뜨기5

**8단**: 안뜨기4, Cr3B 교차뜨기, (안뜨기1, 6단의 *~*) 를 2회 반복, 안뜨기1, Cr3F 교차뜨기, 안뜨기4

**10단**: 안뜨기3, Cr3B 교차뜨기, (안뜨기1, 6단의 *~*) 를 3회 반복, 안뜨기1, Cr3F 교차뜨기, 안뜨기3

**12단**: 안뜨기2, Cr3B 교차뜨기, 안뜨기2, 겉뜨기2, 안뜨기1, 겉뜨기2, 안뜨기2, Cr3F 교차뜨기, 안뜨기2

**14단**: 안뜨기1, Cr3B 교차뜨기, 안뜨기3, 겉뜨기2, 안뜨기1, 겉뜨기2, 안뜨기3, Cr3F 교차뜨기, 안뜨기1

# 아일릿과 방울 무늬 eyelet and bobble pattern

9의 배수 + 4

**1단(겉면)**: 겉뜨기1, *(바늘비우기, skp)를 2회 반복, 겉뜨기5*, 3코 남을 때까지 *~* 반복, 겉뜨기3

**2단과 모든 짝수단**: 안뜨기

**3단**: 겉뜨기2, *(바늘비우기, skp)를 2회 반복, 겉뜨기5*, 2코 남을 때까지 *~* 반복, 겉뜨기2

**5단**: 겉뜨기3, *(바늘비우기, skp)를 2회 반복, 겉뜨기5*, 1코 남을 때까지 *~* 반복, 겉뜨기1

**7단**: 겉뜨기4, *(바늘비우기, skp)를 2회 반복, 겉뜨기2, **다음 코에 kfb를 2회 반복, 편물 뒤집기, 안뜨기4, 편물 뒤집기, 겉뜨기4, 2번째, 3번째, 4번째 코를 1번째 코 위로 덮어씌우기**, 겉뜨기2*, *~* 반복

**9단**: 겉뜨기3, *(k2tog, 바늘비우기)를 2회 반복, 겉뜨기5*, 1코 남을 때까지 *~* 반복, 겉뜨기1

**11단**: 겉뜨기2, *(k2tog, 바늘비우기)를 2회 반복, 겉뜨기5*, 2코 남을 때까지 *~* 반복, 겉뜨기2

**13단**: 겉뜨기1, *(k2tog, 바늘비우기)를 2회 반복, 겉뜨기5*, 3코 남을 때까지 *~* 반복, 겉뜨기3

**15단**: *(k2tog, 바늘비우기)를 2회 반복, 겉뜨기2, 7단의 **~**, 겉뜨기2*, 4코 남을 때까지 *~* 반복, 겉뜨기4

**16단**: 안뜨기

# 노즈게이 무늬 nosegay pattern

16코로 뜬다

**주의** **Cr2B 교차뜨기**: 다음 코를 꽈배기바늘에 옮겨 편물 뒤에 둔다, 겉뜨기1, 꽈배기바늘의 코를 안뜨기1

**Cr2F 교차뜨기**: 다음 코를 꽈배기바늘에 옮겨 편물 앞에 둔다, 안뜨기1, 꽈배기바늘의 코를 겉뜨기1

**C2B 교차뜨기**: 다음 1코를 꽈배기바늘에 옮겨 편물 뒤에 둔다, 겉뜨기1, 꽈배기바늘의 코를 겉뜨기1

**C2F 교차뜨기**: 다음 1코를 꽈배기바늘에 옮겨 편물 앞에 둔다, 겉뜨기1, 꽈배기바늘의 코를 겉뜨기1

**방울 만들기**: 다음 코에 (겉뜨기1, 바늘비우기, 겉뜨기1, 바늘비우기, 겉뜨기1), 편물 뒤집기, 안뜨기5, 편물 뒤집기, 겉뜨기5, 편물 뒤집기, p2tog, 안뜨기1, p2tog, 편물 뒤집기, sk2p

**1단(안면)**: 겉뜨기7, 안뜨기2, 겉뜨기7

**2단**: 안뜨기6, C2B 교차뜨기, C2F 교차뜨기, 안뜨기6

**3단**: 겉뜨기5, Cr2F 교차뜨기, 안뜨기2, Cr2B 교차뜨기, 겉뜨기5

**4단**: 안뜨기4, Cr2B 교차뜨기, C2B 교차뜨기, C2F 교차뜨기, Cr2F 교차뜨기, 안뜨기4

**5단**: 겉뜨기3, Cr2F 교차뜨기, 겉뜨기1, 안뜨기4, 겉뜨기1, Cr2B 교차뜨기, 겉뜨기3

**6단**: 안뜨기2, Cr2B 교차뜨기, 안뜨기1, Cr2B 교차뜨기, 겉뜨기2, Cr2F 교차뜨기, 안뜨기1, Cr2F 교차뜨기, 안뜨기2

**7단**: (겉뜨기2, 안뜨기1)을 2회 반복, 겉뜨기1, 안뜨기2, 겉뜨기1, (안뜨기1, 겉뜨기2)를 2회 반복

**8단**: 안뜨기2, 방울 만들기, 안뜨기1, Cr2B 교차뜨기, 안뜨기1, 겉뜨기2, 안뜨기1, Cr2F 교차뜨기, 안뜨기1, 방울 만들기, 안뜨기2

**9단**: 겉뜨기4, 안뜨기1, 겉뜨기2, 안뜨기2, 겉뜨기2, 안뜨기1, 겉뜨기4

**10단**: 안뜨기4, 방울 만들기, 안뜨기2, 겉뜨기2, 안뜨기2, 방울 만들기, 안뜨기4

# 복합 무늬

*potpourri pattern*

스페셜 텍스처

### 2코 교대 고무뜨기

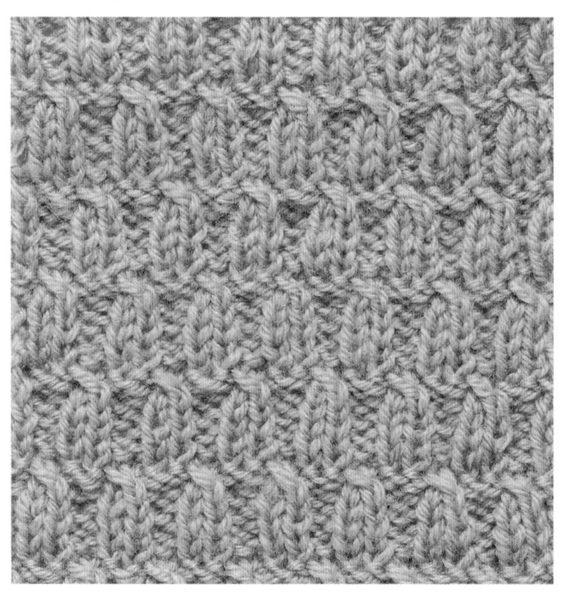

### 크로스 스티치 고무뜨기

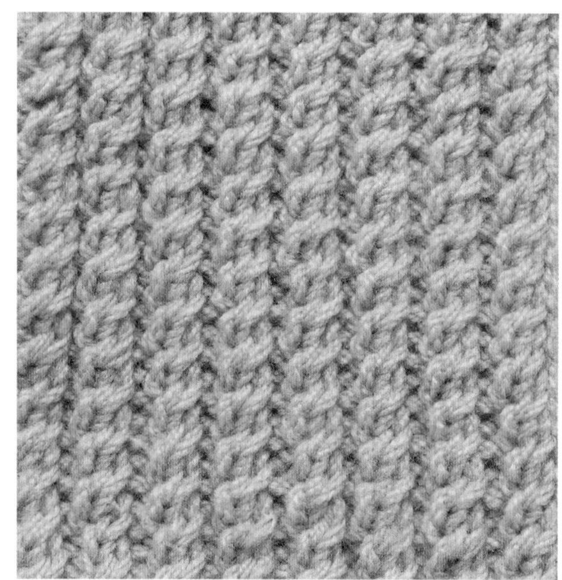

### 링크 체크 무늬

### 태슬 스티치

스페셜 텍스처

이 무늬 모음집에는 코를 교차하거나(트위스트), 길게 늘이거나(일롱게이티드), 함께 묶는(스모킹) 기법이 포함되어 있습니다. 이러한 무늬를 연습할 때는 신축성이 좋은 실을 사용하는 것이 좋습니다. 순모 더블니팅 또는 4ply 실이 적합합니다.

순조롭게 뜰 수 있게 되면, 다른 종류의 실로 시도해 보면서 그 가능성을 발견해 보세요. 예를 들어 광택이 있는 머서라이즈드 면사로 스모크 고무뜨기 무늬를 만들거나, 반짝이는 글리터사로 일롱게이티드 크로스 스티치를 만들어 보는 것도 좋은 방법입니다.

**일롱게이티드 크로스 스티치**

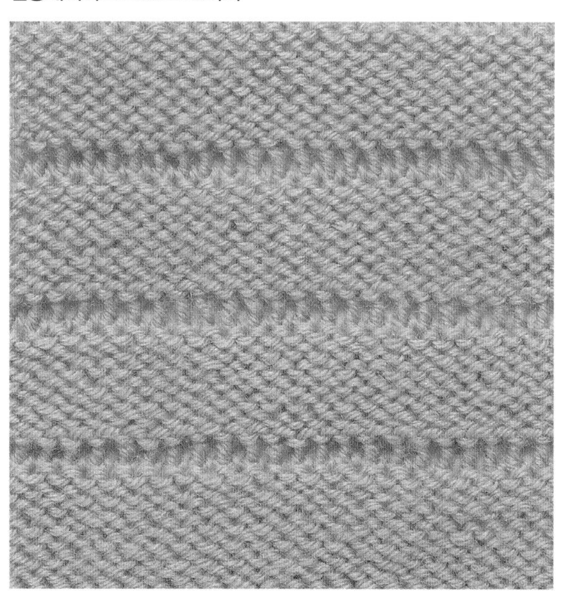

**스모크 고무뜨기 무늬**

# 2코 교대 고무뜨기 alternating 2x2 rib

4의 배수 + 2

**주의** **Tw2L 교차뜨기**: 2번째 코를 겉뜨기
꼬아뜨기, 1번째 코를 겉뜨기 꼬아뜨기,
2코를 모두 왼바늘에서 빼낸다

**1단과 3단(겉면)**: *겉뜨기2, 안뜨기2*,
2코 남을 때까지 *~* 반복, 겉뜨기2

**2단과 4단**: *안뜨기2, 겉뜨기2*,
2코 남을 때까지 *~* 반복, 안뜨기2

**5단**: *Tw2L 교차뜨기, 안뜨기2*,
2코 남을 때까지 *~* 반복,
Tw2L 교차뜨기

**6, 8단**: *겉뜨기2, 안뜨기2*,
2코 남을 때까지 *~* 반복, 겉뜨기2

**7, 9단**: *안뜨기2, 겉뜨기2*,
2코 남을 때까지 *~* 반복, 안뜨기2

**10단**: *겉뜨기2, 안뜨기2*,
2코 남을 때까지 *~* 반복, 겉뜨기2

**11단**: *안뜨기2, Tw2L 교차뜨기*,
2코 남을 때까지 *~* 반복, 안뜨기2

**12단**: *안뜨기2, 겉뜨기2*,
2코 남을 때까지 *~* 반복, 안뜨기2

# 크로스 스티치 고무뜨기 crossed-stitch rib

3의 배수+ 1

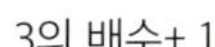 **Tw2R 교차뜨기**: 2번째 코 앞가닥에
겉뜨기, 1번째 코 앞가닥에 겉뜨기, 2코를
모두 왼바늘에서 빼낸다

**1단(겉면)**: 안뜨기1, *Tw2R 교차뜨기,
안뜨기1*, *~* 반복

**2단**: 겉뜨기1, *안뜨기2, 겉뜨기1*, *~* 반복

복합 무늬

# 링크 체크 무늬 linked check pattern

10의 배수

**주의** **Tw2R 교차뜨기**: 2번째 코 앞가닥에 겉뜨기, 1번째 코 앞가닥에 겉뜨기, 2코를 모두 왼바늘에서 빼낸다

**Tw2PL 교차뜨기**: 2번째 코를 안뜨기, 이 코를 1번째 코 위로 넘겨 빼낸다, 1번째 코를 안뜨기 꼬아뜨기(이 기법은 100쪽의 Tw2PL과는 다르다)

**1단(겉면)**: *겉뜨기4, 안뜨기2, Tw2R 교차뜨기, 안뜨기2*, *~* 반복

**2단**: *겉뜨기2, Tw2PL 교차뜨기, 겉뜨기2, 안뜨기4*, *~* 반복

**3, 5단**: 1단과 동일

**4, 6단**: 2단과 동일

**7단**: *안뜨기1, Tw2R 교차뜨기, 안뜨기2, 겉뜨기4, 안뜨기1*, *~* 반복

**8단**: *겉뜨기1, 안뜨기4, 겉뜨기2, Tw2PL 교차뜨기, 겉뜨기1*, *~* 반복

**9, 11단**: 7단과 동일

**10, 12단**: 8단과 동일

스페셜 텍스처

# 태슬 스티치 *tassel stitch*

**6의 배수 + 1**

**1단(겉면)**: *겉뜨기4, 안뜨기2*,
1코 남을 때까지 *~* 반복, 겉뜨기1

**2단**: 안뜨기1, *겉뜨기2, 안뜨기4*, *~* 반복

**3단**: 1단과 동일

**4단**: 2단과 동일

**5단**: *오른바늘을 왼바늘의 4번째와 5번째
코 사이에 넣어 고리를 빼낸다, 겉뜨기1,
안뜨기2, 겉뜨기3*, 1코 남을 때까지 *~* 반복,
겉뜨기1

**6단**: 안뜨기1, *안뜨기3, 겉뜨기2, p2tog*,
*~* 반복

**7단**: 겉뜨기1, *안뜨기2, 겉뜨기4*, *~* 반복

**8단**: *안뜨기4, 겉뜨기2*, 1코 남을 때까지
*~* 반복, 안뜨기1

**9단**: 7단과 동일

**10단**: 8단과 동일

**11단**: 겉뜨기3, *오른바늘을 왼바늘의 4번째와
5번째 코 사이에 넣어 고리를 빼낸다, 겉뜨기1,
안뜨기2, 겉뜨기3*, 4코 남을 때까지 *~* 반복,
겉뜨기1, 안뜨기2, 겉뜨기1

**12단**: 안뜨기1, 겉뜨기2, 안뜨기1, *안뜨기3,
겉뜨기2, p2tog*, 3코 남을 때까지 *~* 반복,
안뜨기3

# 일롱게이티드 크로스 스티치 elongated cross stitch

콧수와 상관없이 작업
크로스 스티치 위치까지 메리야스뜨기,
가터뜨기 혹은 안메리야스뜨기로 몇 단
뜬다.

**다음 단(겉면):** *바늘을 다음 코에
겉뜨기하듯이 넣고, 실을 오른바늘
아래에서 위로, 왼바늘 아래에서 위로
감은 뒤, 다시 오른바늘 아래로 가져간다.
고리를 끌어 빼내고 왼바늘에서 코를
빼낸다*, *~* 반복

**다음 단:** 무늬에 따라 각 코를 겉뜨기
또는 안뜨기

스페셜 텍스처

# 스모크 고무뜨기 무늬 smocked rib pattern

16의 배수 + 12

**1단(겉면)**: 겉뜨기3, 안뜨기6, *겉뜨기2, 안뜨기2, 겉뜨기2, 안뜨기2, 겉뜨기2, 안뜨기6*, 3코 남을 때까지 *~* 반복, 겉뜨기3

**2단과 모든 짝수단**: 보이는 대로 겉뜨기 코는 겉뜨기, 안뜨기 코는 안뜨기

**3, 5, 7단**: 1단과 동일

**9단**: 겉뜨기3, *안뜨기2, 겉뜨기2, 안뜨기2, **다음 10코를 꽈배기바늘에 옮긴다, 반시계방향으로 실을 바늘에 3회 감는다, 이 10코를 겉뜨기2, 안뜨기6, 겉뜨기2** *, 9코 남을 때까지 *~*를 반복, 안뜨기2, 겉뜨기2, 안뜨기2, 겉뜨기3

**10단**: 안뜨기3, 겉뜨기2, 안뜨기2, 겉뜨기2, 안뜨기2, 겉뜨기6, 안뜨기2, 겉뜨기2, 안뜨기2, 겉뜨기2, 안뜨기3

**11, 13, 15, 17단**: 겉뜨기3, 안뜨기2, 겉뜨기2, *안뜨기2, 겉뜨기2, 안뜨기6, 겉뜨기2, 안뜨기2, 겉뜨기2*, 5코 남을 때까지 *~* 반복, 안뜨기2, 겉뜨기3

**19단**: 겉뜨기1, *9단의 **~**, 안뜨기2, 겉뜨기2, 안뜨기2*, 11코 남을 때까지 *~* 반복, 9단의 **~**, 겉뜨기1

**20단**: 2단과 동일

# 원통뜨기
## knitting in the round

지금까지는 앞뒤로 편물을 뒤집어 뜨는 평면 뜨기에 집중해 왔으며, 이 편물을 이어서 옷을 만드는 방식을 다루었습니다.

이 파트에서는 원통뜨기로 이음새가 없는 편물(튜브형 또는 원통형)을 만드는 뜨개 기법을 살펴보겠습니다. 튜브형 편물은 폴로넥, 양말, 장갑, 모자 등에 활용되며, 경우에 따라 스웨터 몸통 전체에도 사용됩니다. 이러한 기법을 활용하면 납작한 메달리온 모양의 모티프를 이어붙여 침대보를 만들 수 있고, 큰 메달리온 모양의 모티프로 쿠션 커버나 숄을 만들 수 있습니다.

# 원통뜨기

원통뜨기는 평면뜨기와 비교해 여러 장점이 있습니다. 우선, 작업하는 편물의 겉면이 항상 자신을 향하기 때문에 특정 무늬를 더 쉽고 빠르게 뜰 수 있습니다. 예를 들어, 메리야스뜨기는 모든 단을 겉뜨기만으로 만듭니다. 또한, 만들어진 편물에 이음새가 없기 때문에 꿰매기에 수반되는 작업도 줄어들며, 무늬는 가장자리코 없이 반복만으로 작업할 수 있습니다.

원통뜨기에는 2가지 종류의 바늘, 즉 양쪽 막대바늘 세트와 줄바늘이 사용됩니다. 경우에 따라 두 바늘을 번갈아 가며 사용할 수도 있지만, 특정 작업에서는 호환되지 않습니다. 어떤 종류의 바늘을 사용하든 기억해야 할 몇 가지 사항이 있습니다. 우선, 각 단의 시작점을 파악하는 것이 중요합니다. 이를 위해 단 시작 부분에 링 마커(단수표시링)나 색이 다른 실을 걸어 놓고, 새 단을 시작할 때마다 오른바늘로 옮겨 주세요. 특정 모양을 만드는 지점이나 무늬를 반복하는 부분도 같은 방법으로 표시할 수 있습니다.

또한, 각 단의 첫 코 및 새 양쪽 막대바늘에 옮겨 뜨는 첫 코는 반드시 단단하게 잡아 떠야 합니다. 그렇지 않으면 이 지점에 사다리 효과(코 사이의 가로줄이 벌어져 이음새에 틈이 생기는 것)가 생길 수 있습니다.

네크라인처럼 원통으로 작업하기 위해 코를 줍는 경우, 무늬 반복에 맞는 정확한 콧수가 도안에 명시되어 있습니다. 그러나 평면뜨기용 패턴을 원통뜨기로 변경하고자 한다면, 정확한 반복 단위의 배수가 되도록 콧수를 조정해야 합니다. 예를 들어 겉뜨기2, 안뜨기2의 2코고무뜨기를 작업하는 경우라면 총 콧수는 4의 배수여야 하며, 그렇지 않으면 무늬가 제대로 이어지지 않습니다.

원통뜨기 기법으로 다양한 무늬를 쉽게 만들 수 있습니다. 이 원형 타깃 메달리온 뜨개 방법은 156쪽에서 소개하고 있습니다.

## 줄바늘 사용

원통뜨기에 사용되는 두 종류의 바늘 중에서는 줄바늘이 더 사용하기 쉽습니다. 바늘 끝이 2개뿐이라 작업이 단순하며, 작업이 진행됨에 따라 편물이 바늘 사이의 와이어를 따라 자연스럽게 미끄러지듯 이동합니다. 또한, 양쪽 막대바늘을 사용할 때는 세 개 이상의 바늘이 필요한 것과 달리, 줄바늘은 바늘 연결부가 하나뿐이라 더 매끄러운 편물을 만들 수 있습니다. 그러나 작은 크기의 작품에는 적합하지 않습니다. 편물이 한쪽 바늘 끝에서 다른 쪽 바늘 끝까지 무리 없이 닿아야 하는데, 줄바늘의 길이가 맞지 않아 편물이 당겨질 수 있기 때문입니다.

새 줄바늘이나 포장 상태로 오래 감겨 있던 바늘은 사용하기 전에 따뜻한 물에 약 15분 동안 담근 뒤, 손가락으로 부드럽게 당겨서 곧게 펴 주면 다루기 쉬워집니다.

**줄바늘로 원통뜨기**

**1** 필요한 콧수를 잡습니다. 싱글 코잡기
방법을 사용할 경우, 한쪽 끝에 고무줄
을 감아 코가 빠지지 않도록 합니다. 뜨
개를 시작하기 전에 코가 바늘의 양 끝
까지 무리 없이 닿는지 확인하세요. 마
지막 코잡기한 코가 있는 바늘이 오른
손에, 1번째 코잡기한 코가 있는 바늘
이 왼손에 오도록 바늘을 잡습니다. 코
가 꼬이지 않았는지 확인하고, 코의 아
래쪽이 원의 안쪽을 향하도록 놓습니
다. 링 마커 또는 다른 색상의 실을 오
른바늘 끝에 겁니다. 오른바늘 끝을 왼
바늘의 1번째 코에 넣습니다.

**2** 1번째 코를 뜨되 실을 단단히 잡아당겨
이음새에 틈이 생기지 않도록 합니다.

**3** 지정된 무늬의 1번째(겉면) 단을 마커
까지 뜹니다. 마커를 오른바늘로 옮기
고 무늬의 2번째 단을 계속 진행합니
다. 원하는 무늬(150쪽 참고)로 계속
작업합니다. 원통뜨기를 다 끝내면 일
반적인 방법으로 코막음합니다. 작업
중인 실을 마지막 코로 통과시키고, 단
의 1번째 코에도 통과시킵니다.

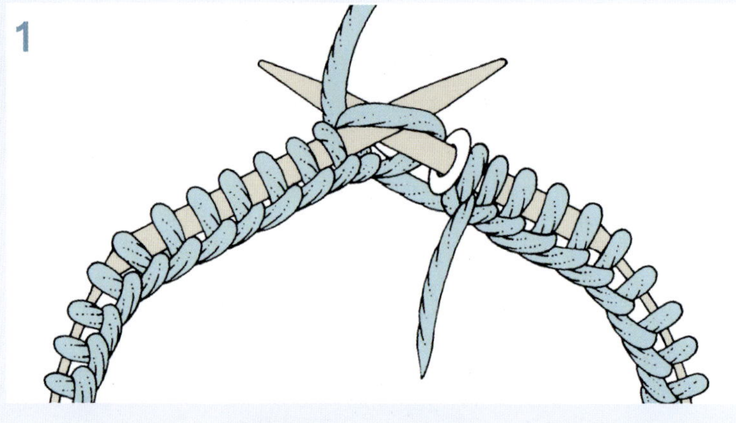

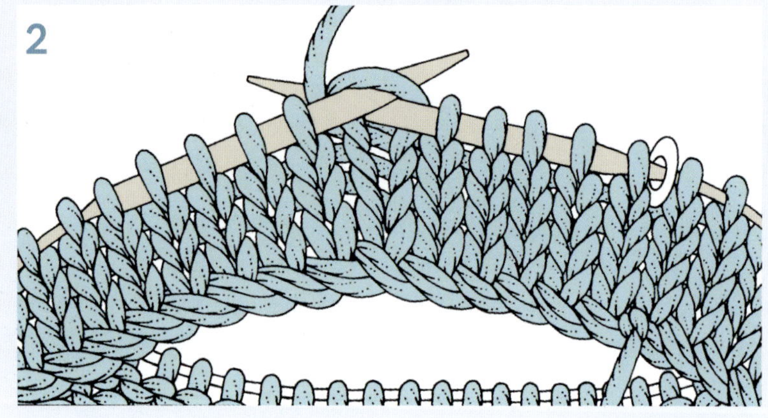

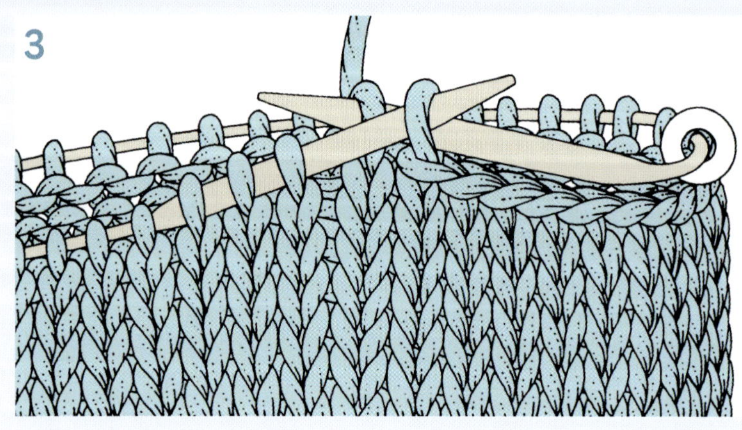

## 줄바늘로 평면뜨기

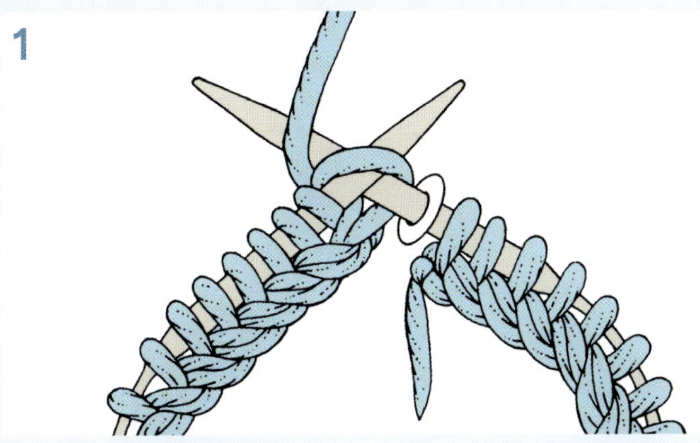

**1**

**1** 줄바늘은 평면뜨기에도 매우 유용합니다. 특히 편물이 크고 무거운 경우, 편물의 무게가 바늘 전체에 고르게 분산되므로 일반 바늘로 작업할 때보다 부담이 적습니다. 기차 안에서 뜨개를 할 때처럼 좁은 공간에서는 일반 바늘을 사용하기가 불편할 수 있는데, 이때 줄바늘로 대체하는 것도 좋은 아이디어입니다.

줄바늘로 평면뜨기를 하기 위해, 먼저 원하는 방식으로 코를 만듭니다. 원통뜨기와 달리 1번째 단은 1번째 코가 아닌 마지막 코잡기한 코부터 작업합니다, 단의 끝에서 바늘을 돌려서 마지막으로 작업한 코가 있는 바늘을 왼손으로 옮기고 다음 단을 이어서 작업합니다.

# 양쪽 막대바늘

양쪽 막대바늘은 네크라인 둘레의 코를 줍는 데 자주 사용되며, 이때 사용되는 기법은 기본적으로 65쪽에 설명한 코줍기와 동일합니다. 총 콧수를 3~4개의 바늘에 균등하게 나누거나, 편물의 모양에 따라 나눌 수 있습니다. 예를 들어, V넥은 오른쪽 앞, 왼쪽 앞, 뒷목으로 각각 바늘을 나누어 사용할 수 있습니다.

양말과 같이 원통으로 뜨는 작은 아이템은 처음부터 양쪽 막대바늘을 사용합니다. 전통적인 건지나 페어아일 뜨개에서는 매우 긴 양쪽 막대바늘 세트를 사용하여 의류 전체를 뜨기도 합니다.

## 양쪽 막대바늘로 원통뜨기

**1** 양쪽 막대바늘과 같은 크기(또는 느슨한 가장자리를 원한다면 더 큰 사이즈)의 한쪽 막대바늘에 필요한 콧수를 잡습니다. 그림에서는 엄지 코잡기 방법으로 코를 잡았지만 어떤 방법을 사용해도 무방합니다. 양쪽 막대바늘에 코를 고르게 나누고, 1개의 바늘은 코를 뜨는 작업용으로 남겨 둡니다. 여기서는 4개의 바늘 세트 중 3개의 바늘을 사용합니다.

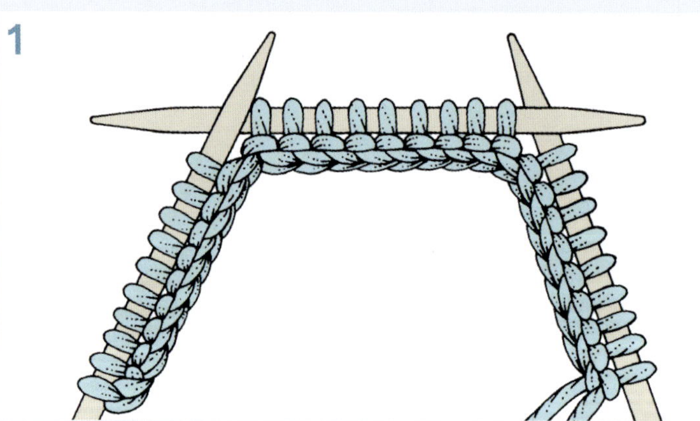

**2** 바늘의 끝이 그림과 같이 교차하도록 바늘을 배열합니다. 이때 코가 꼬이지 않았는지 확인합니다. 마지막 코잡기한 코가 있는 지점 위에 링 마커를 걸어 시작점을 표시합니다. 남은 바늘로 1번째 코잡기한 코를 뜨고 실을 단단히 당겨 틈이 생기지 않도록 합니다.

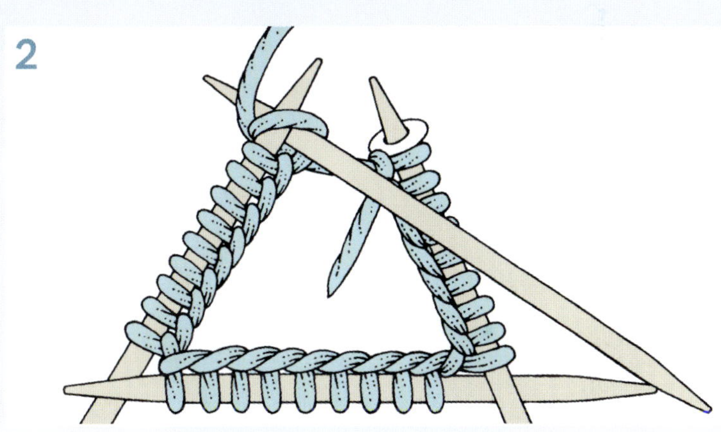

**3** 1번째 바늘의 모든 코를 계속 뜨세요. 이제 비워진 1번째 바늘로 2번째 바늘의 코를 뜹니다. 새 바늘로 1번째 코를 작업할 때는 항상 실을 단단히 당기고, 새 단이 시작될 때마다 마커를 오른바늘로 옮깁니다. 작업을 반복하여 편물이 원하는 길이가 되면 평소처럼 코막음합니다. 작업하던 실을 단의 1번째 코에 통과시켜 깔끔하게 연결합니다.

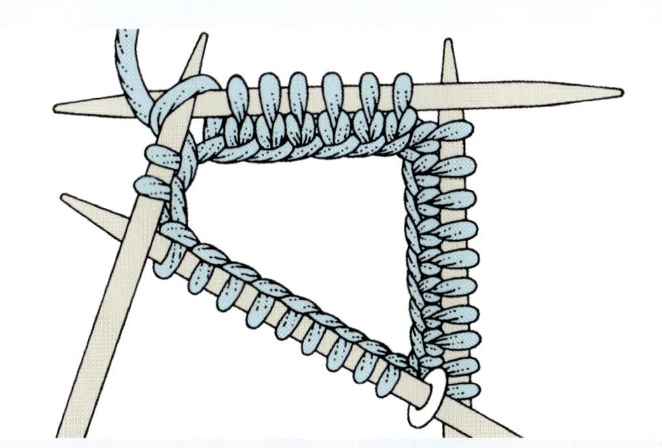

# 메달리온

원통뜨기

원형뜨기를 하면서 규칙적인 순서로 코늘림을 하면 다양한 평면 메달리온을 만들 수 있습니다. 메달리온은 여러 가지 용도로 활용 가능합니다. 메달리온 한 장은 아기 보닛의 뒷부분이나 베레모의 윗부분으로 사용할 수 있습니다. 더 크게 뜨면 숄로 변형 가능하고, 여러 개의 메달리온을 함께 꿰매거나 코바늘로 이어 붙이면 식탁보나 침대보를 만들 수도 있습니다.

메달리온은 일반적으로 중심에서 바깥쪽으로 작업하지만, 반대로 바깥쪽 가장자리에서 안쪽으로 코늘림이 아닌 코줄임을 통해 작업할 수도 있습니다.

모든 단의 같은 지점에서 코를 늘리면 중심에서 바깥쪽으로 방사되는 직선 무늬가 만들어집니다. 코늘림 지점을 바꿔 가며 배치하면 소용돌이 무늬가 만들어집니다.

또한, 코늘림 기법에 따라 메달리온 모양도 달라집니다. 바를 올려 코늘림하면(56쪽 참고) 엠보싱 효과가 나타나고, 리프티드 코늘림은 더 은은한 무늬가 만들어집니다. 좀 더 장식적인 효과를 내고 싶다면 비침 무늬 코늘림을 사용합니다.

메달리온은 양쪽 막대바늘로 작업해야 합니다(큰 원형 숄의 바깥 부분에서는 줄바늘로 대체할 수 있습니다). 사용하는 바늘의 개수는 모양과 개인의 선호에 따라 달라집니다. 정사각형 메달리온은 4개의 바늘로 뜨는 것이 가장 좋고, 오각형은 5개, 육각형은 3개(바늘당 2면씩)로 뜨는 것이 가장 좋습니다.

메달리온 뜨개는 결코 쉽지 않지만, 처음 몇 단만 지나면 수월해집니다. 처음 연습할 때는 적당히 신축성이 있고 부드러운 연한 색상의 실을 사용하면 코가 더 잘 보여 작업하기가 쉽습니다.

## 코바늘 기초단

코바늘로 기초단을 만드는 방법이 코잡기 방법보다 더 쉬울 수 있습니다, 특히 1번째 단에 8코만 뜨는 경우에는 더욱 유용합니다.

**1** 시작매듭을 포함해 사슬 8코(204쪽 참고)를 뜹니다. 1번째와 마지막 사슬을 빼뜨기로 연결하고, 4개의 양쪽 막대바늘을 사용하여 각 사슬마다 1코씩 줍습니다. 그림과 같이 사슬의 윗부분에 바늘을 넣습니다.

## 정사각형 메달리온 뜨기

케이블 코잡기 방법을 사용하여 양쪽 막대바늘에 8코를 만듭니다(19쪽 참고). 또는 프렌치 투 니들 코잡기 방법을 사용할 수도 있습니다. 이 방법은 케이블 코잡기 방법과 비슷하지만 바늘을 코 사이가 아닌 코 자체에 넣습니다.

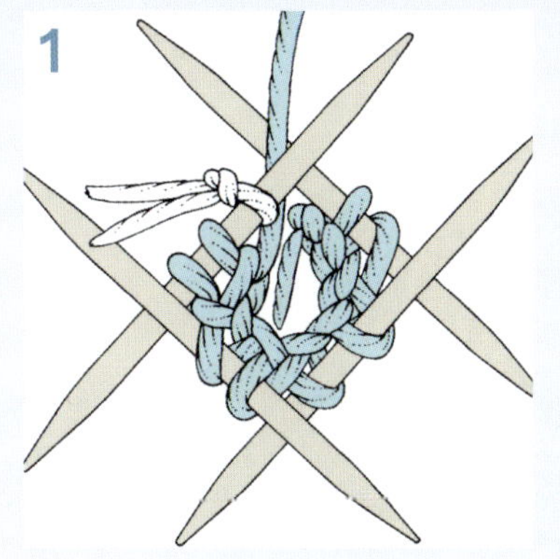

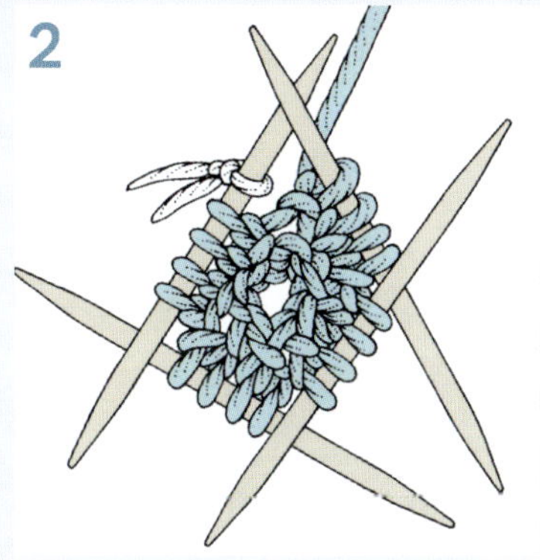

**1** 그림과 같이 4개의 바늘에 코를 나누어 걸고 마지막 코잡기한 코 바로 앞 단의 시작 부분에 실 마커를 겁니다.

**2** (1단) 5번째 바늘을 사용하여 모든 코의 뒷가닥에 겉뜨기합니다.
(2단) 모든 코의 앞가닥과 뒷가닥에 겉뜨기합니다(총 16코).

**3** (3단) 일반적인 방법으로 모든 코를 겉뜨기합니다.
(4단) 1번째 코의 앞가닥과 뒷가닥에 겉뜨기, 겉뜨기1, 3번째 코의 앞가닥과 뒷가닥에 겉뜨기, 겉뜨기1. 이렇게 모서리 1코 안쪽에 늘림을 넣으면 코늘림하는 선이 대칭을 이룹니다. 나머지 4코 3세트에 대해서도 같은 과정을 반복합니다(총 24코). 메달리온이 원하는 크기가 될 때까지 3단과 4단을 반복한 후 코막음합니다.



메달리온

# 거짓 모양 만들기

전통적인 건지 스웨터는 주로 원통뜨기로 작업하며, 심지어 소매도 요크에서 코를 주워 원통으로 작업합니다. 건지 스웨터에는 겨드랑이 거싯이 포함되어 있어, 착용감이 훨씬 좋습니다. 거싯은 따로 떠서 꿰매 넣을 수도 있지만, 여기서 보여 주는 것처럼 원통으로 작업하면서 함께 뜨는 것도 어렵지 않습니다.

일단 겨드랑이까지는 몸통을 원통으로 작업합니다. 측면 '솔기'를 표시하기 위해 매 단에서 해당 지점마다 1코씩 안뜨기를 합니다. 거싯이 가장 넓어지는 지점에 도달하면 원통뜨기를 중단하고, 앞판과 뒷판을 평면뜨기로 작업하여 각각 완성합니다. 그런 다음 소매를 만들기 위해 코를 주워 원통뜨기를 다시 시작합니다. 소매 솔기를 만들기 위해 거싯 코를 줄여 안뜨기 1코로 만듭니다.

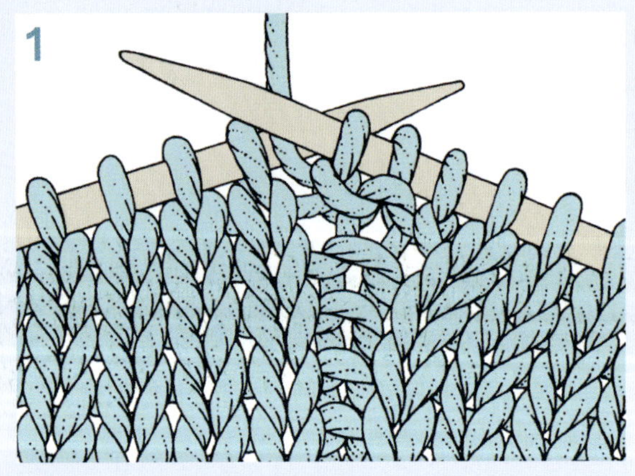

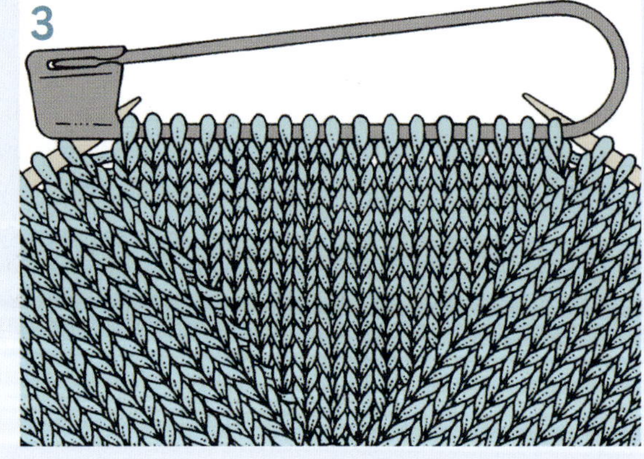

**1** 거싯 모양을 만들기 위해서는 '솔기'를 표시한 안뜨기 코의 양쪽에서 1코씩 코를 늘려야 합니다. 안뜨기 코 바로 전에 'M1 코늘림'을 하고(57쪽 참고), 안뜨기 코를 뜬 뒤 바로 뒤에 다시 M1 코늘림을 합니다.

**2** 다음 단에서는 모든 코를 안뜨기합니다.

**3** 다음 단에서는 거싯 부분에 도달할 때까지 작업하고, M1 코늘림, 거싯 코 뜨기, M1 코늘림을 반복합니다. 2단마다 거싯에 2코를 추가하면서 원하는 너비가 될 때까지 반복합니다. 원하는 너비가 되면 코늘림하지 않고 한 단을 그대로 뜬 다음, 거싯 코를 안전핀에 옮겨 쉼코로 둡니다.

**4** 앞판과 뒷판을 따로 완성합니다. 어깨솔기를 연결합니다.

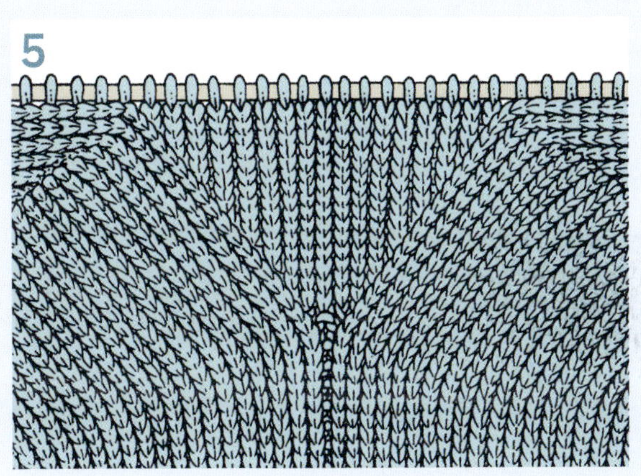

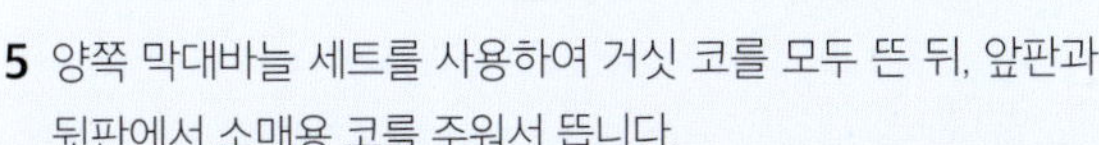

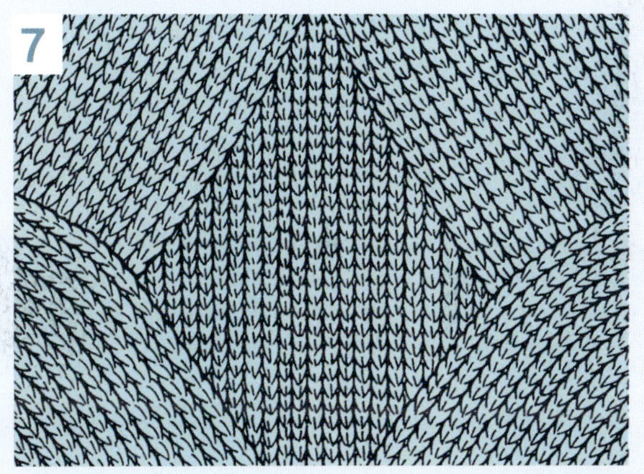

**5** 양쪽 막대바늘 세트를 사용하여 거싯 코를 모두 뜬 뒤, 앞판과 뒷판에서 소매용 코를 주워서 뜹니다.

**6** 소매를 아래 방향으로 뜨면서 거싯의 양쪽을 코줄임합니다.
1단: skp, 마지막 거싯 코 2코 전까지 겉뜨기, k2tog.
다음 단은 코줄임 없이 작업합니다.

**7** 거싯에 1코가 남을 때까지 2단마다 계속 코줄임합니다. 이 부분이 소매 '솔기'를 역할을 하며, 이 마지막 1코는 모든 단에서 안뜨기합니다.

# 힐턴

양말은 솔기로 인한 불편함을 피하기 위해 거의 항상 양쪽 막대바늘로 원통뜨기를 합니다. 양말 뜨기에서 복잡한 모양 내기가 필요한 유일한 부분이 힐턴인데, 보기엔 어려워 보이지만 실제로는 그리 어렵지 않습니다.

힐턴에는 몇 가지 기본 방법이 있습니다. 여기에서는 더치 힐Dutch heel을 사용했으며, 일부 코는 쉼코로 두고 나머지 코는 되돌아뜨기로 작업합니다. 뒤꿈치를 만들 때, 쉼코로 둔 코를 점차 줄여 가며 뒤꿈치의 중앙 부분을 완성하고, 이후 뒤꿈치가 발등 부분의 코들과 다시 연결됩니다.

양말의 본체는 일반적으로 부드럽고 편안한 메리야스뜨기로 작업합니다. 양말의 위쪽 가장자리에는 발목을 잘 잡아 주는 1코고무뜨기가 주로 사용됩니다. 가장자리가 너무 조이지 않도록 코는 느슨하게 뜨세요.

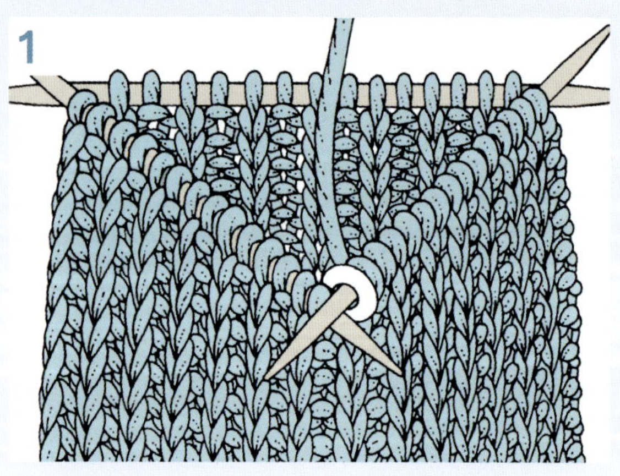

**2** 이제 뒤꿈치 코와 발등에 사용할 코를 나눕니다. 각 콧수는 무늬와 사이즈에 따라 다르며, 여기서는 뒤꿈치에 22코를 사용합니다. 단의 첫 11코와 마지막 11코를 양쪽 막대바늘 하나에 옮기세요. 나머지 발등 코는 여분의 바늘에 옮기는데, 짧은 줄바늘을 사용하면 코를 곡선으로 잡아 주므로 편리합니다.

**3** 뒤꿈치 코의 오른쪽 가장자리에 실을 다시 연결합니다. 발목에서 뒤꿈치 바닥까지 필요한 길이가 될 때까지 메리야스뜨기로 평면뜨기하는데, 마지막 단은 안뜨기로 끝내야 합니다.

**1** 양쪽 막대바늘 4개를 사용하여 양말에 필요한 수의 코를 잡으세요. 콧수는 3의 배수여야 하며, 1코고무뜨기로 작업하는 경우에는 2의 배수여야 합니다. 여기서는 42코를 뜹니다. 원하는 길이가 될 때까지 뒤꿈치 상단까지 1코고무뜨기(또는 다른 고무뜨기 무늬)로 작업한 후, 실을 자릅니다.

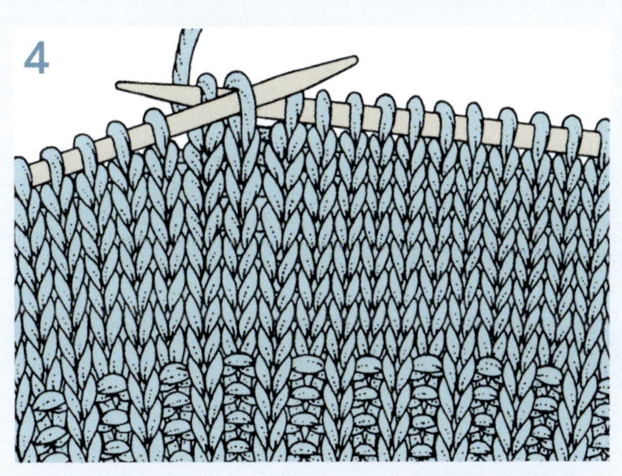

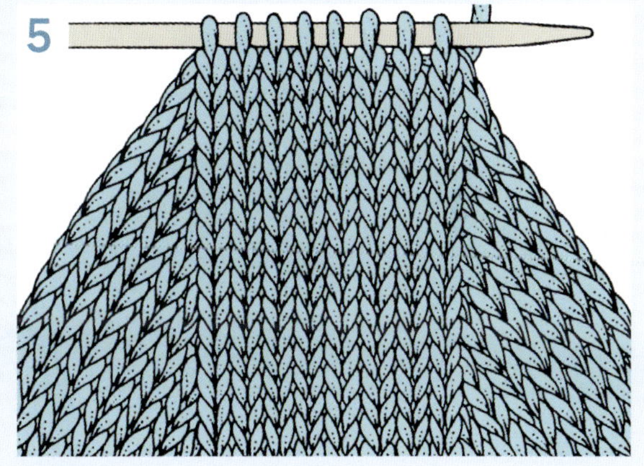

4 다음 단에서 처음 14코(무늬에 따라 다르지만 전체의 약 2/3
가 되어야 함)를 뜬 다음, skp로 1코를 줄입니다. 나머지 코는
작업하지 않은 채로 편물을 뒤집습니다. 이제 바늘에는 15코
가 있습니다.

5 처음 7코를 안뜨기하고 p2tog로 1코를 줄입니다. 나머지 코는
작업하지 않은 채로 편물을 뒤집습니다.

6 중앙의 코는 계속 작업하고, 매 단의 끝에서 쉼코 중 하나를 뜨
면서 동시에 1코를 줄입니다. 겉뜨기 단에서는 4단계와 동일
하게 코줄임하고, 안뜨기 단에서는 5단계와 동일하게 코줄임
합니다. 바늘에 8코가 남을 때까지(즉, 쉼코가 모두 줄어들 때
까지) 이 과정을 반복하되 마지막 단은 안뜨기 단으로 마무리
합니다.

**7** 3개의 양쪽 막대바늘을 사용해서 원통 뜨기를 재개합니다. 뒤꿈치 코를 작업 한 다음, 뒤꿈치의 왼쪽을 따라 지정된 수만큼 코줍기를 합니다(여기서는 10 코). 2번째 바늘을 사용하여 발등을 작업합니다. 3번째 바늘을 사용하여 뒤꿈치의 오른쪽을 따라 10코(또는 지정된 콧수)를 코줍기한 다음, 뒤꿈치 코의 절반을 뜹니다. 이 지점에 마커를 걸어 단의 시작을 표시합니다. 이 시점에서 바늘에는 48코가 걸려 있습니다.

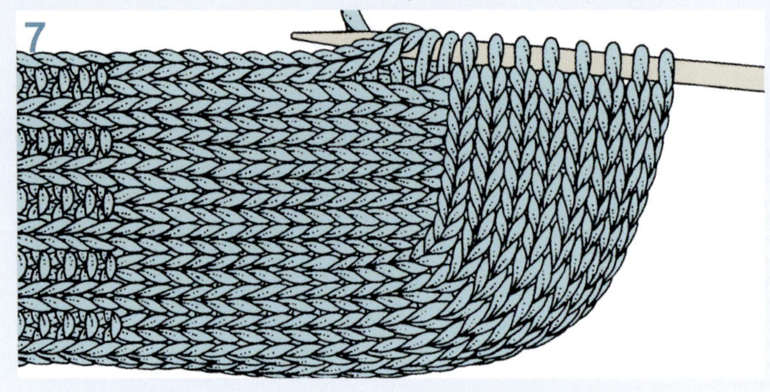

**8** 1단을 평단으로 뜹니다. 다음과 같이 발등 양쪽에서 코줄임을 합니다: 1번째 바늘에 3코 남을 때까지 뜬 다음, k2tog, 발등 코를 모두 뜨고, 3번째 바늘의 1번째 코를 뜬 다음, skp, 나머지 코를 끝까지 작업합니다.

**9** 바늘에 지정된 콧수가 남을 때까지 이 코줄임 단을 반복합니다. 이후에는 발 가락 모양을 만들기 전까지 평단으로 뜨세요.

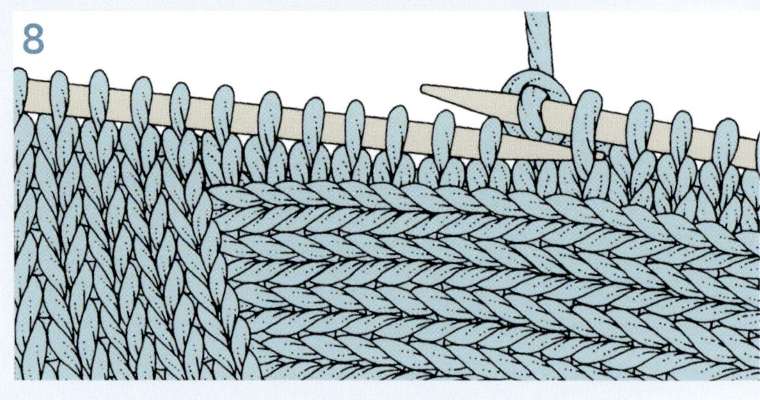

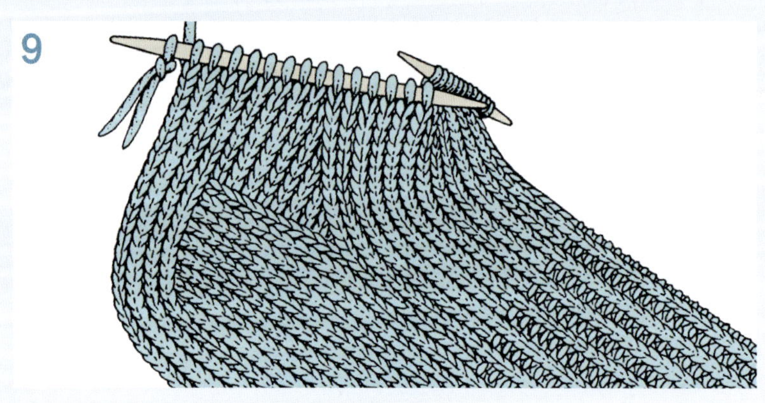

### 새 실 연결하기

왕복 평면뜨기에서는 단을 시작하기 전에 실을 미리 정리해 두면 단 중간에 새 실을 연결해야 할 필요가 없지만, 원통뜨기에서는 실이 끝나는 위치를 완전히 조절하기 어려워 단 중간에 실을 연결해야만 합니다. 매끄러운 편물이라면 눈에 잘 띄지 않는 곳에 실의 연결 부분을 두는 것이 중요합니다. 반면 질감이 있는 편물에서는 단의 어디에서든 비교적 자유롭게 연결할 수 있습니다. 사용하는 실과 무늬에 따라 다음 2가지 방법 중 하나를 선택할 수 있습니다.

### 실 끼워 넣기

이 방법은 부드러운 실로 메리야스뜨기를 할 때 눈에 띄지 않게 연결하기 좋은 방법입니다. 새 실의 끝을 돗바늘에 끼워 넣고 기존 실에 약 4cm 정도 통과시킵니다. 연결된 실로 계속해서 뜨개를 이어 나갑니다. 남은 실 끝은 나중에 다듬습니다.

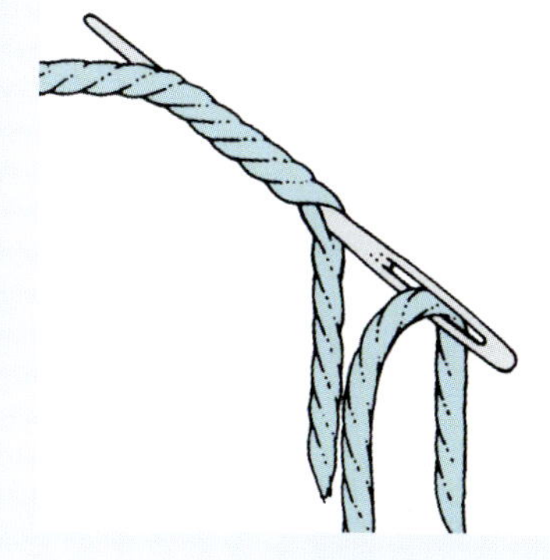

### 이중 가닥

이 방법은 보슬보슬한 실을 사용하거나 무늬에 질감이 있는 경우에 사용할 수 있습니다. 새 실의 첫 코는 겉뜨기 코여야 합니다.

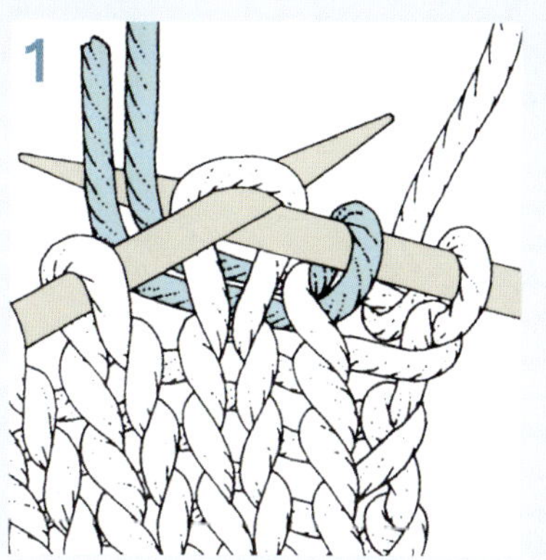

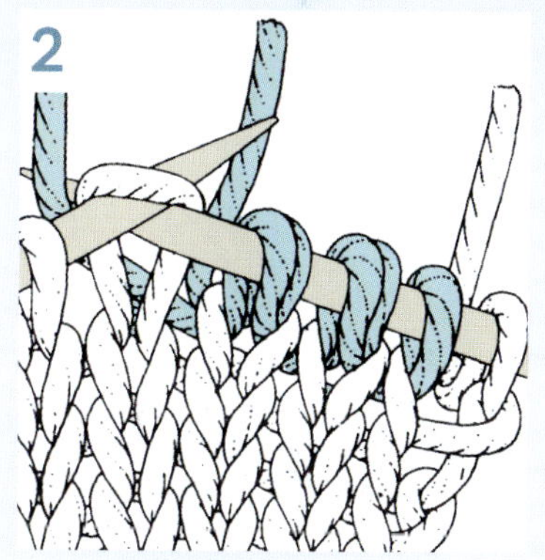

**1** 이전 실로 마지막 코를 뜬 후, 이 실을 작품의 반대편에 그대로 내려놓습니다. 새 실의 끝을 10cm 정도 여유를 두고 뒤로 접어 넣습니다. 바늘을 다음 코에 넣고 새 실로 고리를 끌어와 첫 코를 만듭니다.

**2** 2가닥의 실로 다음 2~3코를 뜨고, 짧은 끝은 내려 둡니다. 다음 단에서는 이 2가닥을 1코로 취급합니다. 새 실의 짧은 끝을 편물에 가깝게 잘라 냅니다. 이전 실은 편물 안면에 숨겨 줍니다 (73쪽 참고).

# 원통 무늬



무늬에 대한 설명은 일반적으로 평면뜨기를 기준으로 제공됩니다. 따라서 원통으로 작업하고 싶은 니터는 기본적인 무늬만 사용할 수 있다고 생각하여, 무늬뜨기를 시도조차 하지 않을 수도 있습니다.

하지만 다행히도 원통뜨기용으로 쉽게 전환할 수 있는 무늬는 많습니다. 이미 언급했듯이(136쪽 참고), 원통뜨기에서의 메리야스뜨기는 매 단 겉뜨기만 하면 됩니다. 반대로 모든 단을 안뜨기로 뜨면 안메리야스뜨기가 만들어집니다. 가터뜨기는 겉뜨기와 안뜨기를 매 단 번갈아 가며 작업하고, 대부분의 고무뜨기 무늬는 각 단마다 같은 코를 겉뜨기 또는 안뜨기로 작업합니다. 즉, 기본 원리는 안면에서 안뜨기로 뜬 코는 겉면에서 겉뜨기로 뜨고, 그 반대의 경우도 마찬가지로 이 원리를 적용하면 됩니다. 안면의 모든 단이 안뜨기인 무늬는 원통뜨기에서는 이 단을 모두 겉뜨기로 뜨는 방식으로 쉽게 작업할 수 있습니다.

더 복잡한 무늬를 원통 무늬에 사용하고 싶다면, 먼저 평면뜨기로 작업해 보며 그 구조에 익숙해지는 것이 좋습니다. 그런 다음, 원통뜨기에 맞게 설명을 직접 수정하고, 샘플을 만들어 보세요. 원통으로 작업할 때는 가장자리코를 생략해야 한다는 점을 잊어서는 안 됩니다.

여기에서 소개하는 무늬들은 이 책에 제시된 일부 무늬를 원통으로 작업할 수 있도록 변환한 예시입니다.

**아이리시 멍석뜨기** irish moss/seed stitch (34쪽 참고)
2의 배수
**1단과 2단:** *겉뜨기1, 안뜨기1*, *~* 반복
**3단과 4단:** *안뜨기1, 겉뜨기1*, *~* 반복

## 다이아몬드 멍석뜨기 diamond seed (35쪽 참고)

8의 배수

**1단**: *안뜨기1, 겉뜨기7*, *~* 반복

**2단과 8단**: *겉뜨기1, 안뜨기1, 겉뜨기5, 안뜨기1*, *~* 반복

**3단과 7단**: *겉뜨기2, 안뜨기1, 겉뜨기3, 안뜨기1, 겉뜨기1*, *~* 반복

**4단과 6단**: *겉뜨기3, 안뜨기1, 겉뜨기1, 안뜨기1, 겉뜨기2*, *~* 반복

**5단**: *겉뜨기4, 안뜨기1, 겉뜨기3*, *~* 반복

## 엠보싱 셰브론 embossed chevron (41쪽 참고)

12의 배수

**1단과 2단**: *겉뜨기3, 안뜨기5, 겉뜨기3, 안뜨기1*, *~* 반복

**3단과 4단**: *안뜨기1, 겉뜨기3, 안뜨기2*, *~* 반복

**5단과 6단**: *안뜨기2, 겉뜨기3, 안뜨기1, 겉뜨기3, 안뜨기3*, *~* 반복

**7단과 8단**: *안뜨기3, 겉뜨기5, 안뜨기3, 겉뜨기1*, *~* 반복

**9단과 10단**: *겉뜨기1, 안뜨기3, 겉뜨기3, 안뜨기3, 겉뜨기2*, *~* 반복

**11단과 12단**: *겉뜨기2, 안뜨기3, 겉뜨기1, 안뜨기3, 겉뜨기3*, *~* 반복

## 너트 무늬 nut pattern (76쪽 참고)

4의 배수

**1단**: *안뜨기3, 다음 코에 (겉뜨기1, 바늘비우기, 겉뜨기1)*, *~* 반복

**2단과 3단**: *안뜨기3, 겉뜨기3*, *~* 반복

**4단**: *안뜨기3, k3tog*, *~* 반복

**5단과 6단**: 안뜨기

**7단**: *안뜨기1, 다음 코에 (겉뜨기1, 바늘비우기, 겉뜨기1), 안뜨기2*, *~* 반복

**8단과 9단**: *안뜨기1, 겉뜨기3, 안뜨기2*, *~* 반복

**10단**: *안뜨기1, k3tog, 안뜨기2*, *~* 반복

**11단과 12단**: 안뜨기

# 메달리온 무늬
## *medallion pattern*

몰타 십자가 메달리온

스월 헥사곤(소용돌이 육각형)

원통뜨기

이 네 가지 메달리온에는 기본 모양과 다양한 코늘림 배치 및 작업 방법이 포함되어 있습니다. 여기에서는 구조가 잘 드러나도록, 선명한 더블니팅 굵기의 머서라이즈드 면사로 제작하였습니다.

메달리온 뜨기에 익숙해지면 이를 활용해 무궁무진한 창작 활동을 할 수 있습니다. 줄무늬와 여러 배색 무늬를 넣을 수도 있고, 특정 무늬로 메달리온을 작업할 수도 있습니다. 다만, 적어도 처음 몇 단은 종이에 먼저 도안을 그려두는 것이 좋습니다. 무늬가 정리되고 나면, 늘어난 코를 무늬에 넣는 것이 평면뜨기할 때와 크게 다르지 않음을 느낄 것입니다. 평면 메달리온을 만드는 기본 기법은 142쪽을 참고하세요.

**서큘러 타깃 메달리온**

**펜타곤(오각형)**

# 몰타 십자가 메달리온 maltese cross medallion

8코 만든다(이 샘플에서는 코바늘 사슬코
(204쪽 참고)가 기초로 사용되었다).
4개의 바늘에 코를 고르게 나눈다.
뜰 때는 코가 없는 5번째 바늘을 사용한다.
**1단**: 모든 코를 겉뜨기 꼬아뜨기
**2단**: *겉뜨기1, 바늘비우기*, *~* 반복
(총 16코)
**3단과 모든 홀수단**: 겉뜨기
**4단**: 겉뜨기1, *바늘비우기, 겉뜨기2*,
1코 남을 때까지 *~* 반복, 바늘비우기,
겉뜨기1 (총 24코)
**6단**: 겉뜨기2, *바늘비우기, 겉뜨기2,
바늘비우기, 겉뜨기4*, *~*를 반복하되
겉뜨기2로 마무리 (총 32코)
메달리온이 원하는 크기가 될 때까지
같은 방법으로 계속 뜨되, 2단마다 바늘의
중앙 2코 양옆에서 코늘림을 한다.
느슨하게 코막음한다.
**단단한 메달리온의 경우** 위와 같이
작업하되, 중앙 2코의 양옆에 '바 코늘림'
또는 'M1 코늘림'으로 작업한다.

원통뜨기

# 스월 헥사곤 swirl hexagon

12코 만든다(이 샘플에서는 떠서 만드는
기초를 사용했다). 3개의 바늘에 코를
고르게 나눈다. 뜰 때는 코가 없는
4번째 바늘을 사용한다.

**1단**: 모든 코를 겉뜨기 꼬아뜨기

**2단**: *바늘비우기, 겉뜨기2*, *~* 반복
(총 18코)

**3단과 모든 홀수단**: 겉뜨기

**4단**: *바늘비우기, 겉뜨기3*, *~* 반복
(총 24코)

**6단**: *바늘비우기, 겉뜨기4*, *~* 반복
(총 30코)

같은 방법으로 육각형이 원하는 사이즈가
될 때까지 작업한다. 느슨하게 코막음한다.

메달리온 무늬

# 서큘러 타깃 메달리온 circular target medallion

8코 만든다(이 샘플에서는 코바늘 사슬코
(204쪽 참고)가 기초로 사용되었다). 4개의
바늘에 코를 고르게 코를 나눈다. 뜰 때는
코가 없는 5번째 바늘을 사용한다.

**1단**: 모든 코를 겉뜨기 꼬아뜨기

**2단**: *바늘비우기, 겉뜨기1*, *~* 반복(총 16코)

**3, 4, 5단**: 겉뜨기

**6단**: *바늘비우기, 겉뜨기1*,
*~* 반복 (총 32코)

**7-11단**: 겉뜨기

**12단**: *바늘비우기, 겉뜨기1*, *~* 반복(총 64코)

**13-19단**: 겉뜨기

오른쪽 사진의 샘플은 14단까지 작업한 후,
코막음하고 코바늘 에징으로 마무리했다.
메달리온을 더 크게 만들려면, 다음과 같이
계속한다:

**20단**: *바늘비우기, 겉뜨기2*,
*~* 반복(총 96코)

**21-25단**: 겉뜨기

**26단**: *바늘비우기, 겉뜨기3*, *~* 반복
(총 128코)

**25-31단**: 겉뜨기

**32단**: *바늘비우기, 겉뜨기4*, *~* 반복 (총 160코)

같은 방법으로 계속 진행하되, 코늘림 단 사이에 평단 5단을 뜨고, 이어지는
모든 코늘림 단에서 고르게 분배해 32코 코늘림한다(예를 들어, 38단에서는
코늘림 사이에 겉뜨기 5코가 들어간다).



원통뜨기

# 펜타곤 pentagon

10코 만든다(이 샘플에서는 떠서 만드는
기초를 사용했다). 3개의 바늘에 각각 2코/
4코/4코로 나눈다. 코가 없는 4번째 바늘로
3개 바늘의 코를 뜬다.

편물이 더 커져 더 많은 바늘을 사용할 수
있게 되면, 5개의 바늘에 코를 고르게
나누고 코가 없는 6번째 바늘로 뜬다.

**1단**: 모든 코를 겉뜨기 꼬아뜨기

**2단**: *겉뜨기1, M1 코늘림*,
*~* 반복 (총 20코)

**3단**: 겉뜨기

**4단**: *겉뜨기1, M1 코늘림, 겉뜨기3,
M1 코늘림*, *~* 반복 (총 30코)

**5단**: 겉뜨기

**6단**: 겉뜨기

**7단**: *겉뜨기1, M1 코늘림, 겉뜨기5,
M1 코늘림*, *~* 반복 (총 40코)

**8단**: 겉뜨기

**9단**: *겉뜨기1, M1 코늘림, 겉뜨기7,
M1 코늘림*, *~* 반복 (총 50코)

같은 방법으로 계속 뜨며, 각 구간의
시작코 양옆에서 코늘림하고, 코늘림
단 사이에 2단의 평단과 1단의 평단을
번갈아 작업한다. 메달리온이 원하는
크기가 되었을 때 느슨하게 코막음한다.

**비침 효과**를 내려면 'M1 코늘림' 대신에
'바늘비우기' 기법을 사용한다.

# 배색

*colourwork*

한 작품에 2가지 이상의 색상을 조합하는 방법은 매우 다양합니다. 어떤 것은 복잡하고 어떤 것은 매우 단순하지만, 모두 풍부하고 흥미로운 효과를 만들어 냅니다. 대표적인 예로는 단순한 가로 줄무늬, 독특한 질감의 걸러뜨기 배색, 자카드 모티프, 전통적인 페어아일 디자인 등이 있습니다.

상업적으로 만들어지는 많은 도안에 이러한 배색 작업이 포함되어 있지만, 단색 디자인에 컬러 무늬를 추가하여 개성을 더하는 것도 충분히 가능합니다.

# 가로 줄무늬

서로 다른 색상으로 단을 번갈아 작업하는 것만으로도 무한한 효과를 연출할 수 있습니다. 가장 간단한 버전은 일정한 단수마다 색상을 변경하는 2가지 색상의 스트라이프로, 메리야스뜨기로 작업하면 깔끔하고 선명한 줄무늬가 만들어집니다. 같은 계열의 색조를 사용하거나, 단수를 일정하게 혹은 무작위로 다양하게 하거나, 작품의 안뜨기 면을 사용하여 색상 변화가 끊어져 보이도록 하거나, 메리야스뜨기 편물의 겉면에 가끔 안뜨기 단을 삽입하여 질감을 살리면 더 다양한 효과를 얻을 수 있습니다.

가로 줄무늬라고 해서 반드시 가로 방향으로 이어질 필요는 없습니다. 배트윙 풀오버와 카디건에서 자주 사용되는 방법인 한쪽 가장자리에서 다른 쪽 가장자리로 의류를 뜨는 방식은 줄무늬가 자연스럽게 세로로 이어집니다(완전한 의미의 세로 줄무늬는 164-165쪽을 참고하세요). 지그재그 줄무늬는 셰브론 무늬로 가로 줄무늬를 작업하면 만들어집니다.

남은 자투리 실로 샘플을 작업하여 나만의 줄무늬 패턴을 만드는 재미를 느껴 보세요. 만들어 둔 샘플은 디자인할 때 좋은 참고 자료가 됩니다.

## 새로운 색상 연결하기

**1** 작품의 오른쪽 가장자리에서 새로운 색상의 실과 기존 색의 실을 이중 매듭으로 묶습니다. 기존 실은 자르지 마세요.

**2** 새로운 실로 계속 뜹니다. 2단마다 2개의 실을 서로 꼬아 가장자리를 깔끔하게 유지하세요. 다른 줄무늬를 만들기 위해 1번째 색상으로 다시 바꿀 때는 실을 2번째 색상 앞으로 가져갑니다. 새 실로 뜨기 시작할 때 실을 팽팽하게 당기지 않도록 주의하세요.

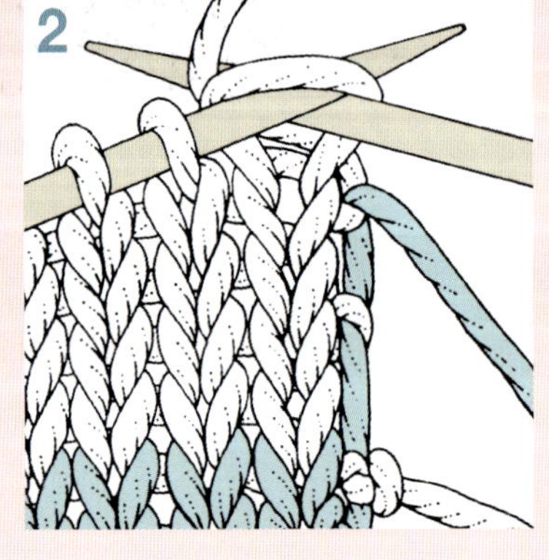

### 팁

실이 가는 경우에는 이런 방식으로 한쪽 측면에 최대 3가지 색을 사용할 수 있습니다. 그러나 더 많은 색을 사용하거나, 1가지 색이 여러 단 동안 사용되지 않는 경우에는 필요에 따라 실을 잘라 냈다가 다시 연결해야 합니다. 또한, 안면에서 새 색상을 사용할 때에도 왼쪽 가장자리에서 실을 잘라 내고 새로 연결해야 합니다.

가로 줄무늬는 측면 가장자리에서 색
상을 바꿔 주는 것만으로도 간단하게
작업할 수 있습니다. 여기에서는 2단
마다 색상을 변경했습니다.

셰브론 줄무늬는 81쪽의 셰브론 무늬
를 사용해 작업하고, 일반 가로 줄무늬
처럼 2단마다 색상을 변경하여 만들었
습니다.

# 걸러뜨기 배색 무늬

모자이크 무늬라고도 불리는 걸러뜨기 배색 무늬는 보기에는 어려워 보이지만, 실제로는 매우 간단하게 뜰 수 있습니다. 1단에는 1가지 색상만 사용하며, 일부 코를 걸러뜨기하여 이전 단의 색이 작업 중인 단의 색에 겹치게 함으로써 색이 섞여 보이는 블렌드 효과를 구현합니다. 작업 중인 실은 걸러뜨기 코 뒤로 느슨하게 걸쳐 둡니다.

걸러뜨기 배색 무늬로 만들어지는 편물은 일반적으로 밀도가 높습니다. 일부 무늬에서는 코가 안으로 당겨지기 때문에, 같은 폭 안에 더 많은 코가 필요하기도 합니다. 따라서 기존 무늬 대신 걸러뜨기 무늬를 사용하고자 할 경우, 적절한 크기의 텐션/게이지 스와치를 만들어 확인해야 합니다.

이 무늬에서 걸러뜨기 코는 아래 예시와 같이 항상 안뜨기하듯이 걸러뜨기 합니다. '실을 앞으로' 또는 '실을 뒤로'라는 지시사항은 뜨개하는 사람의 방향을 기준으로 한 것이지 편물의 겉면과 안면을 의미하는 것이 아닙니다. 실을 바늘 위로 넘기지 않고 바로 앞이나 뒤로 가져갑니다. 걸러뜨기를 한 후 다음 코가 겉뜨기 코인 경우 실을 뒤쪽에, 안뜨기 코인 경우 실을 앞쪽에 놓아야 합니다.

### 기본 걸러뜨기 기법

여기에 소개된 삼색 웨이브 스트라이프는 걸러뜨기 배색 무늬 작업의 기본 원리를 익히기에 좋은 예시입니다.

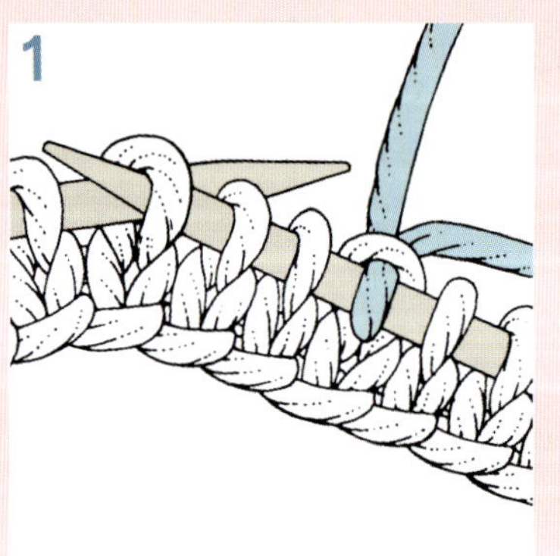

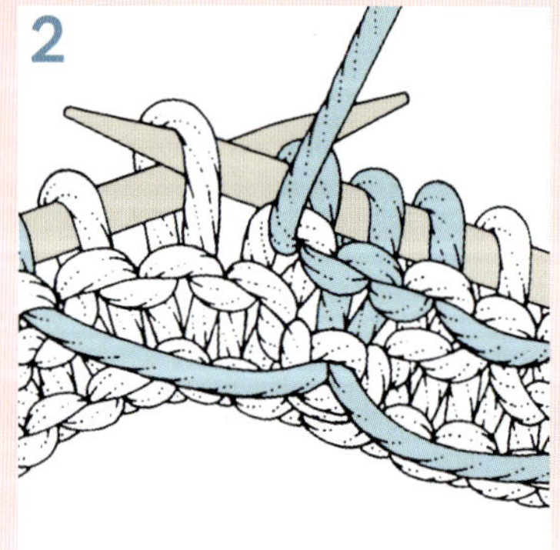

**1** A 색상 실로 4의 배수 + 1코를 만든다. 안뜨기로 1단 뜬다.

**1단(겉면):** B 색상 실로 겉뜨기1, *실을 편물 뒤에 두고 안뜨기하듯이 3코 걸러뜨기, 겉뜨기1*, *~*를 끝까지 반복

**2** **2단:** B 색상 실로 안뜨기2, *실을 편물 앞에 두고 1코 걸러뜨기, 안뜨기3*, 3코 남을 때까지 *~* 반복, 1코 걸러뜨기, 안뜨기2.

**3단:** B 색상 실로 끝까지 겉뜨기

**4단:** B 색상 실로 끝까지 안뜨기

**3** **5-8단:** C 색상 실로 1-4단 반복

**9-12단:** A 색상 실로 1-4단 반복

삼색 웨이브 스트라이프의 겉면은 전
형적인 걸러뜨기 배색 무늬의 구조를
잘 보여 줍니다.

삼색 웨이브 스트라이프의 안면은 한 코
에서 다른 코로 어떻게 실이 이어지는지
를 잘 보여 줍니다.

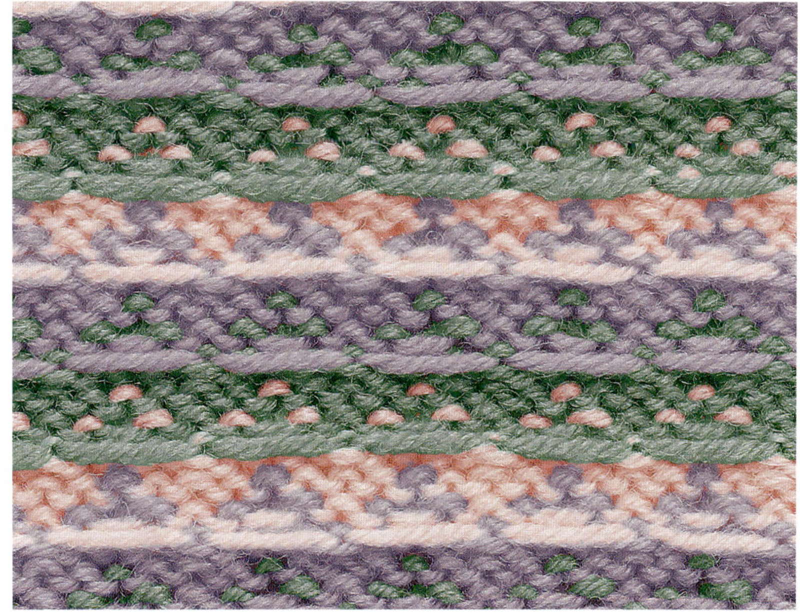

**163**

# 세로
# 색상 변경

1단에 2가지 이상의 색상이 연속된 배색 무늬를 뜨는 방법으로는, 사용하지 않는 색상을 작품의 뒷면에 느슨하게 걸쳐 두었다가 필요할 때 다시 사용하는 '스트랜딩', 사용하지 않는 실을 필요한 지점까지 일정한 간격 또는 2코마다 엮는 '위빙', 작품 전체에 여러 실을 걸쳐 두고 필요에 따라 집어 사용하는 '인타르시아'가 있습니다.

어떤 방법을 선택할지는 디자인의 유형뿐만 아니라 실의 굵기와 색상에도 좌우됩니다. 전통적인 페어아일 디자인과 같이 1단에 2가지 색상만 사용하는 반복 모티프는 일반적으로 스트랜딩 방식으로 작업하며, 사용하지 않는 실이 긴 구간을 건너뛰어야 하는 경우에는 위빙을 사용합니다.

1단에 2가지 이상의 색상을 사용하는 디자인은 매 단마다 여러 색상의 실을 함께 끌고 가면 편물이 너무 두꺼워 수 있기 때문에, 일반적으로 인타르시아 방식으로 뜹니다. 또한 각 줄무늬가 10개의 코로 구성된 2가지 색상의 세로 스트라이프 무늬도 인타르시아 방식으로 뜰 수 있습니다. 이는 스트랜딩 방식을 사용하면 안쪽에 긴 실가닥이 남아 실이 엉키키 쉽고, 위빙 방식은 겉면에 눈에 띄는 자국이 남을 수 있기 때문입니다. 위빙은 '복잡한' 무늬에 더 적합합니다. 특히 가는 실을 사용할 때는 어두운색이 밝은색 사이로 보이지 않도록 주의해야 합니다. 먼저 샘플을 만들어 문제가 될 가능성이 있는지 확인하는 것이 가장 좋습니다.

### 인타르시아 방법

인타르시아 방법은 넓은 세로 줄무늬 또는 대각선 줄무늬, 큰 반복 모티프, 단일 모티프, 그림 뜨개 등의 디자인에 사용됩니다.

1번째 단계는 실을 보빈에 감아 준비하는 것입니다. 플라스틱 보빈은 일반 실뭉치처럼 풀리지 않으므로 엉킬 위험이 적습니다. 플라스틱 보빈은 시중에서 쉽게 구입할 수 있지만, 사용하려는 실이 두껍다면 판지로 원하는 크기의 보빈을 직접 만드는 것이 좋습니다. 인타르시아 방법으로 작업하도록 디자인된 모티프는 경우에 따라 덧수로 수를 놓는 것이 더 간단할 수도 있습니다(206쪽 참고).

165쪽의 그림에서 작업 중인 편물은 메리야스뜨기입니다. 안메리야스뜨기의 경우 실은 편물의 겉뜨기 면에 위치합니다. 그러나 실을 교차시키는 과정은 본질적으로 동일합니다. 즉, 기존의 실을 새 실을 위로 넘긴 후, 다음 코를 작업하기 위해 올바른 위치로 가져오는 것입니다.

## 보빈 만들기

판지를 적당한 크기의 직사각형으로 자릅니다. 굵은 실의 경우 약 5×8cm
가 적당합니다. 직사각형의 짧은 쪽 양 끝에 그림과 같이 노치(V자 형태의
홈)를 내고, 노치 사이로 실을 감습니다.

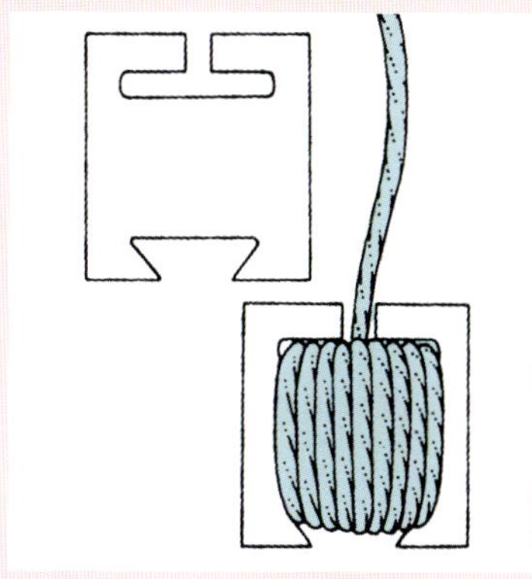

## 겉뜨기 단에서 색상 바꾸기

1번째 색상으로 색을 바꿀 지점까지 작업합니다. 2번째 색을 처음 사용하
는 경우, 1번째 색에 묶어 고정합니다. 그 이후의 단에서는 다음과 같은 순
서로 진행합니다:

 1번째 색을 2번째 색 위에 내려놓고, 2번째 색을 집어 들어 계속 뜨개를
합니다. 이렇게 하면 실이 서로 꼬이며 연결됩니다. 이 과정을 생략하면 두
색상의 영역이 분리되어 편물에 틈이 생깁니다.

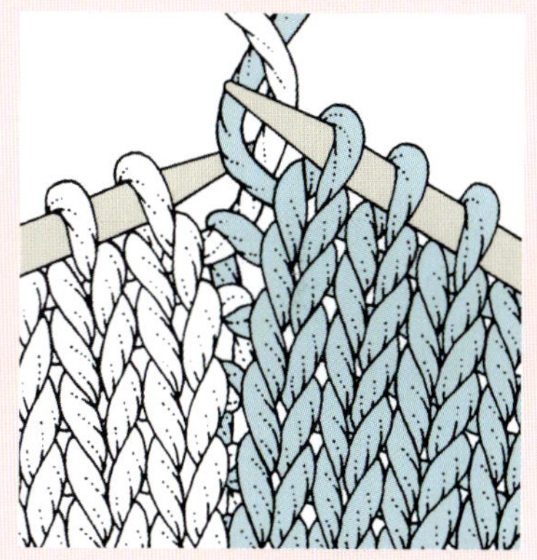

## 안뜨기 단에서 색상 바꾸기

1번째 색상으로 색을 바꿀 지점까지 작업합니다. 1번째 색을 2번째 색 위
에 내려놓고, 2번째 색을 집어 들어 계속 뜨개를 합니다. 겉뜨기와 안뜨기
단 모두에서, 틈이 생기는 걸 방지하기 위해 색 변경 전후에 코를 단단하게
떠 줍니다.

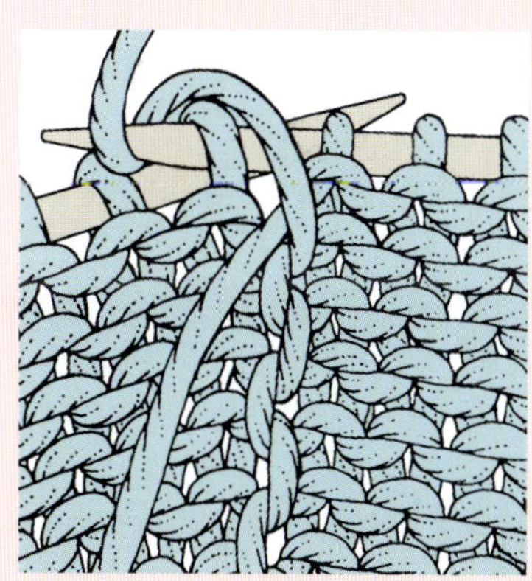

# 스트랜딩

스트랜딩은 2가지 색상을 짧은 간격으로 번갈아 가며 사용하여 모티프를 뜰 때 활용되는 기법입니다. 일반적으로 5코 이상 스트랜딩해서는 안 되며, 그렇지 않으면 작품의 탄성이 떨어질 수 있습니다. 실을 5코 이상 스트랜딩해야 하는 경우에는 168~169쪽에 나와 있는 위빙 기법을 사용하여 작품에 실을 엮어야 합니다.

스트랜딩과 위빙은 모두 안뜨기 단보다 겉뜨기 단에서, 그리고 평면보다 원통으로 작업할 때 더 쉽습니다(136쪽 참고). 그러나 평면뜨기든 원통뜨기든 가장 중요한 것은, 사용하지 않는 실을 느슨하게 잡아 편물에 주름이 생기지 않도록 하는 것입니다. 균일한 텐션과 게이지를 위해서는 양손에 실을 하나씩 잡는 것이 가장 좋습니다(22~23쪽 참고). 처음에는 이 새로운 방법이 다소 어색할 수 있지만, 배색 무늬 뜨개를 계속 할 계획이라면 인내심을 갖고 꾸준히 연습할 가치가 있습니다.

**겉뜨기 단에서 스트랜딩**

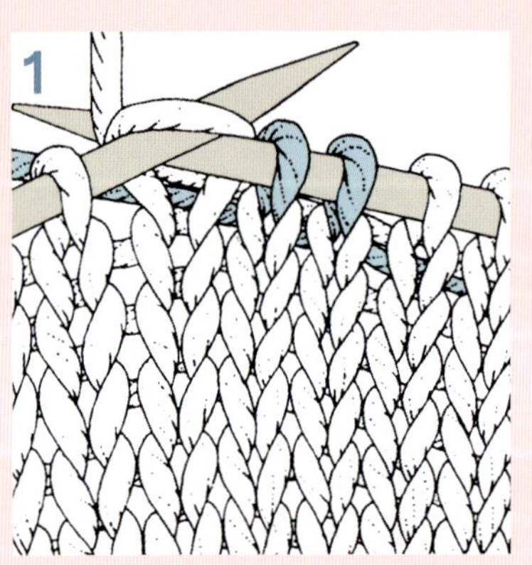
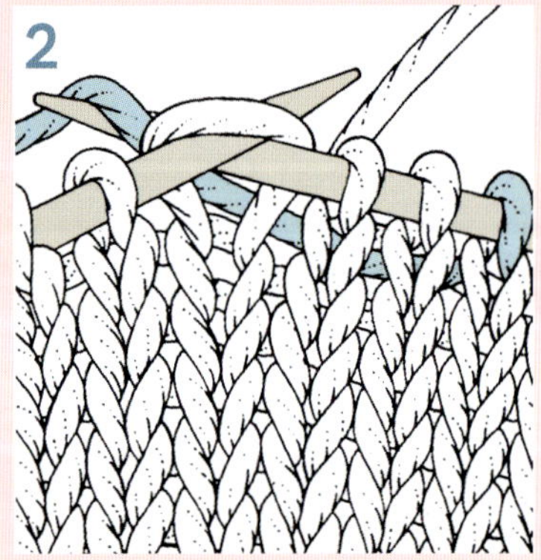

**1** 2번째 색상의 실을 사용하려는 단의 오른쪽 가장자리에 연결합니다. 도안에 지정된 색으로 뜨면서, 사용하지 않는 색은 편물 뒷면에 느슨하게 끌어갑니다. 오른쪽 실로 겉뜨기하려면 왼쪽 실을 바늘보다 약간 아래에 놓습니다.

**2** 왼쪽 실로 겉뜨기하려면 오른쪽 실이 바늘에 걸리지 않게 잡고 뜨세요.

**안뜨기 단에서 스트랜딩**

겉뜨기 단에서의 방법과 동일하지만, 안
뜨기하는 실이 작품의 앞쪽에 있다는 점
이 다릅니다.

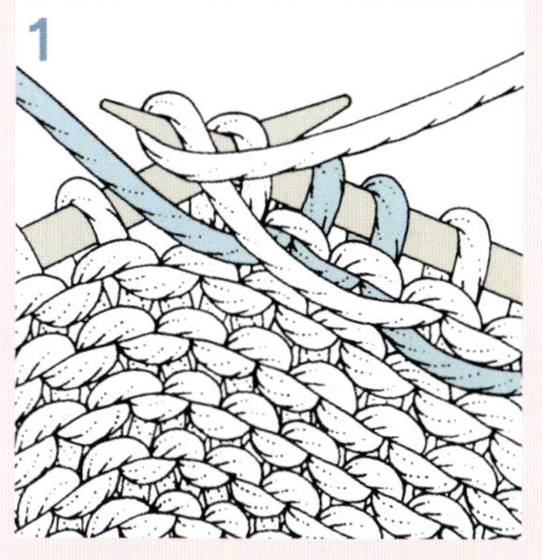

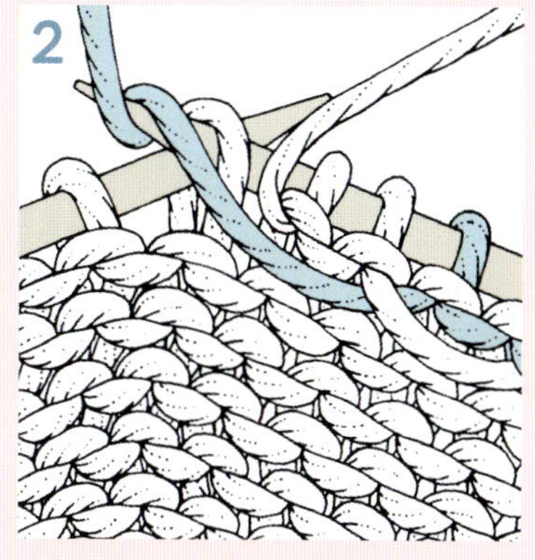

**1** 오른쪽 실로 안뜨기하려면 왼쪽 실을
바늘 살짝 아래로 잡습니다.

**2** 왼쪽 실로 안뜨기하려면 오른쪽 실이
바늘에 걸리지 않게 잡고 뜨세요.

**팁**

뜨개하는 동안 실뭉치가 굴러다니지
않도록 실을 그릇에 담아 바닥에 놓
아두면 편리합니다. 2개의 실을 동
시에 직업힐 때 특히 유용하며, 양쪽
에 그릇을 두면 실이 엉키는 것을 방
지할 수 있습니다.

페어아일 무늬를 가장 잘 뜨는 방법
은 그림과 같이 양손에 1가지 색을 쥐
고 번갈아 뜨면서, 사용하지 않은 색
은 작품의 뒷면에 스트랜딩하거나
위빙하는 것입니다.

# 위빙

위빙 기법을 배우기 전에, 스트랜딩 기법을 먼저 익히는 것이 좋습니다. 스트랜딩에서는 사용하지 않는 실이 작업 중인 실에 방해가 되지 않도록 항상 뒤로 치워 두는 반면, 위빙에서는 사용하지 않는 실을 간헐적으로 코에 함께 넣어 뜹니다. 2코에 한 번씩 위빙을 하면 느슨한 실가닥이 남지 않는 매우 촘촘한 편물이 완성됩니다. 또는 몇 코에 한 번씩만 엮어 넣는 방식으로 작업할 수도 있습니다. 다만, 위의 단과 아래 단의 위빙 위치가 같으면 겉면에 눌림 자국이 생길 수 있으니, 위아래로 같은 열에 반복해서 배치하지 않도록 주의해야 합니다.

처음 연습할 때는 원통뜨기로 시작하는 것이 쉽습니다. 평면뜨기로 연습하려면 한 쌍의 바늘에 50코 이상을 잡고 겉뜨기 단이 끝날 때마다 사용한 실을 끊은 뒤, 안뜨기 단은 오른쪽 가장자리까지 떠서 돌아오고, 다음 겉뜨기 단에서 다시 배색 실을 연결해 주는 방식으로 연습합니다. 겉뜨기 단에서의 위빙이 익숙해지면, 안뜨기 단에서의 위빙도 시도해 보세요.

### 겉뜨기 - 왼쪽 실로 위빙

오른쪽 실로 겉뜨기할 때는, 왼쪽 실을 코 아래쪽과 위쪽으로 번갈아 가며 위빙합니다. 왼쪽 실을 아래에서 위빙하려면 스트랜딩하듯이 편물 아래에 잡고 있으면 됩니다(166쪽 참고). 왼쪽 실을 위에서 위빙하려면 오른바늘 위로 가져가세요. 오른쪽 실을 바늘에 감아 겉뜨기하고, 고리를 코에 통과시켜 빼내세요.

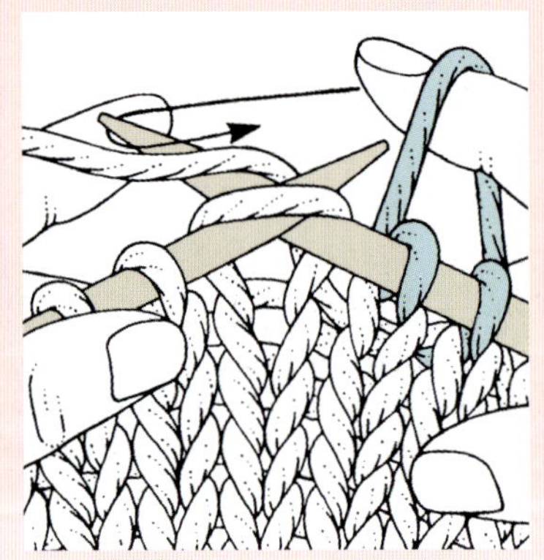

### 안뜨기 - 왼쪽 실로 위빙

오른쪽 실로 안뜨기할 때는, 왼쪽 실을 코 아래쪽과 위쪽으로 번갈아 가며 위빙합니다. 왼쪽 실을 아래에서 위빙하려면 스트랜딩하듯이 편물에서 멀리 떨어뜨려 놓으면 됩니다(167쪽 참고). 왼쪽 실을 위에서 위빙하려면 오른바늘 위로 가져가서(완전히 감지 말고) 오른쪽 실로 안뜨기합니다(왼쪽).

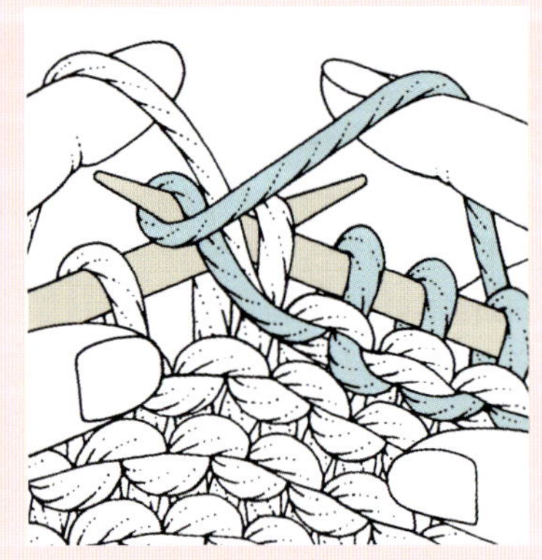

## 겉뜨기 - 오른쪽 실로 위빙

오른쪽 실을 위로 위빙하려면, 스트랜딩하듯이 편물에서 멀리 떨어뜨려 놓고 (166쪽 참고) 왼쪽 실로 겉뜨기합니다.

오른쪽 실을 아래로 위빙하려면 다음과 같이 하세요:

**1** 겉뜨기하듯이 오른쪽 실을 바늘에 감습니다.

**2** 겉뜨기하듯이 왼쪽 실을 바늘에 감습니다.

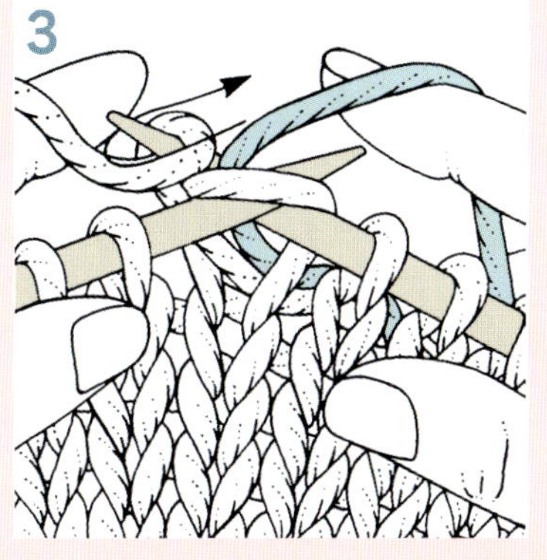

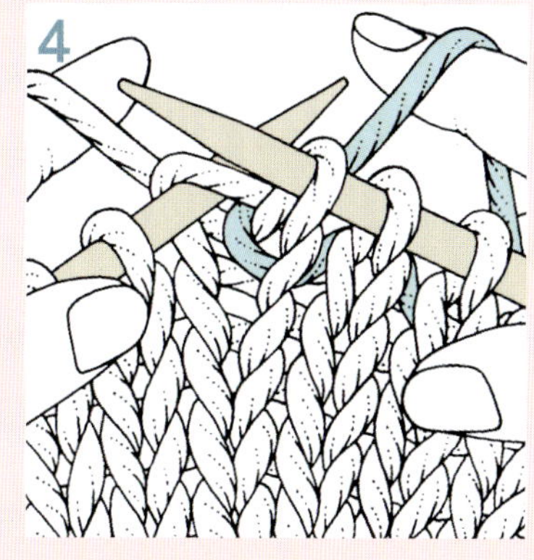

**3** 오른쪽 실을 뒤로 돌려 왼쪽으로 가져간 후, 바늘 끝 아래로 통과시켜 바늘에서 빼냅니다.

**4** 왼쪽 실로 코를 완성합니다.

## 안뜨기 - 오른쪽 실로 위빙

오른쪽 실을 위로 위빙하려면, 스트랜딩하듯이 편물에서 멀리 떨어뜨려 놓고 (166쪽 참고) 왼쪽 실로 안뜨기합니다.

오른쪽 실을 아래로 위빙하려면 다음과 같이 하세요:

**1** 그림과 같이 바늘에 오른쪽 실을 감습니다.

**2** 왼쪽 실을 안뜨기하듯이 바늘 위로 가져옵니다.

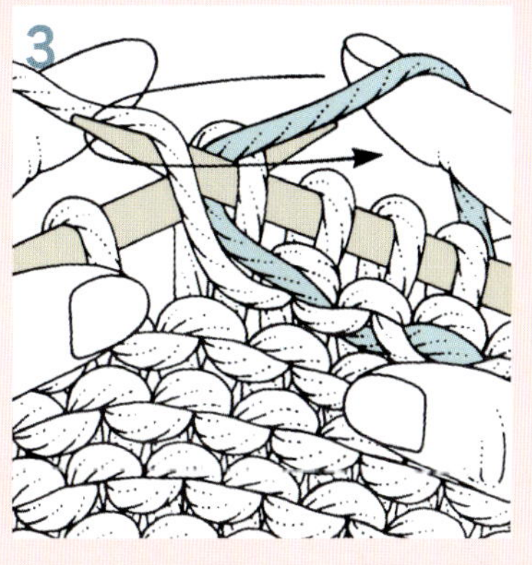

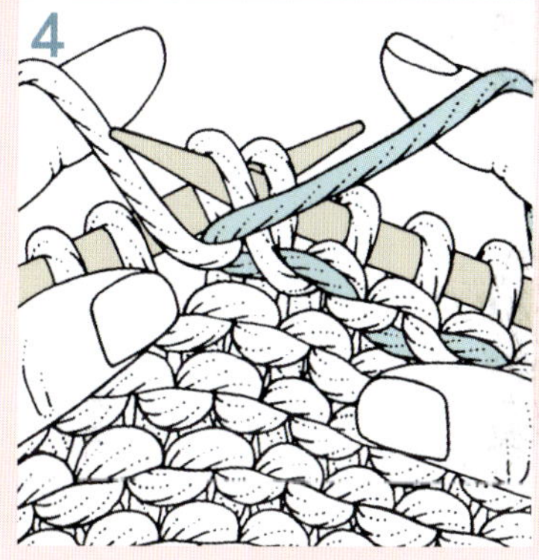

**3** 오른쪽 실을 뒤로 돌려 왼쪽으로 가져간 후, 바늘 끝 아래로 통과시켜 바늘에서 빼냅니다.

**4** 왼쪽 실로 코를 완성합니다.

# 차트
# 따라가기

배색 무늬의 개별 무늬나 반복 무늬는 보통 차트 형태로 제공되며, 단별로 작성된 설명보다 따라가기가 쉽습니다. 차트에는 실제 색상이 표시되기도 하고, 기호로 표시되기도 합니다. 차트의 각 사각형은 코 하나를 나타냅니다.

차트는 아래에서 위로 작업합니다. 일반적으로 홀수 번호는 겉면 단이고, 오른쪽에서 왼쪽으로 작업합니다. 반대로 짝수의 안면 단은 왼쪽에서 오른쪽으로 작업합니다. 단, 원통뜨기(136쪽 참고)는 모든 단을 오른쪽에서 왼쪽으로 작업하기 때문에 이 규칙이 적용되지 않습니다.

반복 무늬의 차트에는 일반적으로 필요한 가장자리코와 함께 반복되는 부분만 표시됩니다. 반복 구간은 굵은 선으로 구분되며, 여러 사이즈가 제공되는 도안에서는 더 큰 사이즈에 필요한 가장자리코가 추가로 표시될 수 있습니다.

다음의 2가지 간단한 도식 중 하나는 개별 모티프를 위한 것이고, 다른 하나는 반복 무늬를 위한 것입니다. 오리 모티프에서는 한 가지 대비색만 사용되며, 점으로 표현됩니다. 이처럼 단순한 모티프의 경우에는 매 5번째 단과 마지막 16번째 단만 표시됩니다.

기호

☐ A

⬤ B

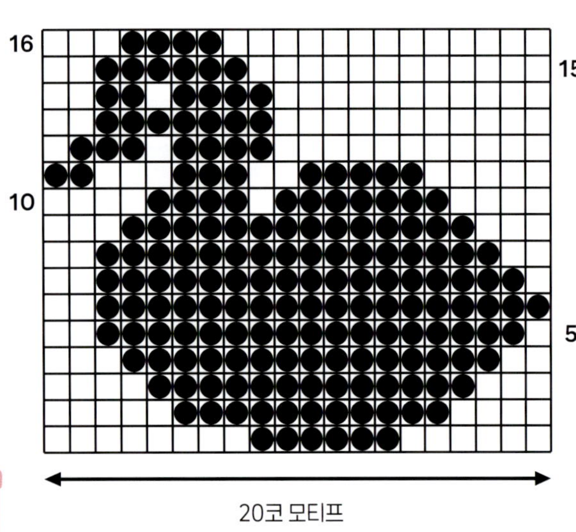

20코 모티프

배색

## 팁

차트를 따라갈 때는 진행 상황을 놓치지 않는 것이 중요합니다. 이를 위한 좋은 방법은 차트를 복사한 다음 (세로로 반복해야 하는 경우 여러 장) 단이 완료될 때마다 각 단에 선을 그어 표시하는 것입니다. 차트가 작은 경우, 복사기로 확대하면 더 쉽게 볼 수 있습니다.

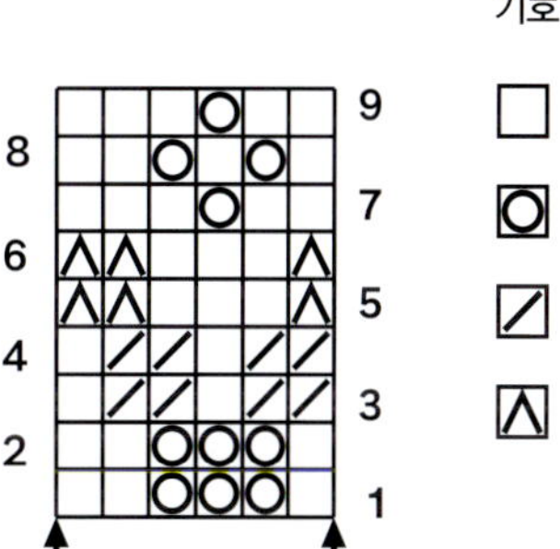


조금 더 복잡한 페어아일 모티프는 3가지 대비되는 색상을 사용합니다. 이러한 경우에는 모든 단을 표시합니다.

# 걸러뜨기 배색



삼색 트위드* 스티치

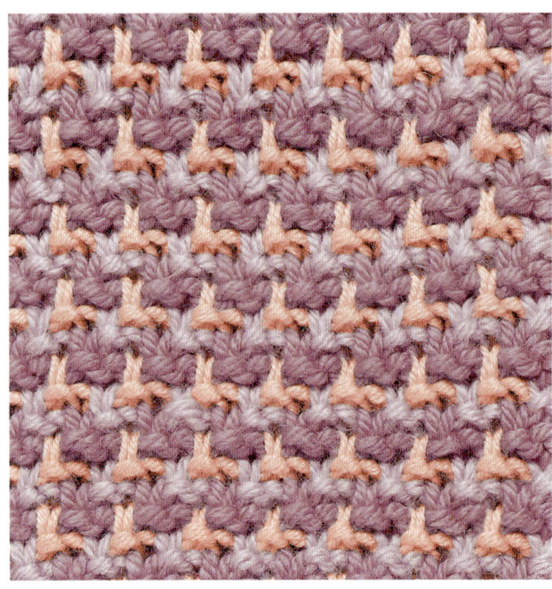

링크 스트라이프 무늬

콘 온 더 콥** 스티치

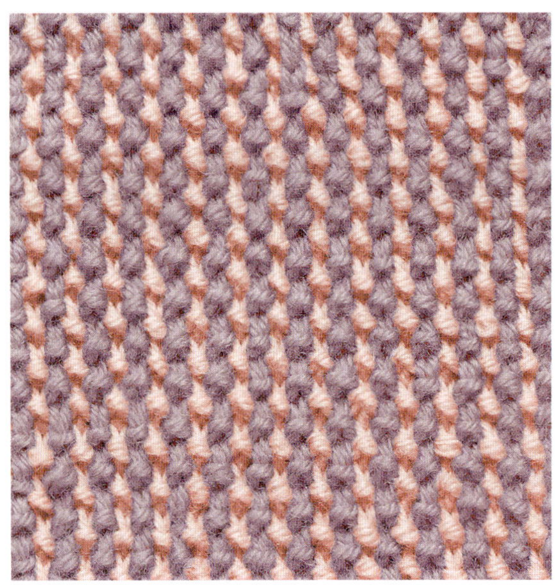

셰도 박스 무늬

*자연적인 색조와 복합적인 무늬의 거칠고 질감이 있는 양모 직물

대부분의 배색 기법과 마찬가지로 걸러뜨기 무늬 역시 색상을 어떻게 선택하
느냐에 따라 전혀 다른 느낌을 연출할 수 있습니다. 무늬에서 어두운 색상 대
신 밝은 색상을 사용해 보세요.

걸러뜨기 무늬로 만든 편물은 매우 촘촘하기 때문에, 재킷 같은 아이템에 특
히 잘 어울립니다.

특별한 설명이 없는 한 걸러뜨기는 안뜨기하듯이 해야 한다는 점을 기억하
세요.

**래더(사다리)**

**멀티컬러 스트라이프**

**옥수수 껍질을 벗기지 않은 채로 옥수수 대에 붙은 상태로 조리한 음식

# 삼색 트위드 스티치 three-colour tweed stitch

3의 배수 + 1

주의 A 색상 = 분홍, B 색상 = 보라,

C 색상 = 라일락

**1단(안면)**: 실A로 겉뜨기

**2단**: 실B로 겉뜨기3, *실을 편물 뒤에 두고
1코 걸러뜨기, 겉뜨기2*, 1코 남을 때까지
*~* 반복, 겉뜨기1

**3단**: 실B로 겉뜨기3, *실을 편물 앞에 두고
1코 걸러뜨기, 겉뜨기2*, 1코 남을 때까지
*~* 반복, 겉뜨기1

**4단**: 실C로 *겉뜨기2, 실을 편물 뒤에
두고 1코 걸러뜨기*, 1코 남을 때까지
*~* 반복, 겉뜨기1

**5단**: 실C로 겉뜨기1, *실을 편물 앞에 두고
1코 걸러뜨기, 겉뜨기2*, *~* 반복

**6단**: 실A로 겉뜨기1, *실을 편물 뒤에 두고
1코 걸러뜨기, 겉뜨기2*, *~* 반복

**7단**: 실A로 *겉뜨기2, 실을 편물 앞에
두고 1코 걸러뜨기*, 1코 남을 때까지
*~* 반복, 겉뜨기1

**2-7단 반복**



배색

# 링크 스트라이프 무늬 linked stripe pattern

4의 배수

**주의** A 색상 = 분홍, B 색상 = 보라

**1(겉면), 2, 5, 6단**: 실A로 겉뜨기

**3단과 7단**: 실B로 겉뜨기1,
*실을 편물 뒤에 두고 2코 걸러뜨기,
겉뜨기2*, *~*를 반복하되 2코 걸러뜨기,
겉뜨기1로 마무리

**4단과 8단**: 실B로 안뜨기1,
*실을 편물 앞에 두고 2코 걸러뜨기,
안뜨기2*, *~*를 반복하되 2코 걸러뜨기,
안뜨기1로 마무리

**9, 10, 13, 14단**: 실B로 겉뜨기

**11단과 15단**: 실A로 겉뜨기1,
*실을 편물 뒤에 두고 2코 걸러뜨기,
겉뜨기2*, *~*를 반복하되 2코 걸러뜨기,
겉뜨기1로 마무리

**12단과 16단**: 실A로 안뜨기1,
*실을 편물 앞에 두고 2코 걸러뜨기,
안뜨기2*, *~*를 반복하되 2코 걸러뜨기,
안뜨기1로 마무리

# 콘 온 더 콥 스티치 corn-on-the-cob stitch

2의 배수

주의 A 색상 = 분홍, B 색상 = 보라

실A로 코를 만들고 겉뜨기로 1단 뜬다.

**1단(겉면)**: 실B로 겉뜨기1, *겉뜨기1,
실을 편물 뒤에 두고 1코 걸러뜨기*,
*~*를 반복하되 겉뜨기1로 마무리

**2단**: 실B로 겉뜨기1, *실을 편물 앞에 두고
1코 걸러뜨기, 겉뜨기 꼬아뜨기1*, *~*를
반복하되 겉뜨기1로 마무리

**3단**: 실A로 겉뜨기1, *실을 편물 뒤에 두고
1코 걸러뜨기, 겉뜨기 꼬아뜨기1*, *~*를
반복하되 겉뜨기1로 마무리

**4단**: 실A로 겉뜨기1, *겉뜨기1, 실을
편물 앞에 두고 1코 걸러뜨기*, *~*를
반복하되 겉뜨기1로 마무리

배색

# 섀도 박스 무늬 shadow box pattern



4의 배수 + 3

**주의** A 색상 = 분홍, B 색상 = 청록,
C 색상 = 보라

**1단(겉면)**: 실A로 겉뜨기

**2단**: 실A로 겉뜨기1, *바늘에 실을 2회
감으면서 겉뜨기1, 겉뜨기3*, *~*를
반복하되 겉뜨기1로 마무리

**3단**: 실B로 겉뜨기1, *여분의 고리를
떨어뜨리면서 실을 편물 뒤에 두고
1코 걸러뜨기, 겉뜨기3*, *~*를 반복하되
겉뜨기1로 마무리

**4단**: 실B로 겉뜨기1, *실을 편물 앞에 두고
1코 걸러뜨기, 겉뜨기3*, *~*를 반복하되
겉뜨기1로 마무리

**5단**: 실C로 겉뜨기1, *실을 편물 뒤에 두고
2코 걸러뜨기, 겉뜨기2*, *~*를 반복하되
겉뜨기1로 마무리

**6단**: 실C로 겉뜨기1, 실을 편물 앞에 두고
1코 걸러뜨기, *안뜨기2, 실을 편물 앞에
두고 2코 걸러뜨기*, *~*를 반복하되
겉뜨기1로 마무리

# 래더 ladders

6의 배수 + 5

 A 색상 = 라일락, B 색상 = 분홍

**1단(겉면)**: 실A로 겉뜨기2, *실을 편물 뒤에 두고 1코 걸러뜨기, 겉뜨기5*, 3코 남을 때까지 *~* 반복, 실을 편물 뒤에 두고 1코 걸러뜨기, 겉뜨기2

**2단**: 실A로 안뜨기2, 실을 편물 앞에 두고 1코 걸러뜨기, *안뜨기5, 실을 편물 앞에 두고 1코 걸러뜨기*, 2코 남을 때까지 *~* 반복, 안뜨기2

**3단**: 실B로 *겉뜨기5, 실을 편물 뒤에 두고 1코 걸러뜨기*, 5코 남을 때까지 *~* 반복, 겉뜨기5

**4단**: 실B로 *겉뜨기5, 실을 편물 앞에 두고 1코 걸러뜨기*, 5코 남을 때까지 *~* 반복, 겉뜨기5

배색

# 멀티컬러 스트라이프 multicoloured stripes

4의 배수 + 3

**주의** A 색상 = 노랑, B 색상 = 청록,
C 색상 = 라일락, D 색상 = 분홍

**1단(안면):** 실A로 안뜨기

**2단:** 실B로 겉뜨기2, *실을 편물
뒤에 두고 1코 걸러뜨기, 겉뜨기1*,
1코 남을 때까지 *~* 반복, 겉뜨기1

**3단:** 실B로 안뜨기2, *실을 편물 앞에
두고 1코 걸러뜨기, 안뜨기1*,
1코 남을 때까지 *~* 반복, 안뜨기1

**4단:** 실C로 겉뜨기1, *실을 편물 뒤에
두고 1코 걸러뜨기, 겉뜨기1*, *~* 반복

**5단:** 실C로 안뜨기

**6단:** 실D로 겉뜨기1, *실을 편물 뒤에
두고 1코 걸러뜨기, 겉뜨기3*,
2코 남을 때까지 *~* 반복, 실을
편물 뒤에 두고 1코 걸러뜨기, 겉뜨기1

**7단:** 실D로 안뜨기1, *실을 편물
앞에 두고 1코 걸러뜨기, 안뜨기3*,
2코 남을 때까지 *~* 반복, 실을 편물 앞에
두고 1코 걸러뜨기, 안뜨기1

**8단:** 실B로 겉뜨기2, *실을 편물 뒤에 두고
3코 걸러뜨기, 겉뜨기1,* 1코 남을 때까지
*~* 반복, 겉뜨기1

**9단:** 실B로 *안뜨기3, 실을 편물 앞에 두고 1코 걸러뜨기*, 3코 남을 때까지 *~* 반복, 안뜨기3

**10단:** 실A로 겉뜨기1, *실을 편물 뒤에 두고 1코 걸러뜨기, 겉뜨기3*, 2코 남을 때까지 *~* 반복,
실을 편물 뒤에 두고 1코 걸러뜨기, 겉뜨기1

# 자카드 무늬
*jacquard pattern*

아가일*

도그투스(송곳니)

다이아몬드 스팟

플라워 가랜드**

배색

*다이아몬드 모양의 격자무늬
**꽃을 엮어 만든 장식용 리본이나 화환

'자카드'라는 용어는 일반적으로 반복되는 배색 모티프를 가리킬 때 사용됩니다(이 단어는 18세기에 조셉 자카드 Joseph Jacquard가 고안한 무늬 직조기에서 유래했습니다). 모티프의 크기와 복잡도, 1단에 2가지 색상을 사용하는지 혹은 2가지 이상을 사용하는지에 따라 인타르시아 또는 스트랜딩/위빙 방식 중 하나로 작업할 수 있습니다. 여기에 소개된 무늬는 대체로 후자의 방법이 더 적합합니다.

한편, 그릭 키 Greek key 무늬처럼 한 색상을 멀리까지 끌고 가서 엮어야 하는 경우에는 텐션을 균일하게 유지하는 것이 중요합니다. 또한, 2단 연속으로 같은 지점에서 실을 엮으면 겉면에 움푹 들어간 자국이 생기므로, 이는 피해야 합니다.

**그릭 키**[***]

**버즈 아이**[****](새 눈 모양)

[***]고대 그리스에서 유래한 기하학적인 장식 무늬
[****]미세한 점들이 모여 이루어진 무늬

# 아가일 argyll

# 도그투스 dogtooth

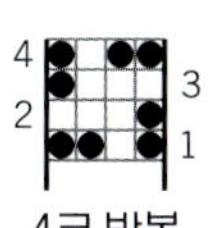

4코 반복

기호
◉ A
□ B

# 다이아몬드 스팟 diamond spot

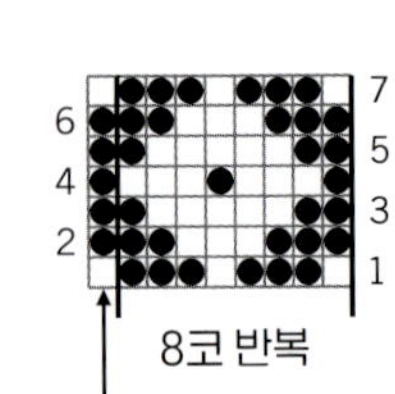



기호
● A
□ B

1-7단을 뜨고, 필요한 길이가
될 때까지 2-7단을 반복한다.

배색

# 플라워 가랜드 flower garland



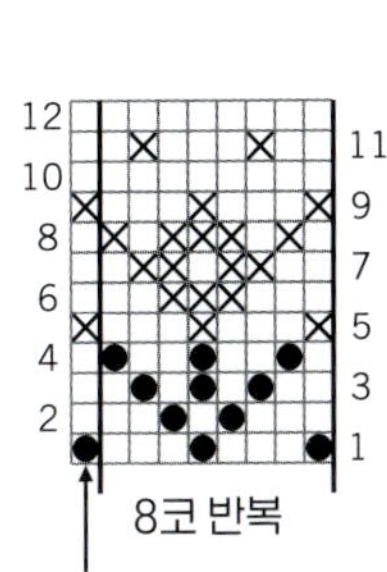



기호
⊠ A
● B
□ C

# 그릭 키 greek key

# 버즈 아이 bird's eye

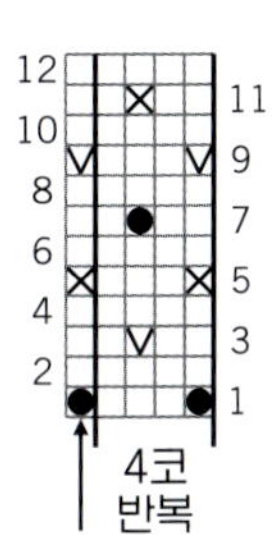



기호
⊠ A
◉ B
☐ C
▽ D

# 페어아일 무늬
*fair isle pattern*

크로스(십자) 무늬

인트와인드 하트*

플로럴 밴드(꽃무늬 띠)

스노우플레이크(눈송이)

배색

*사랑과 결합을 상징하는 이미지로 사용

스코틀랜드 북쪽 해안의 섬, 셔틀랜드 제도와 인근의 작은 페어아일에서 다채롭고 아름다운 무늬들이 만들어져 왔습니다. 이곳에서는 다양한 방식으로 모티프를 조합하고 반복하여 멋진 의류를 만들어 냅니다.

페어아일 무늬 작업에서의 성공 포인트는 섬세한 색상 선택입니다. 실을 선택할 때는 도안을 흑백으로 복사해 색상의 명암 대비를 확인해 두는 것이 좋습니다. 그런 다음 명암의 균형을 비슷하게 유지하면서 원하는 색상으로 대체해 사용합니다.

겉보기에는 무늬가 복잡해 보이지만 실제로는 1단에 2가지 색상만 사용하며, 스트랜딩/위빙 기법을 사용하여 작업합니다(166-169쪽 참고).

**하트 스크롤**<sup>**</sup>

**포지 브레이드**<sup>***</sup>

<sup>**</sup> 사랑이나 로맨스를 상징하는 이미지
<sup>***</sup>작은 꽃 장식을 사용해 땋은 머리

# 크로스 무늬 cross pattern

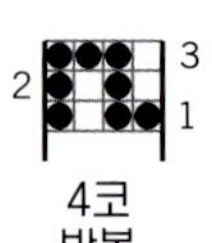

4코
반복

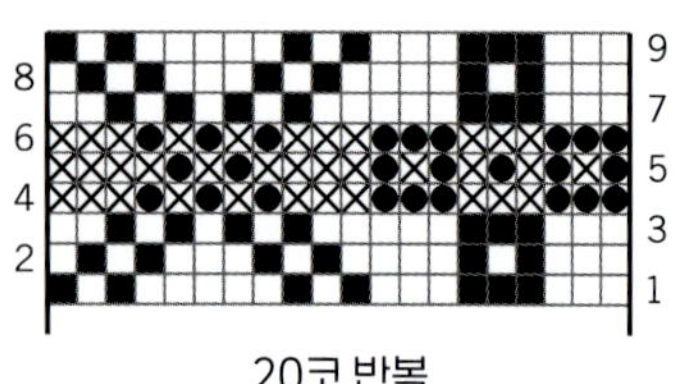

20코 반복

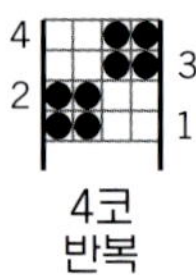

4코
반복

기호
□ A
◉ B
■ C
⊠ D



배색

# 인트와인드 하트 entwined hearts

12코 반복

8코
반복

가장자리코

기호
⊠ A
◑ B
☐ C
■ D

# 플로럴 밴드 *floral band*

13
12
11
10
9
8
7
6
5
4
3
2
1

가장자리코

12코 반복

**기호**
- ◐ A
- ◒ B
- ⊠ C
- ◨ D
- ▲ E
- ▽ F
- ◼ G

# 스노우플레이크 snowflake

기호

● A
◉ B
⊠ C
▽ D
■ E
□ F

# 하트스크롤 heart scroll

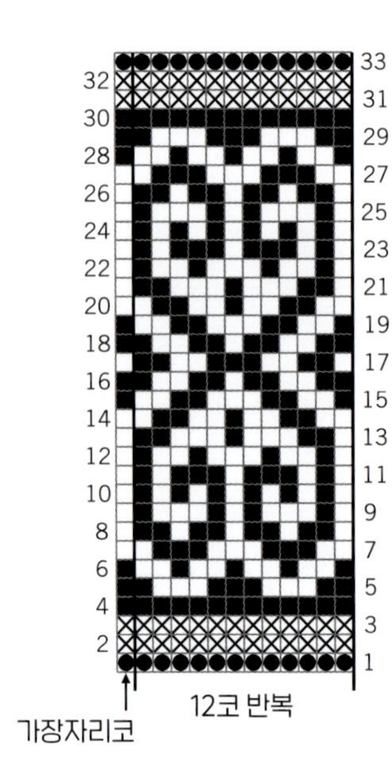



**기호**
- ◐ A
- ⊠ B
- ■ C
- □ D

# 포지 브레이드 posy braid

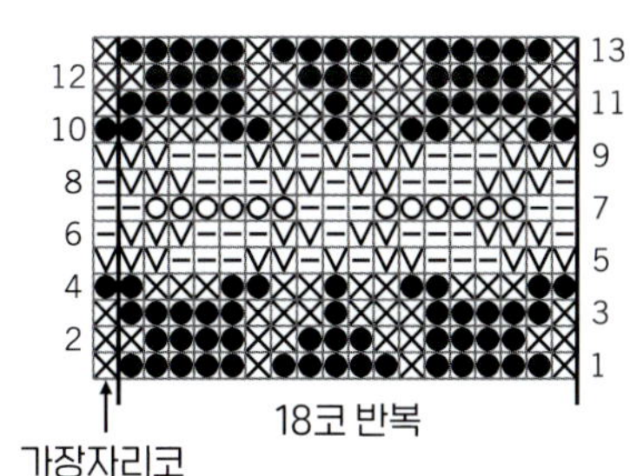

18코 반복

가장자리코

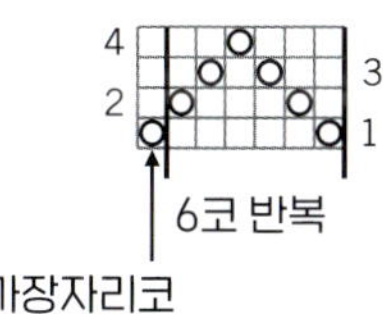

6코 반복

가장자리코

기호

□ A
◨ B
☒ C
◕ D
▽ E
⊟ F

# 장식
## *embellishments*

뜨개는 다양한 방식으로 장식할 수 있습니다. 허리둘레나 네크라인에 꼬인 끈을 두를 수 있고, 카디건 앞섶에 코바늘로 테두리를 더할 수 있습니다. 또한, 구슬이나 스팽글, 자수 스티치를 넣어 장식하거나 숄에 긴 프린지를 추가하여 우아하게 늘어뜨릴 수 있습니다. 반대로, 레이스 형태의 테두리 뜨개는 뜨개 자체를 장식 요소로 활용할 수 있습니다.

다음 몇 페이지에 걸쳐 이 모든 기법에 대한 설명을 확인할 수 있습니다.

# 장식용 끈

여러 가지 장식용 끈은 네크라인의 스트링이나 묶는 끈으로 활용할 수 있습니다. 다양한 종류의 실을 사용해 여러 형태의 끈을 만들어 보면서, 그 가능성을 발견해 보세요.

## 아이코드 끈

이 끈을 뜨기 위해서는 2개의 양쪽 막대 바늘이 필요합니다. 실은 1가닥만 사용하며, 실이 실뭉치에 연결된 상태 그대로 작업합니다.

**1** 2코를 만들어 일반적인 방법으로 겉뜨기합니다. 편물을 뒤집지 않은 상태에서 코를 바늘의 반대쪽 끝으로 옮깁니다. 실을 편물 뒤에서 왼쪽에서 오른쪽으로 단단히 가져온 다음, 2코를 겉뜨기합니다.

**2** 원하는 길이가 될 때까지 이 과정을 반복합니다. 마지막에는 2코를 함께 겉뜨기한 후 매듭짓습니다. 실 끝은 끈에 꿰매거나 양 끝에 폼폼, 술 또는 구슬을 부착할 때 사용할 수 있습니다.

## 꼬임 끈

이 끈을 만들 때 가장 중요한 점은 실을 매우 단단히 꼬아야 한다는 것입니다. 그렇지 않으면 완성된 끈이 느슨해질 수 있습니다. 필요한 가닥 수를 가늠하려면, 먼저 짧은 가닥 몇 개를 잘라 함께 꼬아 본 다음, 꼬인 길이를 2배로 늘려 적절하게 가닥을 더하거나 빼세요. 끈을 만들 때는 완성 길이의 3배 정도 되는 길이로 실을 자릅니다.

**1** 실 가닥들을 한쪽 끝에서 함께 매듭지은 후, 문고리 같은 고정된 물체에 고정하거나 다른 사람에게 도움을 요청하여 그 끝을 잡도록 합니다.

**2** 반대쪽 끝도 묶은 뒤 매듭 사이로 연필을 끼워 넣습니다.

**3** 실을 팽팽하게 잡은 상태에서, 연필을 시계 방향으로 돌립니다. 텐션이 느슨해졌을 때 가닥이 여러 곳에서 꼬일 정도로 충분히 돌려 줍니다.

**4** 끈의 양쪽 매듭을 한데 모으고 끈을 세게 흔들어 주면 끈이 저절로 꼬이게 됩니다. 꼬임을 매끄럽게 다듬고, 접힌 끝에서 약간 떨어진 곳에 매듭을 묶은 후 반대쪽 끝도 함께 매듭짓습니다. 양쪽 끝을 다듬고 술처럼 풀어 줍니다.

## 땋은 끈

완성될 길이보다 약간 더 길게 실을 자르고, 가닥 수가 3으로 나누어떨어지는지 확인합니다. 실의 한쪽 끝을 묶어 매듭을 만든 후, 의자 팔걸이처럼 고정된 물체에 고정합니다. 가닥을 세 갈래로 나누어 땋습니다. 다른 쪽 끝도 매듭짓고, 필요한 경우 끝을 다듬습니다.

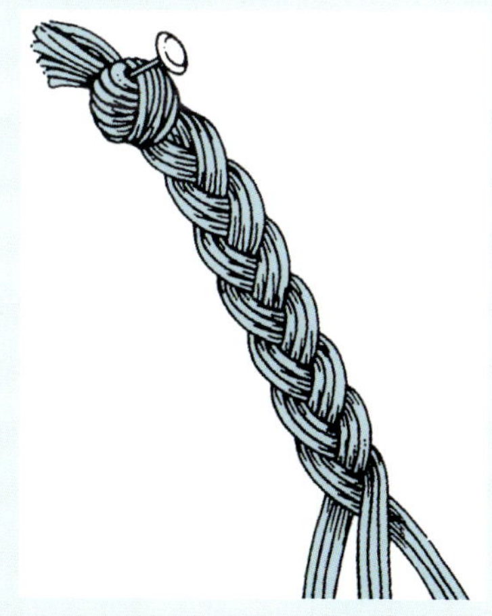

# 트리밍
### *trimming*



다양한 니트 의류에는 프린지, 태슬, 폼폼 등 여러 형태의 장식을 더할 수 있습니다. 심플 프린지는 스카프의 마무리 장식으로 완벽하고, 정교한 매듭 프린지는 숄의 가장자리를 우아하게 만들어 줍니다.

폼폼은 모자를 화려하게 장식할 수 있고 아동용 의류에도 많이 사용되지만, 영유아가 입는 의류에는 적합하지 않습니다. 태슬은 끈의 끝에 꿰매어 달거나 니트(또는 직물) 쿠션 커버의 네 모서리에 부착할 수 있습니다.

## 심플 프린지

이 프린지는 기본적으로 연속된 태슬들로 이루어집니다. 실은 원하는 완성 길이의 약 2.5배 정도의 길이로 자릅니다. 실의 두께와 프린지의 굵기에 따라 가닥 수를 선택하세요.

**1** 실가닥을 반으로 접습니다. 코바늘을 이용해 접힌 끝을 가장자리의 앞에서 뒤로 통과시킵니다.

**2** 실가닥을 고리 안으로 통과시킨 후 아래쪽으로 살짝 당겨, 고리를 가장자리까지 끌어올립니다.

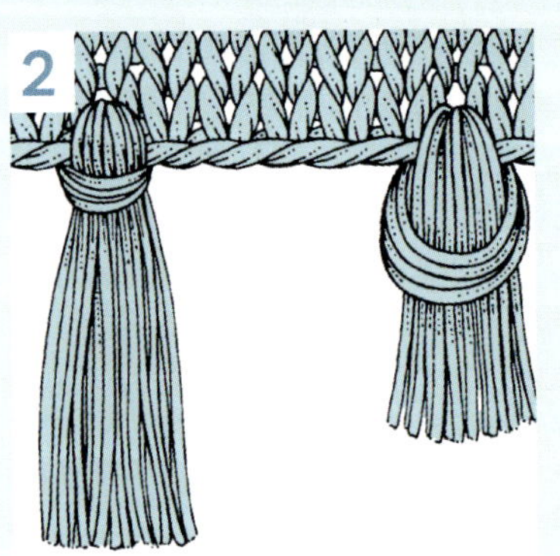

## 매듭 프린지

이 기법으로는 우아한 격자무늬 같은 장식을 만들 수 있습니다. 프린지의 길이는 최소 12cm 이상이어야 하며, 심플 프린지보다 더 적은 가닥을 사용합니다.

**1** 심플 프린지와 같은 방식으로 편물의 가장자리에 가닥을 매듭짓습니다.

**2** 모든 가닥을 고정한 후, 1번째 그룹의 가닥 중 절반을 가져오고 다음 그룹에서 절반을 가져와 그림과 같이 함께 묶습니다. 그다음, 2번째 그룹의 나머지 가닥을 3번째 그룹의 가닥 절반과 묶습니다. 끝까지 반복합니다.

**3** 2번째 단에서도 분리된 가닥을 함께 묶습니다. 원한다면 매듭을 더 추가할 수 있습니다. 또한, 일부 가닥에 구슬을 연결하여 변화를 줄 수도 있습니다.

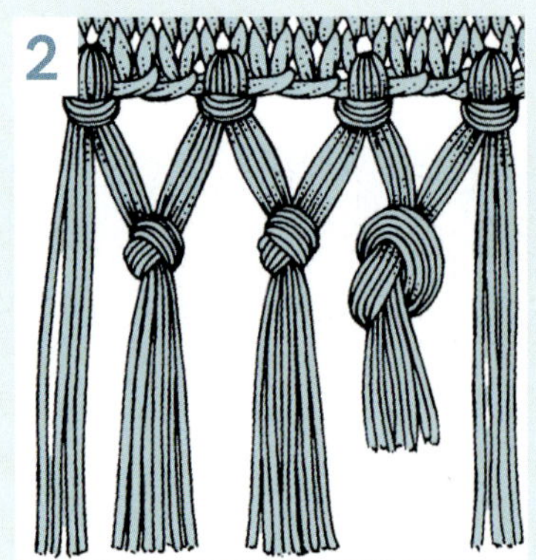

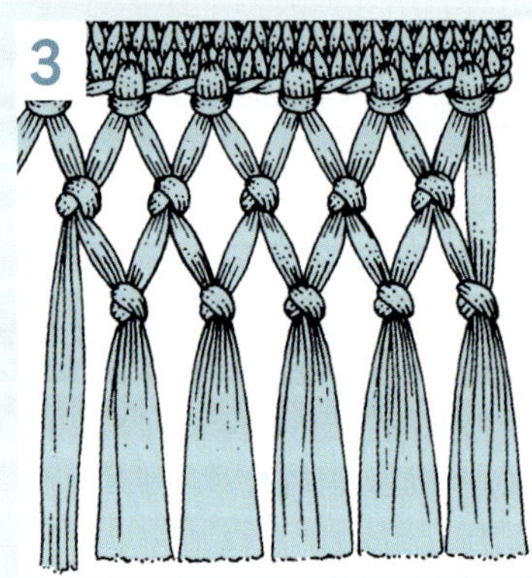

"

## 폼폼

폼폼을 만들려면, 먼저 완성될 폼폼의
지름과 같은 크기의 원 두 개를 얇은 판
지에 그린 후 오립니다. 원 지름의 1/4
크기인 또 다른 원을 각 원의 중앙에 그
리고 오립니다. 사용하기 편리한 둥근 모
양의 물건을 이용하여 1장의 판지에 큰
원을 표시한 다음, 작은 원을 표시하면 만
들기 쉽습니다.

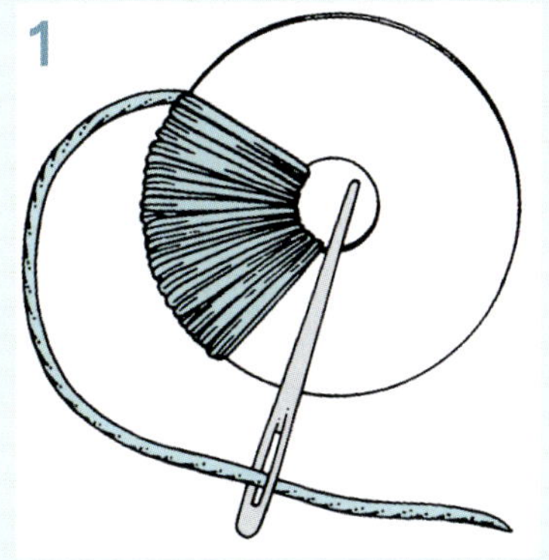

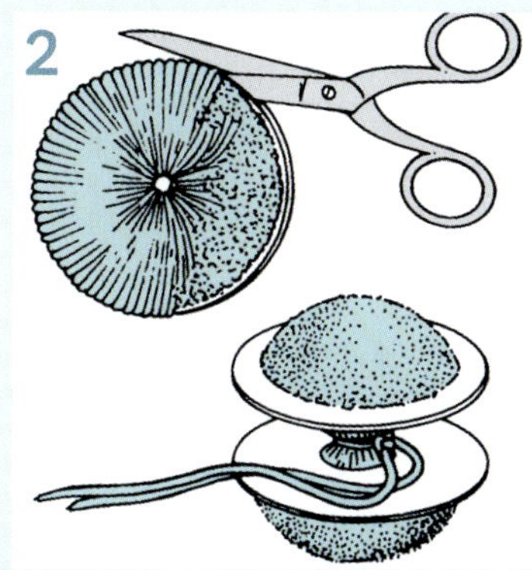

1 실을 길게 자르고 돗바늘에 꿰어 2개의
원에 실을 감습니다. 구멍이 꽉 찰 때까
지 실을 충분히 감습니다.

2 날카로운 가위로 원의 가장자리를 따
라 실을 자릅니다. 두 원판을 살짝 벌
린 후 가운데의 실을 단단히 묶습니다.
원판을 잘라 내고, 고르지 않은 실 끝
은 다듬습니다.

## 태슬

완성될 술 길이에 맞춰 딱딱한 판지를
직사각형으로 자릅니다.

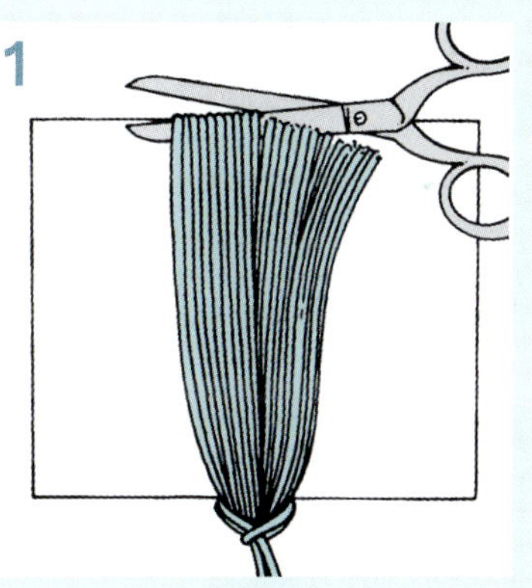

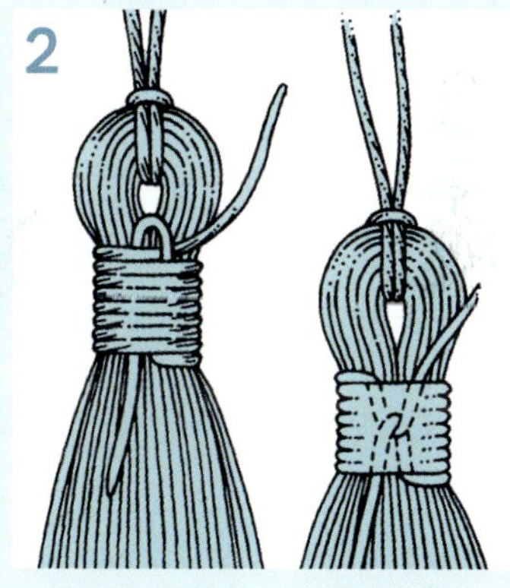

1 술이 원하는 두께가 될 때까지 실을 판
지에 감습니다. 한쪽 끝에서 실 한 가닥
을 감긴 실 아래로 넣어 고리처럼 만든
뒤, 반대쪽 끝을 자릅니다.

2 실 한 가닥의 한쪽 끝에 고리를 만들
고, 태슬과 고리를 가닥과 나란히 잡고
다른 쪽 끝으로 태슬 윗부분을 여러 번
감습니다. 남은 실 끝을 고리 안으로
통과시킵니다. 양쪽 끝을 당겨서 고정
하고 끝을 다듬어 안쪽으로 밀어 넣습
니다.

# 비즈와 스팽글

완성된 뜨개 편물에 비즈나 스팽글을 장식으로 소량 꿰맬 수 있지만, 많은 양을 고르게 배치해야 하는 경우에는 203쪽의 방법 중 하나를 사용합니다. 장식용으로 비즈나 스팽글을 선택할 때는 실이 쉽게 통과할 수 있을 만큼 구멍이 큰 것을 선택해야 합니다. 그렇지 않으면 실이 닳거나 끊어질 수 있습니다.

비즈나 스팽글을 뜨개질하는 2가지 방법 중 더 간단한 방법은 걸러뜨기 방식입니다. 실을 바늘에 감는 방법은 연속된 코에 비즈를 넣어야 할 때 사용합니다. 이 방식은 비즈를 항상 편물의 겉면에 오도록 해야 하므로 걸러뜨기 방법보다 조금 더 숙련된 기술이 필요합니다. 비즈나 스팽글은 편물의 겉뜨기 쪽에서도, 안뜨기 쪽에서도 작업할 수 있습니다. 단, 안면에서는 비즈의 헤드를 제자리에 잘 고정하기 위해 조금 더 단단히 떠 주어야 합니다.

### 실에 구슬 꿰기

먼저 그림과 같이 튼튼한 실 두 가닥을 바늘에 꿰세요. 뜨개실의 끝을 실의 고리에 끼우고, 뜨개실 끝을 뒤로 접어 고정합니다. 바늘을 이용해 비즈나 스팽글을 뜨개실에 끼우되, 항상 고리 부분에 1개의 비즈를 걸어 실이 빠지지 않도록 고정해 두어야 합니다.

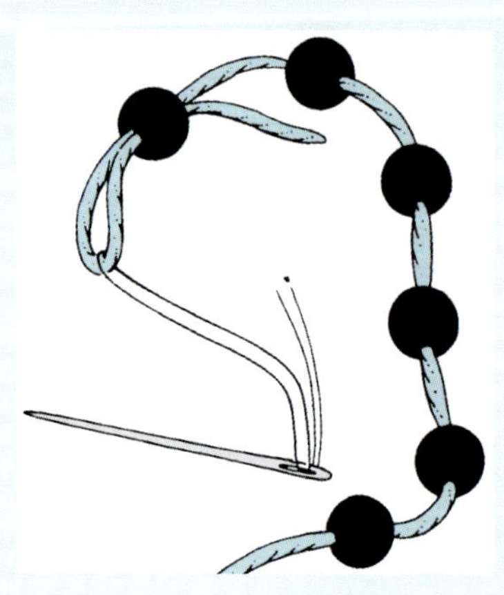

## 걸러뜨기 방법

이 방법은 비즈나 스팽글이 1코 이상 떨어져 있을 때 사용할 수 있습니다. 일반적으로 겉면에서 작업하지만, 안면에서도 작업할 수 있습니다. 구슬을 넣기 전에 최소 2단은 뜨개를 완료해야 합니다.

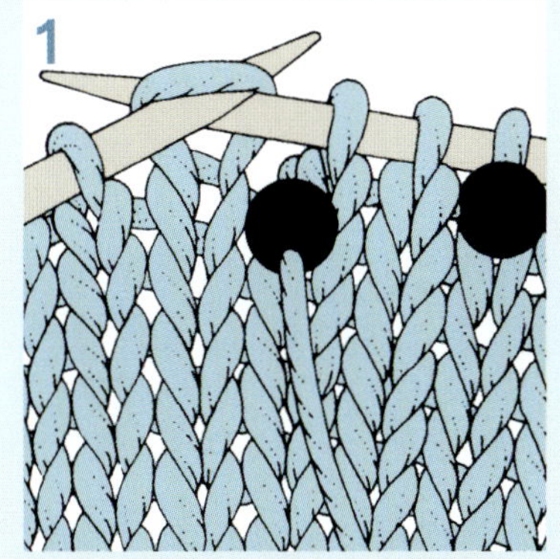

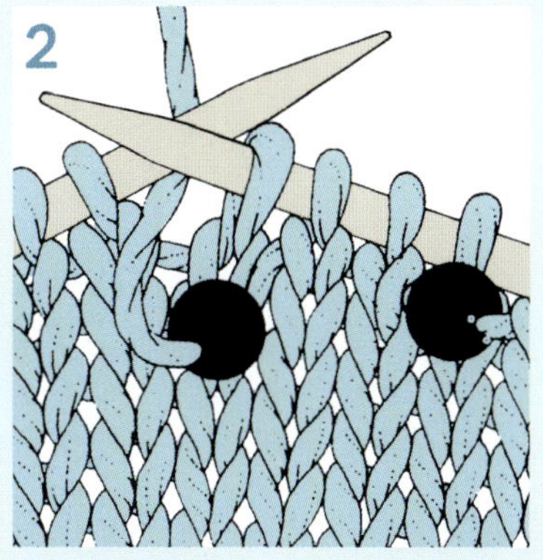

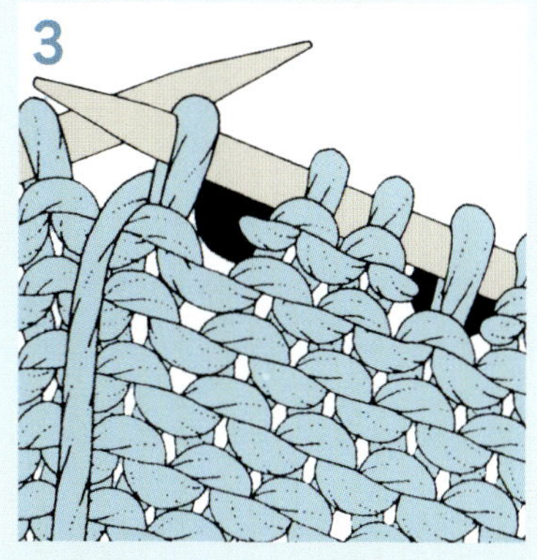

**1** 겉면(겉뜨기) 단에서 비즈가 들어갈 위치까지 작업합니다. 실을 앞으로 가져와서 다음 코를 겉뜨기하듯이 걸러뜨기합니다.

**2** 비즈를 밀어 올려 걸러뜨기 코 바로 아래에 놓이도록 하고, 평소와 같이 다음 코를 뜹니다.

**3** 안면(안뜨기) 단의 경우, 실을 작품의 겉면으로 다시 가져온 뒤, 다음 코를 안뜨기하듯이 걸러뜨기합니다. 비즈를 밀어 올려 겉면에 가깝게 놓이도록 두고, 다음 코를 평소처럼 안뜨기합니다.

## 실을 바늘에 감는 방법

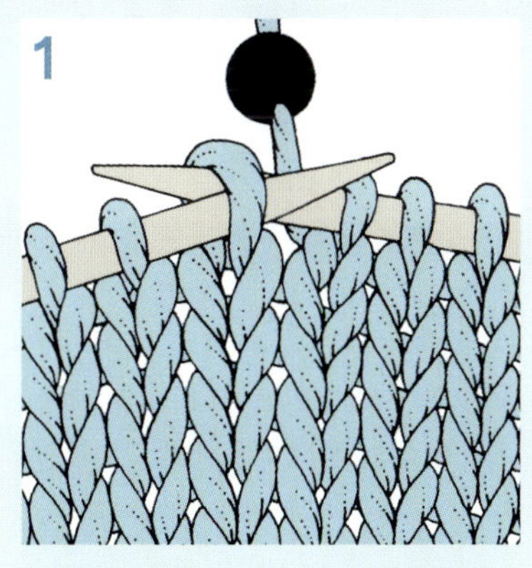

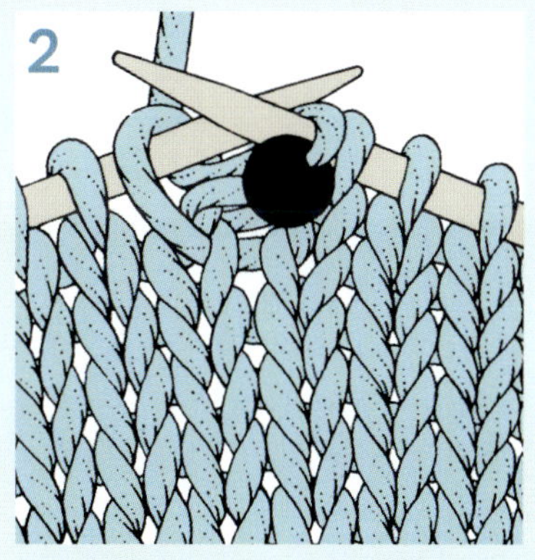

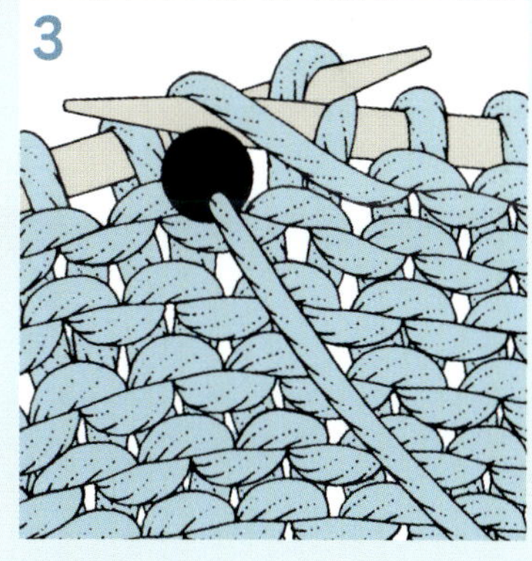

**1** 겉면(겉뜨기) 단에서 비즈가 놓일 위치까지 작업합니다. 다음 코 뒷가닥에 오른바늘을 넣고 비즈를 편물 가까이로 밀어 올립니다.

**2** 실을 바늘에 감고 코를 통과해 비즈를 앞쪽으로 끌어옵니다. 평소와 같이 코를 완성합니다.

**3** 안면(안뜨기) 단에서는 오른바늘을 고리 뒷가닥에 안뜨기하듯이 넣습니다. 비즈를 고리 안으로 밀어 넣으면서 코를 완성합니다.

# 코바늘



기본적인 코바늘 기법을 알아 두면 뜨개질 작업에 매우 유용합니다. 코바늘은 아기 옷에 자주 쓰이는 단추 고리를 만들 때나 가장자리를 마무리하는 데 사용할 수 있습니다. 또한, 솔기를 연결하는 데 사용되기도 합니다.

코바늘 배우기는 그리 어렵지 않습니다. 게다가 코바늘 하나만 있으면 실수를 쉽게 고칠 수 있습니다. 실수한 부분까지 편물을 풀고, 코바늘을 고리에 끼워 넣은 다음 이어서 뜨기만 하면 됩니다.

코바늘과 실을 잡는 방법은 다음과 같습니다. 실을 왼쪽 새끼손가락에 감고 약지와 중지 아래를 지나 검지 손가락 위로 지나갑니다.

## 사슬 뜨기

사슬(약어 ch)은 코바늘의 기본 코입니다. 정해진 수만큼의 사슬뜨기로 작업을 시작하며, 이는 대바늘 뜨개에서의 코잡기과 동일합니다.

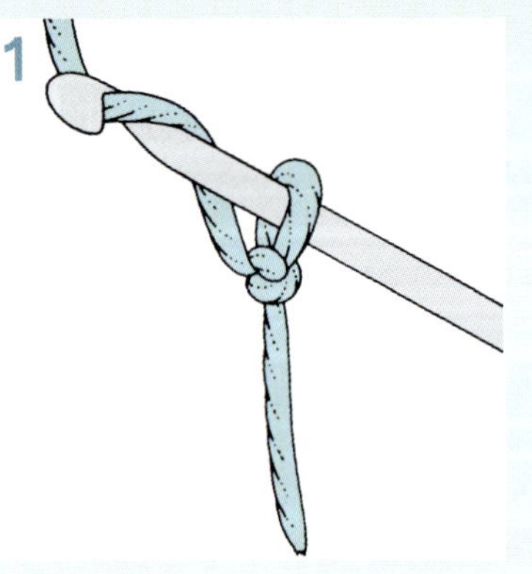

**1** 시작매듭으로 시작합니다(18쪽 참고). 코바늘을 시작매듭 안에 넣고 왼손 엄지와 검지로 매듭의 아래를 잡습니다. 당겨진 실 사이로 코바늘을 앞으로 밀고 반시계 방향으로 돌려서 그림과 같이 바늘에 실을 겁니다.

**2** 실을 계속 당긴 채로 코바늘을 고리 사이로 통과합니다. 이제 코바늘에 새로운 고리가 생겼습니다. 1단계와 2단계를 반복하여 필요한 개수의 사슬을 만듭니다.

## 빼뜨기 | slip stitch

빼뜨기는(약어 sl st)는 높이가 가장 낮은 코바늘 코입니다. 사슬을 연결해 고리를 만들거나, 이미 짧은뜨기로 가장자리를 만든 두 편물을 연결할 때 사용합니다. 코바늘을 코의 상단(또는 사슬코)에 넣습니다. 한 번에 코와 코바늘의 고리를 통과합니다.

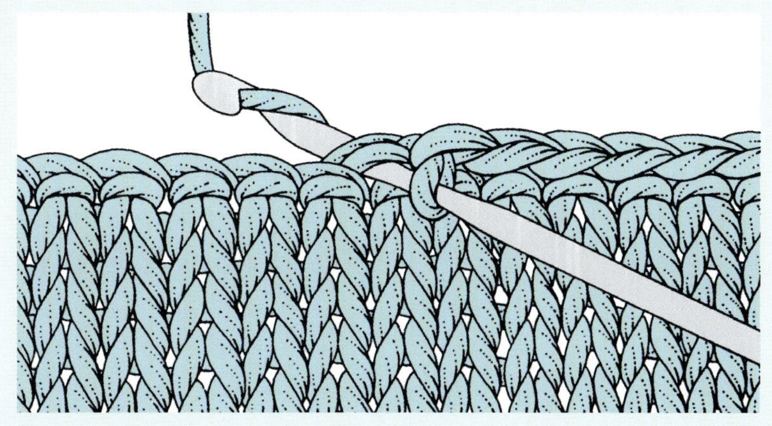

## 짧은뜨기 | single crochet

짧은뜨기(약어 sc)는 완성된 대바늘 편물의 가장자리를 깔끔하고 단단하게 만드는 데 쓰이며, 필요에 따라 다른 색상을 사용할 수도 있습니다.

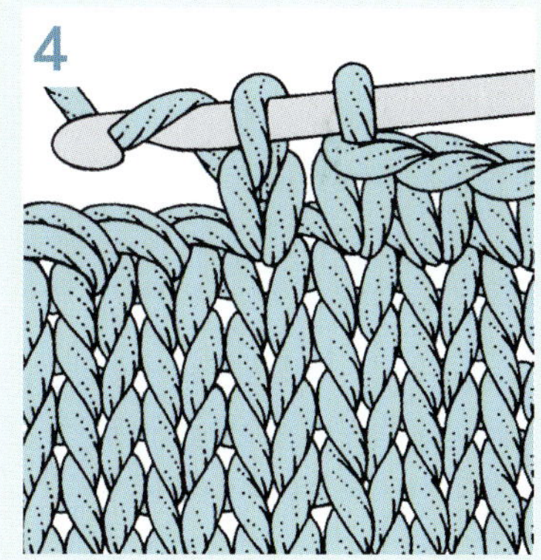

**1** 실을 편물의 오른쪽 모서리에 고정합니다. 1번째 코에 앞에서 뒤로 코바늘을 넣고, 바늘에 실을 걸어 고리를 통과합니다.

**2** 코바늘에 실을 감고 1번째 고리를 통과해 2번째 고리를 만듭니다.

**3** 다음 코에 코바늘을 넣고 바늘에 실을 걸어 통과시켜 고리를 만듭니다. 이제 바늘에 2개의 고리가 생겼습니다.

**4** 코바늘에 실을 감고 코바늘의 두 고리를 한 번에 통과합니다. 짧은뜨기 1코가 완성되었습니다. 필요한 만큼 3단계와 4단계를 반복합니다. 모서리를 돌 때는 모서리 코에 짧은뜨기를 3번 합니다.

# 자수 놓기

자수 스티치는 단순한 편물 표면에 모티프를 추가하거나, 무늬를 강조하고 돋보이게 하는 데 활용됩니다.

뜨개에서 가장 일반적으로 사용되는 자수 기법은 덧수입니다. 이 기법은 메리야스뜨기 편물에 사용되며 마치 뜨개로 짠 것처럼 보입니다. 덧수의 모티프는 보통 차트 형태로 제공되며, 차트의 정사각형 한 칸이 한 코를 나타냅니다. 십자수 모티프도 활용할 수 있습니다.

뜨개에 자수를 놓을 때는 실이 갈라지지 않도록 항상 돗바늘로 작업합니다. 뜨개실이나 자수실을 모두 사용할 수 있지만, 배경과 사용된 기법에 적합한 굵기와 질감의 실을 고르는 것이 중요합니다. 또한 편물의 탄성을 유지하기 위해 느슨한 텐션으로 바느질하는 것도 중요합니다. 먼저 여분의 뜨개 샘플로 연습해 보세요.

## 덧수

swiss darning / duplicate stitch

뜨개에 사용한 실과 동일한 두께와 종류의 실 한 가닥을 사용합니다. 모티프의 오른쪽 아래 모서리에서 시작하여 자수를 넣을 부분의 뒤쪽에서 실을 한두 땀 고정합니다. 자수를 놓을 1번째 코의 밑부분을 통과해 바늘을 위로 꺼냅니다.

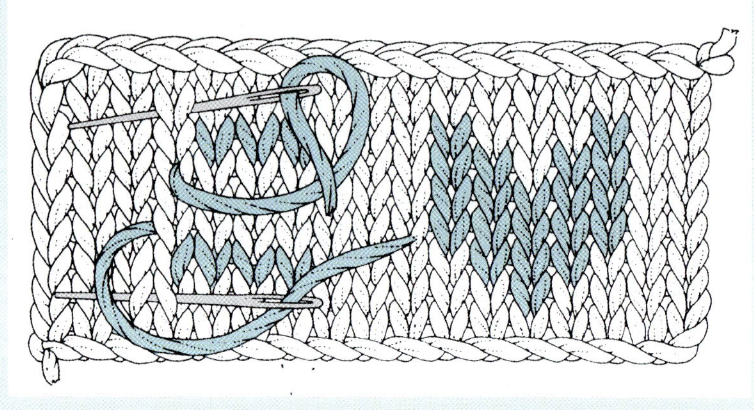

**1** 바늘을 코의 오른쪽 다리 위로, 그리고 그 아래의 안쪽 면에서는 오른쪽에서 왼쪽으로 움직여 위 그림의 왼쪽 상단과 같이 바늘을 빼냅니다.

**2** 위 그림의 왼쪽 하단에 표시된 것처럼 바늘을 코의 왼쪽 다리를 지나 처음 실이 나왔던 코의 밑부분으로 통과합니다. 이어서 왼쪽으로 1코 이동해서 작업합니다. 1단계와 2단계를 반복하여 이 코와 이후의 모든 코를 덧수로 덮습니다. 코가 팽팽하게 당겨지지 않도록 주의하세요.



장식

## 십자수 cross stitch

이 스티치 역시 메리야스뜨기 편물에 적
합합니다. 사용하는 실은 뜨개에 사용된
실보다 약간 얇아야 합니다. 작업 크기
에 따라 4코 단위로 작업하는 것이 가장
좋습니다. 실은 안면에 고정합니다.

**1** 위 그림의 왼쪽 상단과 같이, 십자수를
놓을 부분의 오른쪽 아래 모서리에서
바늘을 위로 끌어 올리고, 왼쪽 위 모서
리에서 바늘을 아래로 내립니다.

**2** 위 그림의 오른쪽 상단과 같이, 바늘을
왼쪽 아래 모서리에서 위로 올리고 오
른쪽 위 모서리에서 아래로 내립니다.
이렇게 하면 스티치가 완성됩니다.

**3** 십자수 작업 시 아래쪽 스티치는 모두
같은 방향으로, 위쪽 스티치는 그 반대
방향으로 기울어지도록 해야 합니다.
따라서 2단계로 나누어 1줄씩 작업하
는 것이 좋습니다.

## 체인 스티치 chain stitch

이 스티치는 원하는 방향으로 자수의 라
인을 놓을 때 사용할 수 있습니다. 실의
굵기와 스티치 간격을 다양하게 변경하
여 각기 다른 효과를 낼 수 있습니다.

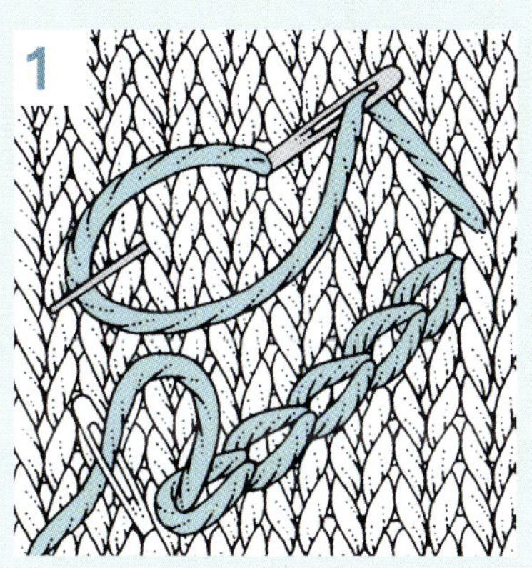

**1** 바늘을 편물의 겉면으로 가져와 실을
작은 고리 모양으로 만듭니다. 그리고
바늘을 다시 편물 안으로 가져간 뒤 고
리 안쪽(위쪽)으로 빼냅니다. 실을 부드
럽게 당겨 고리를 조입니다. 이런 식으
로 스티치 라인을 따라 편물 표면에 고
리를 계속 만들어 갑니다. 마지막 고리
는 바늘을 고리 바로 바깥쪽(아래)의 편
물 안으로 넣어 고정합니다.

**2** 각각의 체인 스티치를 원형으로 연결
하면 꽃잎을 표현할 수 있으며, 이러
한 형태의 스티치를 '레이지 데이지lazy
dazy'라고 합니다. 또한, 체인 스티치를
편물 표면 위에 흩뿌리듯이 배치할 수
도 있습니다.

### 프렌치 노트 french knots

이 간단한 자수 스티치는 편물 표면에 볼록한 매듭을 만듭니다. 매듭이 표면에서 돋보이도록, 뜨개에 사용되는 실과 같거나 조금 더 두꺼운 실을 선택하는 것이 좋습니다.

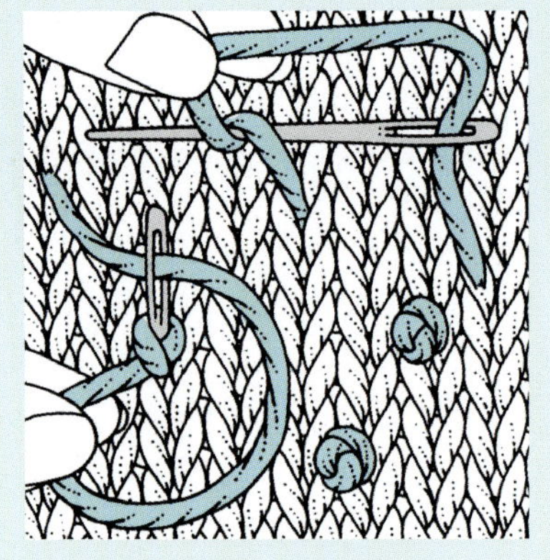

매듭을 만들 지점에서 바늘을 앞면으로 끌어 올립니다. 실을 팽팽하게 잡고 바늘이 나온 지점 근처에서 실을 바늘에 한 번 감은 다음, 바늘을 시작점 바로 옆으로 넣습니다.

프렌치 노트를 만들 때의 요령은 실이 풀리지 않도록 바늘을 빠르게 통과시키는 것입니다. 더 큰 매듭을 만들고 싶다면 실을 바늘 주위로 2번 감습니다.

### 버튼홀 스티치 buttonhole stitch

블랭킷 스티치라고도 하는 이 스티치는 장식용으로 사용할 수 있을 뿐만 아니라 여러 상황에 매우 유용하게 활용되는 기법입니다. 그림과 같이 스티치 간격을 일정하게 유지하거나 더 촘촘하게 또는 더 넓게 배치할 수 있습니다. 수직으로 내려오는 다리의 길이를 다르게 하면 무작위적인 느낌의 흥미로운 효과를 낼 수 있습니다.

**1** 왼쪽에서 오른쪽으로 작업합니다. 바늘을 원하는 스티치 폭만큼 오른쪽으로 가져간 다음, 이 지점 위쪽에 원하는 길이로 바늘을 넣습니다. 실을 오른쪽으로 감고, 아래쪽 스티치 라인 위로 바늘을 빼내어 올립니다(그림의 위쪽). 이렇게 하면 스티치가 완성됩니다. 이 방법으로 오른쪽으로 계속 작업합니다. 마지막 스티치는 바늘을 스티치 바로 바깥쪽 편물 안에 넣어서 고정합니다 (그림의 아래쪽).

**2** 버튼홀 스티치를 원형으로 작업하면 꽃이나 바퀴 모양을 만들 수도 있습니다.

## 카우칭 couching

이 스티치는 편물에 직접 꿰매기 어렵거나 꿰맬 수 없는 실로 뜨개 편물을 장식할 때 사용할 수 있습니다. 바느질에는 가는 재봉실을 사용하세요.

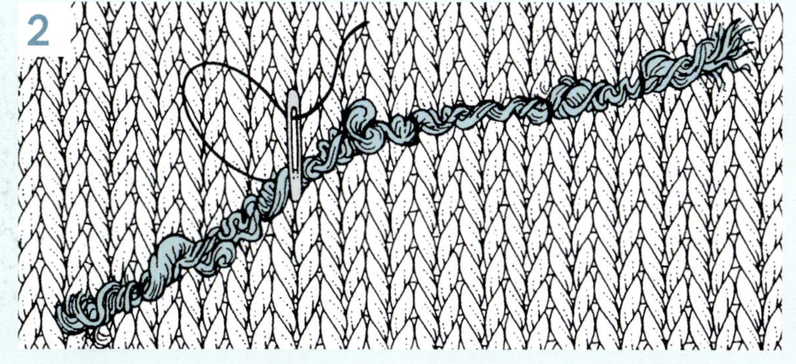

**1** 메인 실을 편물 위에 깔고 실 끝은 짧게 남겨 둡니다. 카우칭 실이 고정될 지점보다 조금 오른쪽에 바느질용 실을 가져옵니다. 카우칭 실 위로 가져와서 다시 편물 안으로 넣습니다.

**2** 약 1cm의 간격을 두고 스티치 라인을 따라 한 번 더 스티치를 만듭니다. 이를 반복합니다. 마지막 스티치가 끝나면 작업 중인 실을 안면에 고정합니다.

**3** 큰 돗바늘을 사용하여 카우칭 실의 양 끝을 안면으로 빼낸 다음, 가는 실로 실 끝을 꿰매어 고정합니다.

## 스모킹 smocking

스모킹 뜨개(109쪽 참고) 대신, 완성된 편물에 스모킹을 자수로 놓을 수 있습니다. 스모킹에는 뜨개실 또는 자수실을 사용할 수 있습니다. 편물은 겉뜨기1, 안뜨기3의 고무뜨기로 작업합니다.

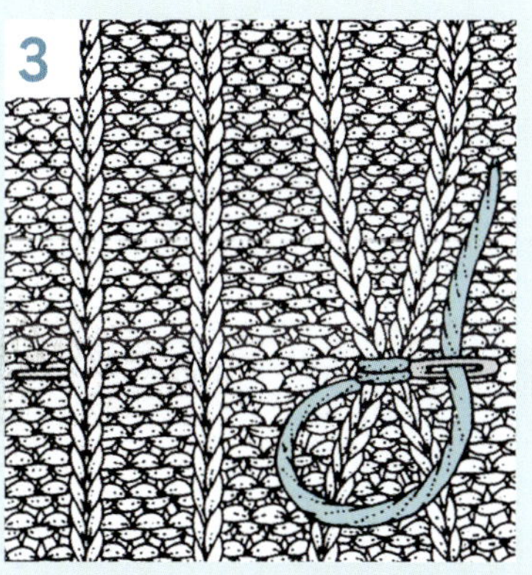 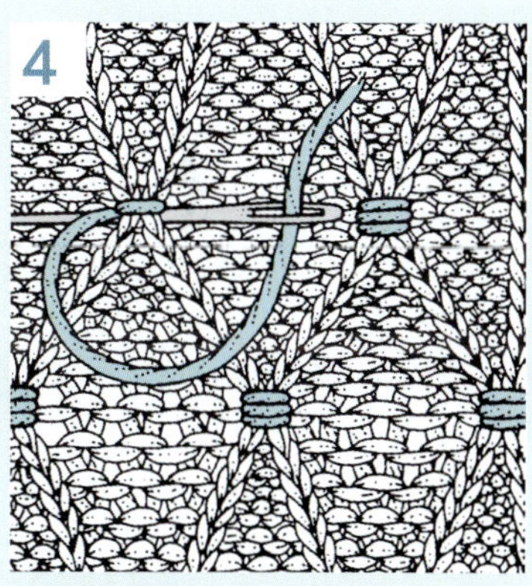

**1** 스모킹용 실을 2번째 고무뜨기의 왼쪽으로, 오른쪽 아래 모서리에 고정합니다.

**2** 실을 1번째 고무뜨기 위로 넘긴 다음, 시작 지점으로 다시 가져와 두 고무뜨기를 함께 당깁니다.

**3** 고무뜨기 위에 박음질을 2번 더 한 다음, 실을 편물 아래로 넣어 4번째 고무뜨기의 왼쪽으로 가져옵니다.

**4** 3번째와 4번째 고무뜨기도 같은 방법으로 연결합니다. 끝까지 작업합니다. 다음 단은 1번째 단 위에서 다른 고무뜨기를 연결합니다.

# 테두리(에징)
*edging*

**리프 에징(나뭇잎 테두리)**

**장식용 스캘럽 에징**

장식

테두리는 작품에 알맞은 길이로 만드는 것이 중요합니다. 가로 방향으로 뜨는 테두리의 경우, 부착할 가장자리 길이보다 약 4cm 정도 짧게 뜨는 것이 좋습니다. 실을 끊지 않고 코를 안전핀에 쉼코로 옮겨 둔 뒤, 가능한 만큼 먼저 테두리를 꿰매어 붙입니다. 그다음, 남은 길이에 맞게 필요한 만큼 더 떠서 길이를 조정합니다. 바깥쪽에서 안쪽으로 작업하는 테두리는 먼저 샘플을 만들어 블로킹한 다음, 완성된 가장자리의 길이를 계산해야 합니다.

테두리는 재봉실을 사용하여 공그르기로 꿰매어 마무리할 수 있습니다. 바깥쪽에서 안쪽으로 작업한 테두리는 그래프팅으로 뜨개 가장자리와 연결할 수도 있습니다(226쪽 참고). 이때 테두리의 마지막 단을 코막음하지 말고 그대로 떠서, 맞닿은 가장자리의 콧수와 일치하도록 연결해야 합니다.

**갓마더 에징**

**시쇼어 에징(해안 테두리)**

# 리프 에징 leaf edging

이 에징은 가로 방향으로 뜬다.

8코 만든다.

**1단(겉면):** 겉뜨기5, 바늘비우기, 겉뜨기1,
바늘비우기, 겉뜨기2

**2단:** 안뜨기6, kfb, 겉뜨기3

**3단:** 겉뜨기4, 안뜨기1, 겉뜨기2, 바늘비우기,
겉뜨기1, 바늘비우기, 겉뜨기3

**4단:** 안뜨기8, kfb, 겉뜨기4

**5단:** 겉뜨기4, 안뜨기2, 겉뜨기3, 바늘비우기,
겉뜨기1, 바늘비우기, 겉뜨기4

**6단:** 안뜨기10, kfb, 겉뜨기5

**7단:** 겉뜨기4, 안뜨기3, 겉뜨기4, 바늘비우기,
겉뜨기1, 바늘비우기, 겉뜨기5

**8단:** 안뜨기12, kfb, 겉뜨기6

**9단:** 겉뜨기4, 안뜨기4, skp, 겉뜨기7, k2tog, 겉뜨기1

**10단:** 안뜨기10, kfb, 겉뜨기7

**11단:** 겉뜨기4, 안뜨기5, skp, 겉뜨기5, k2tog, 겉뜨기1

**12단:** 안뜨기8, kfb, 겉뜨기2, 안뜨기1, 겉뜨기5

**13단:** 겉뜨기4, 안뜨기1, 겉뜨기1, 안뜨기4, skp,
겉뜨기3, k2tog, 겉뜨기1

**14단:** 안뜨기6, kfb, 겉뜨기3, 안뜨기1, 겉뜨기5

**15단:** 겉뜨기4, 안뜨기1, 겉뜨기1, 안뜨기5, skp,
겉뜨기1, k2tog, 겉뜨기1

**16단:** 안뜨기4, kfb, 겉뜨기4, 안뜨기1, 겉뜨기5

**17단:** 겉뜨기4, 안뜨기1, 겉뜨기1, 안뜨기6, sk2p, 겉뜨기1

**18단:** p2tog, 겉뜨기하면서 5코 코막음하되 1번째 코를 코막음할 때
p2tog 사용, 안뜨기3, 겉뜨기4

8코가 남는다.



장식

# 장식용 스캘럽 에징 decorative scallop edging

이 에징은 가로 방향으로 뜬다.

13코 만든다.

**1단**: 겉뜨기7, 바늘비우기, skp, 바늘비우기, 겉뜨기4

**2단**: 겉뜨기2, 안뜨기10, 겉뜨기2

**3단**: 겉뜨기6, (바늘비우기, skp)를 2회 반복, 바늘비우기, 겉뜨기4

**4단**: 겉뜨기2, 안뜨기11, 겉뜨기2

**5단**: 겉뜨기5, (바늘비우기, skp)를 3회 반복, 바늘비우기, 겉뜨기4

**6단**: 겉뜨기2, 안뜨기12, 겉뜨기2

**7단**: 겉뜨기4, (바늘비우기, skp)를 4회 반복, 바늘비우기, 겉뜨기4

**8단**: 겉뜨기2, 안뜨기13, 겉뜨기2

**9단**: 겉뜨기3, (바늘비우기, skp)를 5회 반복, 바늘비우기, 겉뜨기4

**10단**: 겉뜨기2, 안뜨기14, 겉뜨기2

**11단**: 겉뜨기4, (바늘비우기, skp)를 5회 반복, k2tog, 겉뜨기2

**12단**: 겉뜨기2, 안뜨기13, 겉뜨기2

**13단**: 겉뜨기5, (바늘비우기, skp)를 4회 반복, k2tog, 겉뜨기2

**14단**: 겉뜨기2, 안뜨기12, 겉뜨기2

**15단**: 겉뜨기6, (바늘비우기, skp)를 3회 반복, k2tog, 겉뜨기2

**16단**: 겉뜨기2, 안뜨기11, 겉뜨기2

**17단**: 겉뜨기7, (바늘비우기, skp)를 2회 반복, k2tog, 겉뜨기2

**18단**: 겉뜨기2, 안뜨기10, 겉뜨기2

**19단**: 겉뜨기8, 바늘비우기, skp, k2tog, 겉뜨기2

**20단**: 겉뜨기2, 안뜨기9, 겉뜨기2

13코가 남는다.

# 갓마더 에징 godmother's edging

이 에징은 가로 방향으로 뜬다.
20코 만든다.
**1단(안면)**: 겉뜨기
**2단**: 1코 걸러뜨기, 겉뜨기3,
(바늘비우기, k2tog)를 7회 반복,
바늘비우기, 겉뜨기2
**3, 5, 7, 9단**: 겉뜨기
**4단**: 1코 걸러뜨기, 겉뜨기6,
(바늘비우기, k2tog)를 6회 반복,
바늘비우기, 겉뜨기2
**6단**: 1코 걸러뜨기, 겉뜨기9,
(바늘비우기, k2tog)를 5회 반복,
바늘비우기, 겉뜨기2
**8단**: 1코 걸러뜨기, 겉뜨기12,
(바늘비우기, k2tog)를 4회 반복,
바늘비우기, 겉뜨기2
**10단**: 1코 걸러뜨기, 겉뜨기23
**11단**: 4코 코막음, 겉뜨기19
20코가 남는다.
2-11단을 반복한다.

# 시쇼어 에징 seashore edging

이 에징은 가로 방향으로 뜬다.
13코 만든다.

**1단(겉면)**: 1코 걸러뜨기, 겉뜨기3,
바늘비우기, 겉뜨기5, 바늘비우기,
k2tog, 바늘비우기, 겉뜨기2

**2단**: 겉뜨기2, 안뜨기11, 겉뜨기2

**3단**: 1코 걸러뜨기, 겉뜨기4, sk2p, 겉뜨기2,
(바늘비우기, k2tog)를 2회 반복, 겉뜨기1

**4단**: 겉뜨기2, 안뜨기9, 겉뜨기2

**5단**: 1코 걸러뜨기, 겉뜨기3, skp, 겉뜨기2,
(바늘비우기, k2tog)를 2회 반복, 겉뜨기1

**6단**: 겉뜨기2, 안뜨기8, 겉뜨기2

**7단**: 1코 걸러뜨기, 겉뜨기2, skp, 겉뜨기2,
(바늘비우기, k2tog)를 2회 반복, 겉뜨기1

**8단**: 겉뜨기2, 안뜨기7, 겉뜨기2

**9단**: 1코 걸러뜨기, 겉뜨기1, skp, 겉느기2,
(바늘비우기, k2tog)를 2회 반복, 겉뜨기1

**10단**: 겉뜨기2, 안뜨기6, 겉뜨기2

**11단**: 1코 걸러뜨기, skp, 겉뜨기2,
바늘비우기, 겉뜨기1, 바늘비우기, k2tog,
바늘비우기, 겉뜨기2

**12단**: 겉뜨기2, 안뜨기7, 겉뜨기2

**13단**: 1코 걸러뜨기, (겉뜨기3, 바늘비우기)
를 2회 반복, k2tog, 바늘비우기, 겉뜨기2

**14단**: 겉뜨기2, 안뜨기9, 겉뜨기2

13코가 남는다.

# 특수 기법
## special techniques

이 파트에서는 지퍼 달기나 밑단 작업과 같이 가끔만 필요하지만 알아 두면 유용한 기법은 물론, 작품의 완성도를 한층 높여 주는 전문적인 기법도 다룹니다. 어깨솔기를 비스듬하게 마감할 때 사용하는 바이어스 코막음, 인비저블 코잡기 가장자리, 편물 가장자리를 꿰매지 않고 연결하는 그래프팅, 여러 종류의 밑단과 주머니 등 세세한 기법들이 포함됩니다.

뜨개 경험과 자신감이 쌓이면 도안에 명시된 기법을 개선할 수도 있습니다. 예를 들어, 패치 주머니를 따로 떠서 꿰매는 대신 코를 주워 뜨는 방식을 택할 수도 있습니다. 이러한 특수 기법을 연습하고 샘플을 만들어 보관해 두면, 나중에 작품을 만들 때 유용한 참고 자료가 될 것입니다.

# 고급 코잡기



여기에서 소개하는 2가지 코잡기 방법은 배워 두면 매우 유용한 기법입니다. 이 방법들은 별도의 실을 사용했다가 나중에 제거하기 때문에, 흔히 '인비저블 코잡기invisible cast-on'라고도 불립니다.

방법 1은 1코고무뜨기 편물에 사용되며, 별실을 제거하면 가장자리가 마치 고무뜨기만으로 구성된 것처럼 보이지만, 실제로는 처음 4단이 걸러뜨기 기법으로 만들어집니다. 이렇게 만든 가장자리는 매끄럽고 유연하며 깔끔하게 마무리되어 약간의 추가 작업이 들더라도 그만한 가치가 있습니다.

방법 2로 만든 가장자리는 느슨한 코들이 남는 형태로, 이 코를 주워서 뜨개를 하거나(레이스 테두리의 경우) 다른 가장자리와 그래프팅하여 보이지 않는 이음새를 만들 수 있습니다.

1코고무뜨기 편물에 인비저블 코잡기로 만든 가장자리는 유연하고 보기에 좋으며, 내구성도 뛰어납니다.

## 인비저블 코잡기 - 방법 1

이 방법은 홀수 코로 작업하는 1코고무뜨기에 사용됩니다. 초기 코잡기에는 별실(나중에 제거)을 사용합니다.

**1** 엄지 코잡기 또는 일반 코잡기 방법(20-21쪽 참고, 둘 다 케이블 방법보다 제거하기 쉽습니다)을 사용하여 필요한 콧수의 절반을 바늘에 잡습니다. 이때 결과는 반올림합니다. 예를 들어, 53코가 필요하다면 27코(26 1/2코에서 반올림)를 만들어야 합니다.

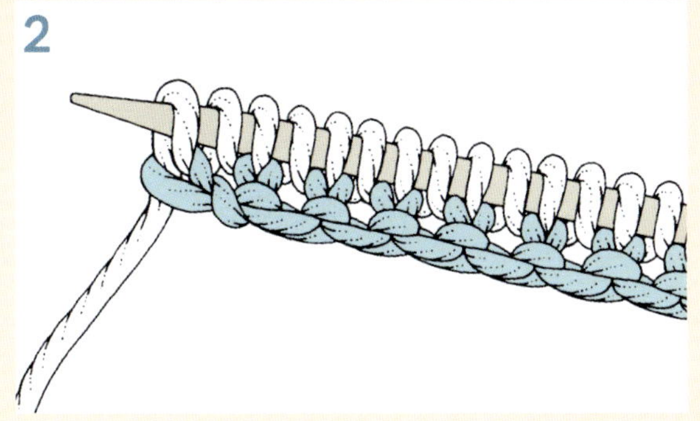


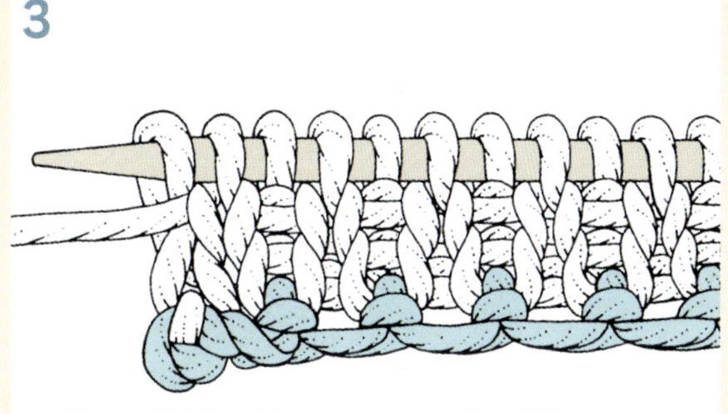


**2** 메인 실을 연결하고 별실은 잘라 냅니다. 처음 5단은 다음과 같이 작업합니다:
**1단(코늘림 단)**: 겉뜨기1, *바늘비우기, 겉뜨기1*, *~*를 끝까지 반복. 정확한 개수의 코가 바늘에 있어야 한다.

**3** **2단**: 실을 편물 앞에 두고 안뜨기하듯이 1코 걸러뜨기, *겉뜨기1, 실을 편물 앞에 두고 안뜨기하듯이 1코 걸러뜨기*, *~*를 끝까지 반복
**3단**: 겉뜨기1, *실을 편물 앞에 두고 안뜨기하듯이 1코 걸러뜨기, 겉뜨기1*, *~*를 끝까지 반복
**4단**: 2단과 동일
**5단**: 3단과 동일

**4** 필요한 길이까지 겉뜨기1, 안뜨기1의 1코고무뜨기로 작업합니다. 별도의 실을 풀어냅니다.

## 인비저블 코잡기 - 방법 2

인비저블 코잡기 방법은 고무뜨기뿐만 아니라 어떤 무늬에도 사용할 수 있습니다. 이 방법에서는 다른 색상의 별실을 사용하며, 나중에 제거합니다.

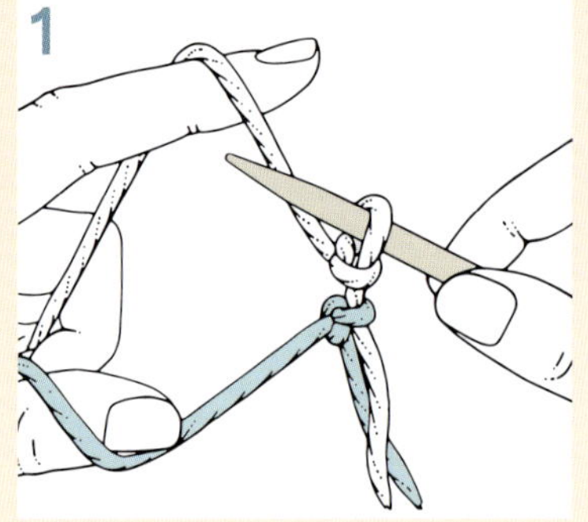

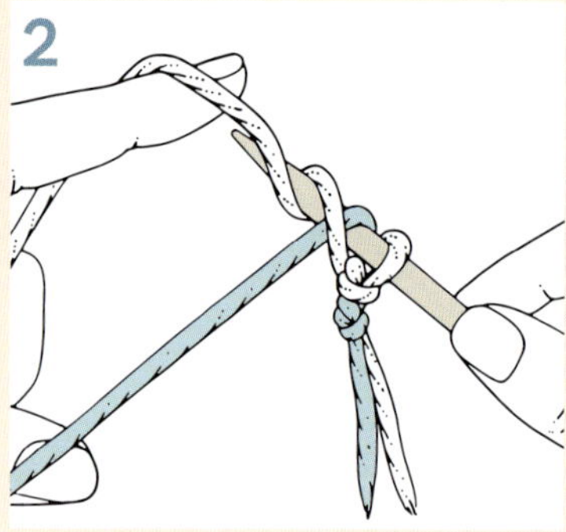

**1** 메인 실(A)에 시작매듭을 만들어 바늘에 걸어 둡니다. 별실(B)을 메인 실에 묶고 그림과 같이 왼손으로 두 실을 잡습니다. 실 A를 바늘 위로 앞에서 뒤로 넘깁니다.

**2** 실 B를 바늘 위로 뒤에서 앞으로 넘깁니다. 이제 두 실이 바늘 위에서 교차됩니다.

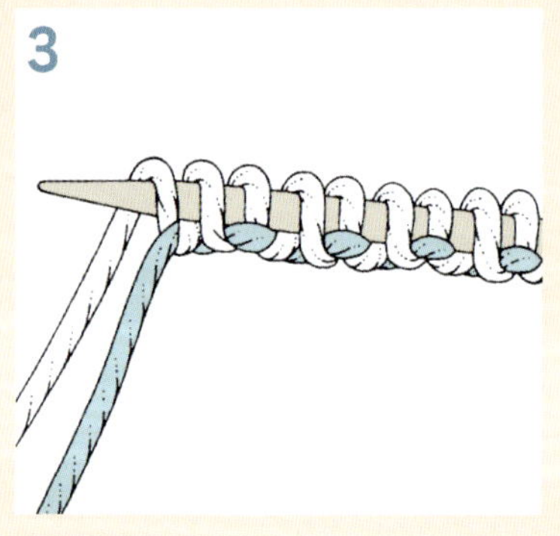

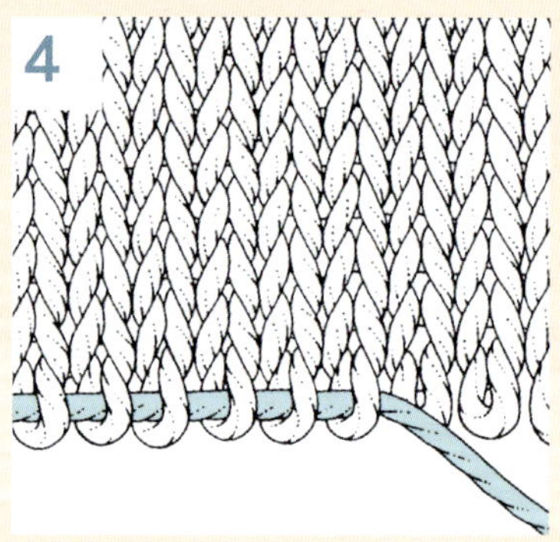

**3** 실 A를 다시 앞에서 뒤로 넘긴 뒤, 두 실을 바늘에서 먼 쪽으로 당겨 바늘 아래쪽으로 내립니다. '앞에서 뒤, 뒤에서 앞, 앞에서 뒤, 아래'라고 외우면 됩니다. 별실은 코를 잡은 아래쪽 가장자리를 따라 일직선으로 놓여야 합니다.

**4** 필요한 콧수만큼 만들었으면 별실을 마지막에 있는 메인 실에 묶고 잘라 냅니다. 뜨개가 완료될 때까지 이 실을 그대로 두었다가, 도안의 지시에 따라 실을 제거하고 코를 주워, 이후 뜨개질을 하거나 그래프팅을 합니다.

## 여러 코를 한 번에 늘리기

어떤 무늬에서는 모양을 만들기 위해 가장자리에서 여러 코를 잡아야 하는 경우가 있습니다. 예를 들어 T자형 옷에 소매를 더할 때가 그렇습니다. 이때 편리한 코잡기 방법은 어떤 것이든 사용할 수 있지만, 일반 코잡기처럼 두 가닥을 사용하는 방법의 경우에는 편물에 보조 실을 묶어야 합니다.

옷의 왼쪽 가장자리(즉, 작품을 마주 보았을 때 왼쪽 가장자리)에서 코늘림하는 경우, 겉면 단을 끝낸 직후에 추가 코를 만들어 1번째로 작업하는 단이 안면 단이 되도록 합니다. 반대로 오른쪽 가장자리에서 코늘림을 하는 경우, 안면 단을 완성한 후에 코를 잡습니다.

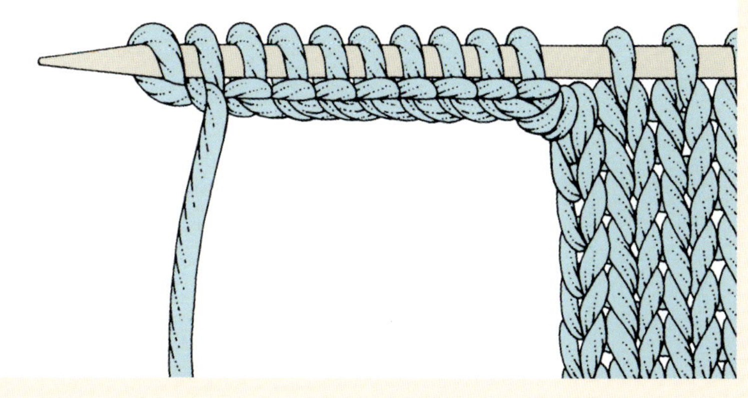

# 고급 코막음

여기에서는 여러분의 뜨개 기법 레퍼토리에 추가할 수 있는 4가지 코막음 방법을 소개합니다.

서스펜디드 코막음은 기본 코막음 방법(28쪽 참고)보다 마감이 유연합니다. 고무뜨기에도 사용할 수 있지만, 가장자리가 일반적인 고무뜨기 코막음에 비해 다소 눈에 띄는 편입니다. 탄성이 중요한 곳이라면 어디든 사용할 수 있습니다.

바이어스 코막음(되돌아뜨기 short rows)은 전형적인 코막음 방식은 아니지만, 단마다 단계적으로 번갈아 가며 코막음하여 계단 모양의 가장자리를 만드는 특별한 방법입니다.

더블 코막음은 어깨솔기나 콧수가 같은 다른 직선 가장자리를 연결할 때 사용할 수 있습니다. 바이어스 코막음의 마무리에 사용하면 완벽한 마감 처리가 됩니다.

인비저블 코막음은 가장 까다로운 방법이지만, 눈에 띄지 않는 마감이 필요한 1코고무뜨기 편물에 이상적입니다.

## 서스펜디드 코막음 suspended cast/bind-off

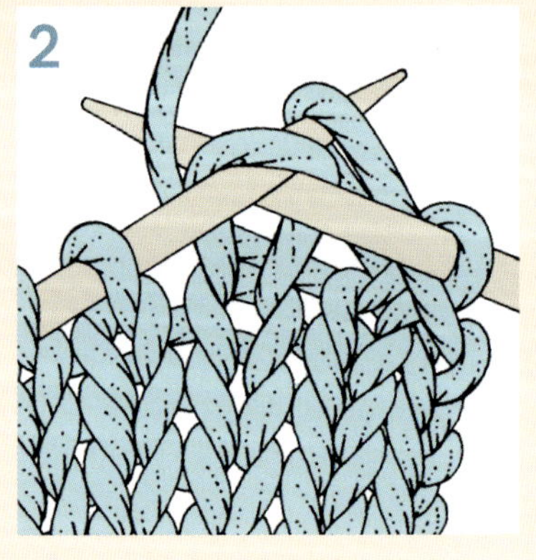

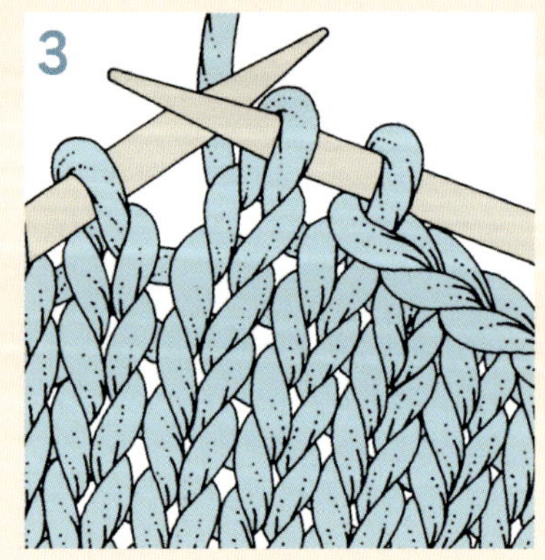

**1** 처음 2코를 뜨세요. *평소와 같이 1번째 코를 2번째 코 위로 들어올리되, 들어올린 코는 왼바늘에 그대로 둡니다.

**2** 처음 2코를 그대로 둔 채로, 3번째 코를 뜹니다.

**3** 2번째와 3번째 코를 왼바늘에서 빼냅니다. 이제 오른바늘에 2개의 고리가 생겼습니다. 2코가 남을 때까지 *부터 반복하고, 남은 2코는 함께 뜹니다.

## 바이어스 코막음 bias cast/bind-off

어깨 모양을 만들 때 도안에서는 보통 단계별로 코를 막도록 지시하며, 각 단마다 코막음할 콧수를 구체적으로 알려 줍니다. 이 과정은 일반적으로 약 5단에 걸쳐 이루어집니다. 하지만 아래의 설명을 따르면 이를 보다 쉽게 바이어스 코막음으로 만들 수 있습니다. 여기에서는 왼쪽 가장자리에서의 코막음 과정을 보여 줍니다.

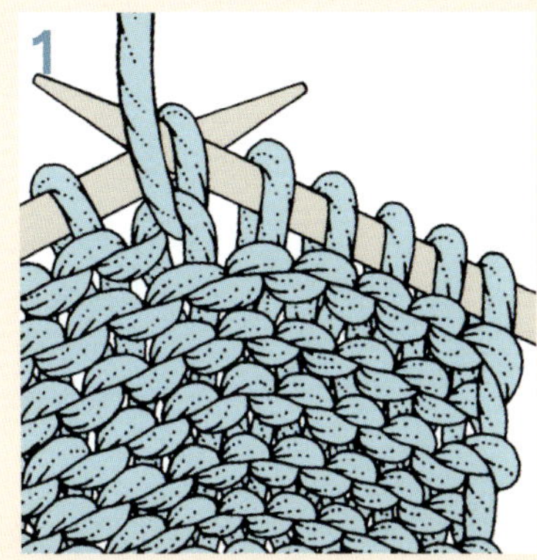

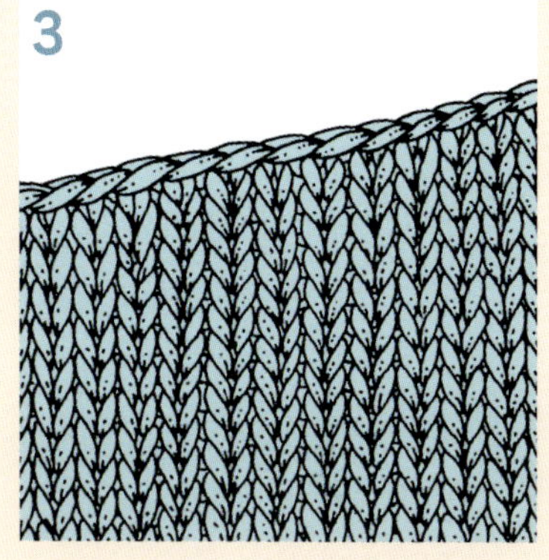

**1** 어깨 모양을 만들기 전 단까지 작업하는데, 목둘레에서 안면 단으로 끝냅니다. 코막음할 코 직전까지 뜨고 편물을 뒤집은 후, 이 코들은 작업하지 않은 채로 남겨 둡니다. 1번째 코를 안뜨기하듯이 걸러뜨기합니다.

**2** 끝(목 가장자리)까지 작업하고 편물을 뒤집은 뒤, 코막음할 다음 코 그룹 전까지 작업합니다. 이 코들은 작업하지 않은 채로 편물을 뒤집습니다. 1번째 코를 안뜨기하듯이 걸러뜨기합니다. 끝까지 작업합니다. 마지막 코 그룹만 남을 때까지 이 방법을 반복합니다. 편물의 겉면이 보이는 상태에서 모든 코를 코막음합니다.

**3** 완성된 코막음 가장자리가 매끄럽게 경사집니다. 오른쪽 가장자리를 코막음하려면 위와 같은 방법으로 작업하되, '겉면'과 '안면'을 반대로 적용하세요.

## 더블 코막음
double cast/bind-off

코막음과 솔기 잇기를 결합한 방식으로, 연결할 가장자리의 콧수가 정확히 같아야 합니다. 코막음하기 전, 2개의 뜨개 편물을 마지막 단까지 뜨고 각각의 코를 여분의 바늘에 쉼코로 둡니다. 코막음 작업을 시작하기 전에 두 편물을 겉면끼리 마주 보는 상태로 놓고, 바늘 끝이 모두 오른쪽을 향하도록 배열합니다.

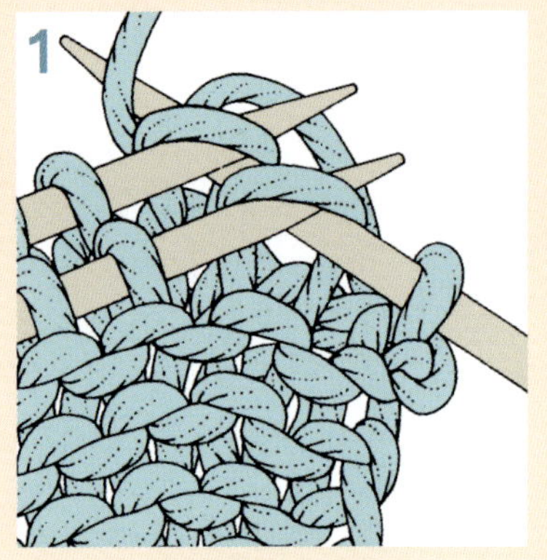

**1** 두 편물의 겉면이 서로 마주 보는 상태에서 함께 잡은 후, 3번째 바늘을 두 편물의 1번째 코에 겉뜨기하듯이 넣고 두 코를 함께 겉뜨기합니다. 다음 2번째 코도 같은 방법으로 함께 뜨세요.

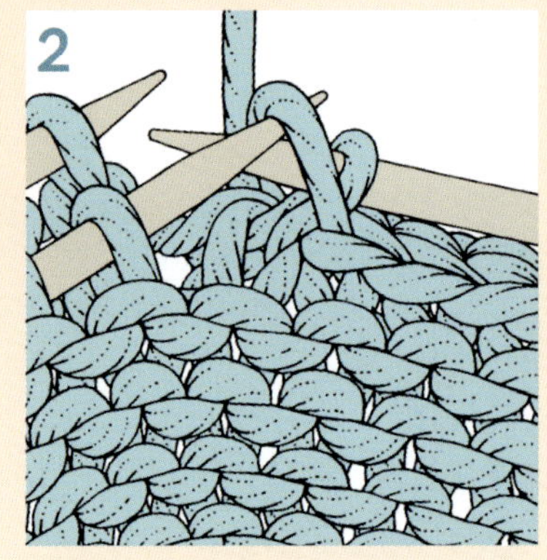

**2** 왼손의 두 바늘 중 하나(어느 쪽이든 상관없습니다)를 사용하여 기본 코막음과 마찬가지로 오른바늘의 1번째 코를 2번째 코 위로 덮어씌웁니다. 모든 코가 코막음될 때까지 1단계와 2단계를 반복합니다.

인비저블 코막음은 폴로넥처럼 부드럽고 유연한 고무뜨기가 특히 중요한 곳에 이상적인 가장자리를 만들어 줍니다.

특수 기법

## 인비저블 코막음

invisible cast/bind-off

1코고무뜨기 편물을 코막음하는 이 독창적인 방법은 처음에는 다소 복잡해 보일 수 있지만, 차근차근 따라 하면 만족스러운 결과를 얻을 수 있습니다. 고무뜨기 칼라나 넥밴드를 마감할 때 전문가 수준의 깔끔한 마무리를 할 수 있습니다.

연습을 위해 홀수 개의 코(최소 25개)를 잡고 1코고무뜨기를 약 4cm 정도 뜬 뒤 안뜨기 단으로 마무리합니다. 편물 폭의 3배 정도 길이의 실을 잘라 내고 실 끝을 돗바늘에 끼워 넣습니다. 그림에서는 이해를 돕기 위해 다른 색상으로 표시했습니다. 겉뜨기 코에는 홀수 번호를, 안뜨기 코에는 짝수 번호를 붙였습니다.

각 코는 2번 작업하는데, 1번째는 코의 구조와 반대되는 방향으로, 2번째는 같은 방향으로 바늘을 넣어 작업합니다. 그 후 바늘에서 코를 빼냅니다.

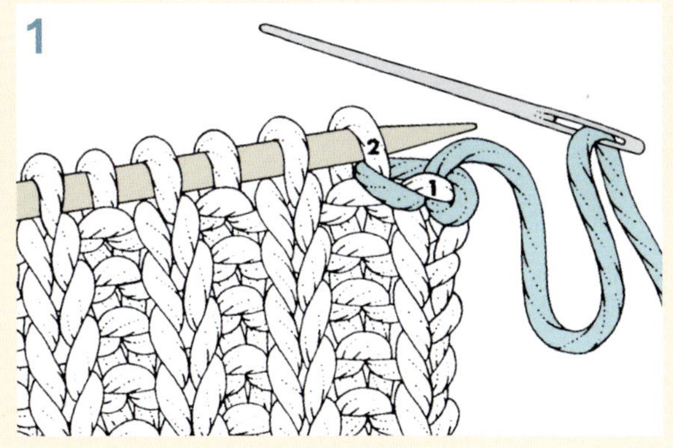

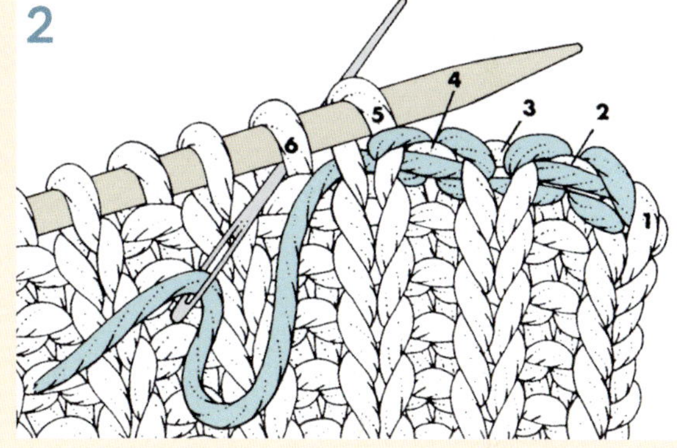

**1** 먼저 돗바늘을 안뜨기하듯이 1번 코에 넣은 다음 겉뜨기하듯이 2번 코에 넣습니다. 이 코는 바늘에 그대로 둡니다. 1번 코에 겉뜨기하듯이 넣고 1번 코를 바늘에서 빼냅니다.

**2** 3번 코에 안뜨기하듯이 넣습니다. 2번 코에 안뜨기하듯이 넣고 2번 코를 바늘에서 빼냅니다. 돗바늘을 3번 코 뒤로 가져가 3번과 4번 코 사이의 앞쪽으로 가져옵니다. 4번 코에 겉뜨기하듯이 넣습니다. 이 단계를 반복하여 3, 5, 4, 6번 코를 작업합니다. 이 방법으로 단 끝까지 진행합니다.

# 그래프팅
## *grafting*

그래프팅(메리야스 잇기)은 두 편물 가장자리를 한 코 한 코 이어 이음새가 보이지 않도록 하는 방법입니다. 바늘땀은 뜨개 코의 구조를 그대로 따라갑니다. 이 기법은 주로 어깨에서 의류의 앞판과 뒷판을 연결할 때 사용됩니다. 가장자리는 반드시 직선일 필요는 없으며, 223쪽처럼 모양을 낼 수도 있습니다.

그래프팅 작업을 하려면 그림과 같이 편물을 평평한 곳에 가장자리를 맞대어 놓거나, 안면이 마주 보게 잡은 뒤 바늘을 가까이 붙인 상태로 손에 쥐고 작업합니다. 그래프팅은 인비저블 코잡기 방법 2(220쪽 참고)로 만든 가장자리를 연결할 때도 사용할 수 있습니다.

### 가터뜨기 그래프팅

그래프팅은 메리야스뜨기에 가장 자주 사용되지만, 가터뜨기와 같은 다른 무늬에도 사용할 수 있습니다.

한 편물은 겉면 단에서, 다른 편물은 안면 단에서 끝내어 아래쪽 편물은 바늘에 가깝게, 다른 편물은 1단 떨어진 곳에 가터뜨기 리지가 생기도록 합니다.

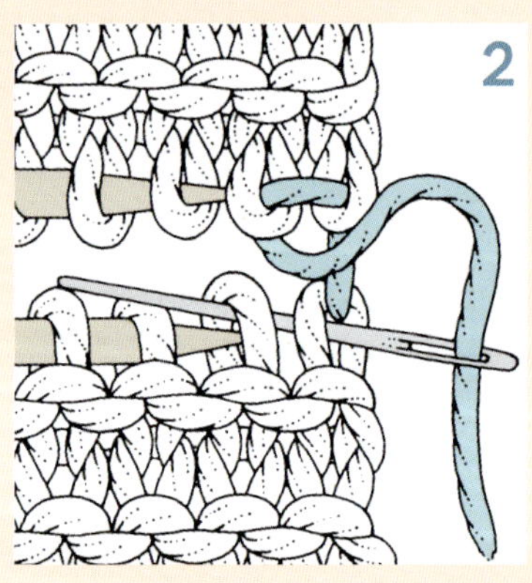 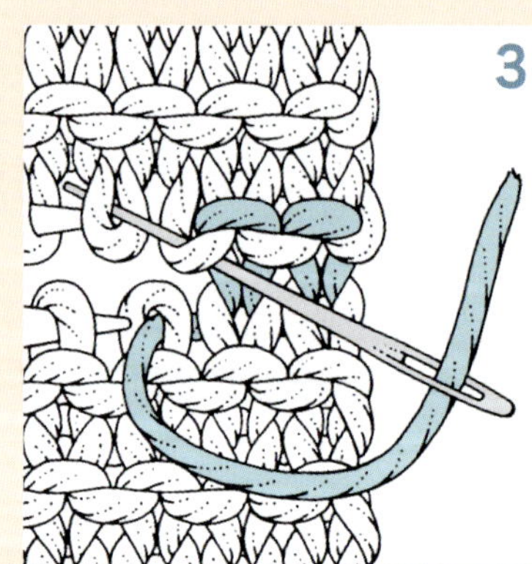

**1** 바늘을 아래쪽 편물 가장자리의 1번째 코에 안뜨기하듯이 넣고, 위쪽 편물의 1번째 코에 안뜨기하듯이 넣은 뒤 다음 코에 겉뜨기하듯이 바늘을 넣습니다.

**2** *바늘을 아래쪽 1번째 코에 겉뜨기하듯이 다시 넣은 다음, 아래쪽 2번째 코에 안뜨기하듯이 넣습니다.

**3** 바늘을 위쪽 2번째 코에 안뜨기하듯이 넣은 후, 그 다음 코에 겉뜨기하듯이 넣습니다. *부터 끝까지 반복합니다.

## 메리야스뜨기 그래프팅

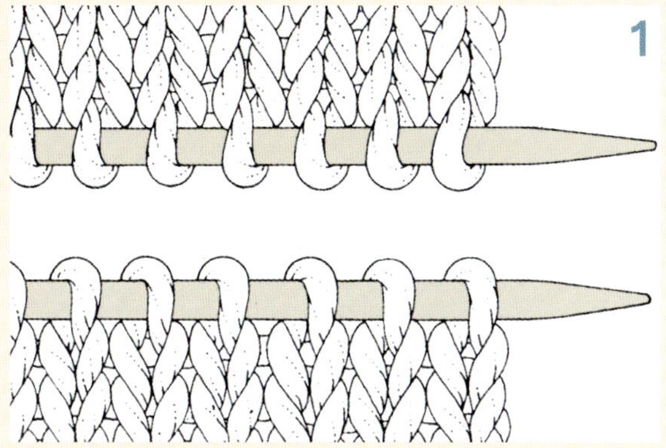

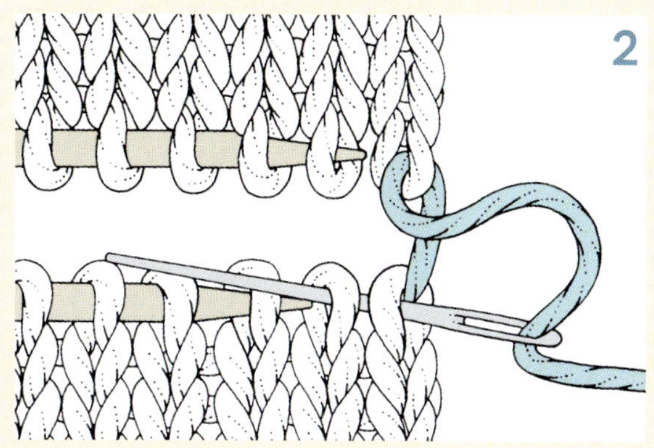

**1** 한쪽 편물은 겉뜨기 단으로, 다른 쪽 편물은 안뜨기 단으로 마무리합니다. 그림과 같이 편물을 배치했을 때 바늘의 끝이 모두 오른쪽을 가리키도록 합니다.

**2** 편물 폭의 3배 길이의 실을 돗바늘에 꿰니다. 바늘을 아래쪽 가장자리의 1번째 코에 안뜨기하듯이 넣은 다음, 위쪽 가장자리의 반대쪽 코에 안뜨기하듯이 넣습니다. 다시 아래쪽 1번째 코에 겉뜨기하듯이 통과하고 같은 가장자리의 2번째 코에 안뜨기하듯이 통과시킵니다.

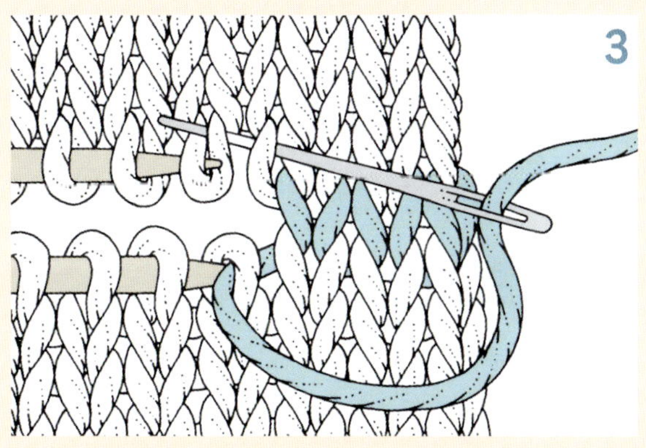

**3** *위쪽 편물의 1번째 코에 바늘을 겉뜨기하듯이 넣고, 그 다음 코에 안뜨기하듯이 넣습니다. 바로 아래쪽 편물의 코에 안뜨기하듯이 넣은 다음, 그 다음 코에 안뜨기하듯이 넣습니다. *부터 끝까지 반복합니다.

# 밑단, 페이싱 및 허리밴드

## hems, facings and waistbands

재킷의 아래쪽과 앞쪽 여밈처럼 평평하고 단단한 가장자리가 필요한 곳에는 반드시 밑단hems 처리가 필요합니다. 수직 방향의 밑단을 일반적으로 페이싱facing*이라고 합니다.

예를 들어 스커트를 뜰 때는 위에서 아래로 내려가면서 작업하여 밑단으로 마무리할 수 있습니다. 밑단 가장자리코는 코막음하거나, 바늘에 남겨 둔 채 스티치 바이 스티치 방법을 사용하여 메인 편물에 연결할 수 있습니다(230쪽 참고).

니트 허리밴드도 밑단과 비슷합니다. 주로 1코고무뜨기로 작업하며, 자연스러운 허리선이 없는 디자인을 보완해 몸에 잘 맞는 착용감을 만들어 주기 때문에 아기 또는 유아용 의류에 사용됩니다. 좀 더 부피감이 적은 니트 허리밴드의 대안으로는 헤링본 스티치로 작업한 허리밴드가 있습니다.

### 리지 접힘선이 있는 봉제 밑단

sewn-in hem with ridge foldline

이 밑단은 메리야스뜨기로 작업한 의류에 가장 적합합니다. 가장자리가 평평한 코잡기 방식을 사용하세요. 스티치 바이 스티치 재봉법(230쪽 참고)으로 밑단을 연결하려는 경우, 인비저블 코잡기 방법 2(220쪽 참고)를 사용합니다. 밑단 부분은 메인 편물에 사용된 바늘보다 한두 호수 작은 바늘을 사용합니다. 이렇게 하면 밑단을 접었을 때 매끄럽게 눕고 울지 않습니다.

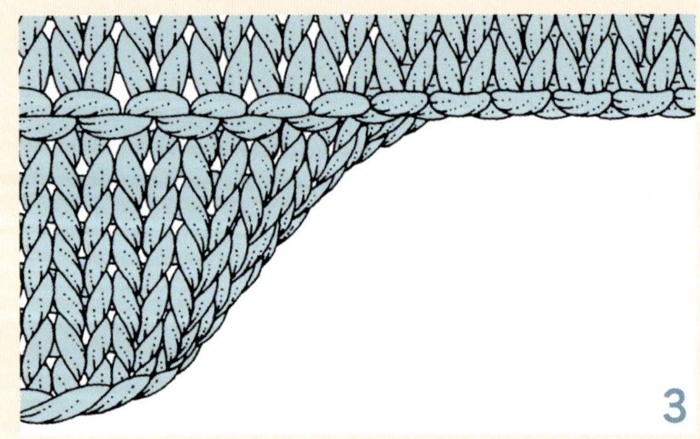



**1** 원하는 길이에 맞춰 밑단을 메리야스뜨기로 작업하되, 안면 단으로 끝냅니다.

**2** 다음(겉면) 단에서는 겉뜨기 대신 안뜨기로 작업하여 편물에 리지를 만듭니다. 이 선이 접힘선이 됩니다.

**3** 권장 바늘 호수로 바꾸고 옷의 본체 부분에서 메리야스뜨기를 계속합니다.

---

*겉면의 마감선을 안쪽으로 감싸서 깔끔하게 보이도록 만드는 안단(안감뜨기). 즉, 겉감의 가장자리 안쪽에 붙는 덧단

## 걸러뜨기 접힘선이 있는 봉제 밑단

sewn-in hem with slipstitch foldline

이 밑단은 질감이 있는 무늬나 두꺼운 실로 작업한 의류에
적합합니다.

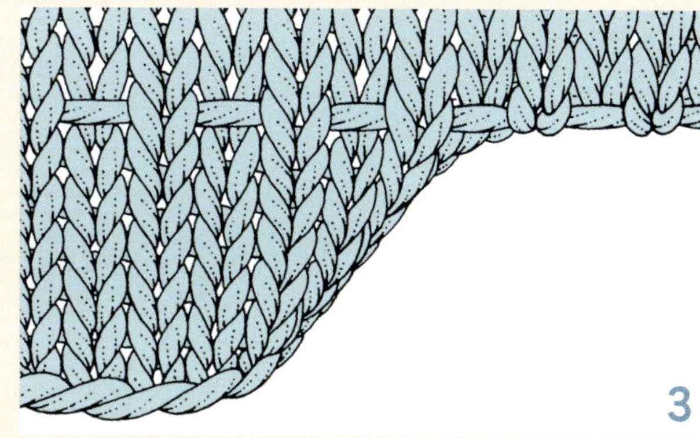

1  리지 접힘선이 있는 밑단과 마찬가지로, 작은 호수의 바늘
   을 사용하여 원하는 밑단 길이까지 메리야스뜨기로 작업
   하되, 안면 단으로 끝냅니다.

2  다음(겉면) 단에서는 다음과 같이 작업합니다: *겉뜨기1,
   실을 편물 앞에 두고 1코 걸러뜨기*, 1코 남을 때까지 *~*
   를 반복, 겉뜨기1

3  권장 바늘 호수로 바꾸고 옷의 본체 부분을 무늬대로 작
   업합니다.

## 피코 접힘선이 있는 봉제 밑단

sewn-in hem with picot foldline

이 밑단은 가는 실로 작업하는 것이 가장 좋습니다.

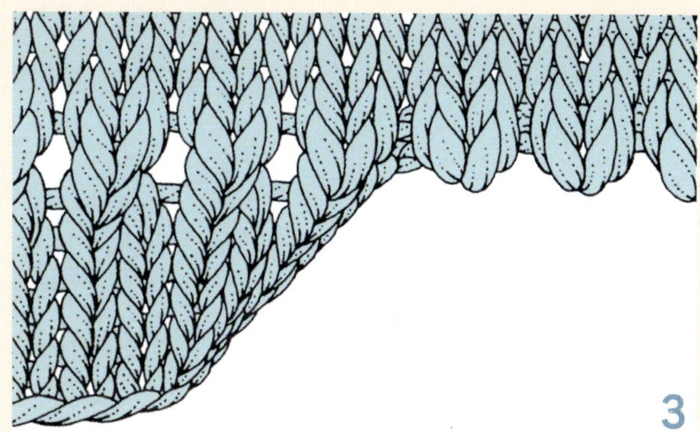

1  홀수 개의 코를 잡고 작은 호수의 바늘을 사용하여 원하
   는 길이까지 메리야스뜨기로 작업하되, 안면 단으로 끝냅
   니다.

2  다음(겉면) 단에서는 다음과 같이 작업합니다: *k2tog,
   바늘비우기*, 1코 남을 때까지 *~*를 반복, 겉뜨기1

3  권장 바늘 호수로 바꾸고 무늬를 계속 진행합니다. 완성
   되면 아일릿 라인을 따라 밑단을 접어 올려 피코 효과를
   연출합니다.

## 감침질

이 스티치는 가벼운 실 또는 중간 굵기의 실로 작업한
옷의 밑단을 재봉하는 데 적합합니다. 그림과 같이 메인
편물의 안뜨기 고리를 하나 통과한 다음, 밑단 가장자리
의 고리를 통과합니다.

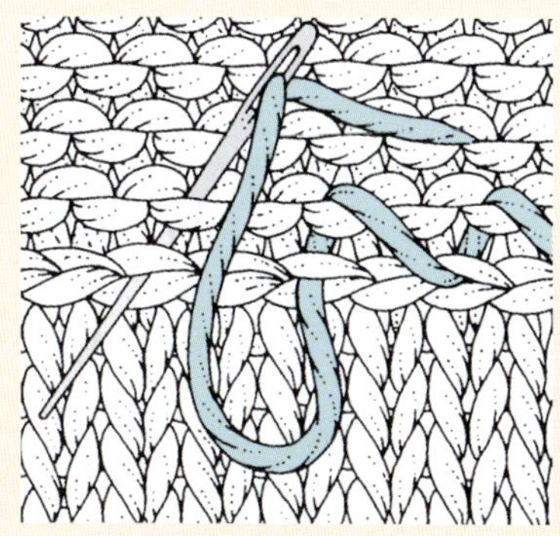



밑단, 페이싱 및 허리밴드

### 블라인드 헴 스티치
### blind hemming stitch

이 방법은 무거운 편물에 적합합니다. 부피를 줄이기 위해 실을 분리해서 한두 개의 가닥만 사용하는 것이 좋습니다. 먼저 밑단을 가장자리에서 약 1cm 아래에 고정합니다. 밑단이 자신에게서 멀어지도록 옷을 그림과 같이 돌립니다. 밑단 가장자리와 메인 편물 사이에 땀을 떠 밑단 가장자리가 직접 고정되지 않도록 합니다.

### 스티치 바이 스티치 방법
### stitch-by-stitch method

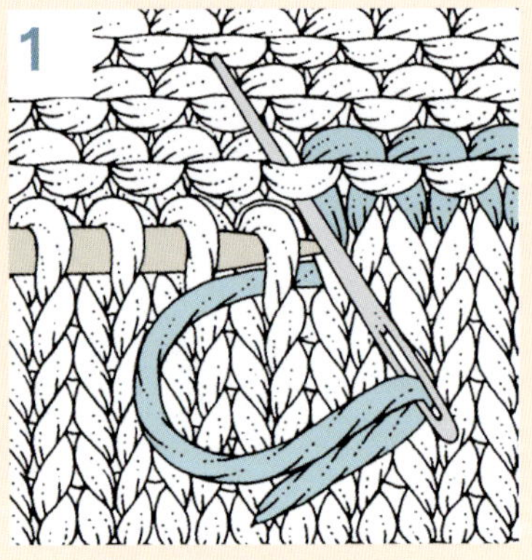
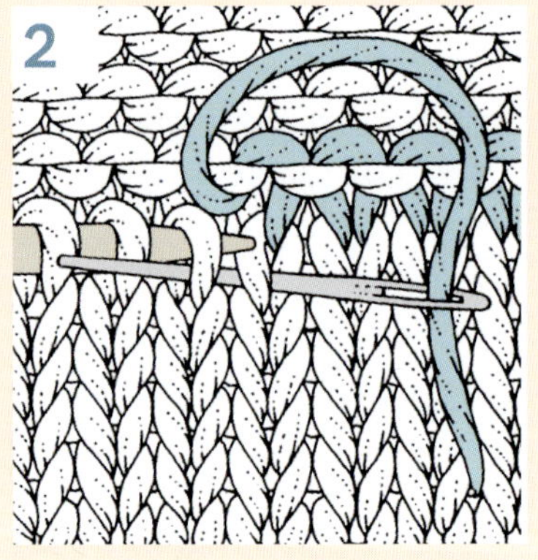

이 방법은 인비저블 코잡기 방법 2를 사용하여 코잡기한 가장자리나 위에서 아래로 작업한 부분의 가장자리에 사용할 수 있습니다. 1번째 경우에는 밑단을 작업하면서 기초실을 조금씩 제거하고, 2번째의 경우에는 바늘을 작품에 남겨 둔 상태에서 한 땀씩 꿰면서 제거합니다.

**1** 오른쪽 가장자리에 재봉실을 고정하고 아래쪽 가장자리의 1번째 코에 바늘을 안뜨기하듯이 넣습니다. 메인 편물의 대응하는 코를 통과한 후, 아래쪽의 1번째 코에 겉뜨기하듯이 바늘을 넣습니다. 아래쪽의 다음 코에 안뜨기하듯이 바늘을 넣은 다음, 위쪽의 다음 코에 안뜨기하듯이 넣습니다.

**2** 이 방법으로 끝까지 계속 작업합니다.



특수 기법

## 떠서 연결하는 밑단

knitted-in hem

이 방법은 밑단을 접어 올리는 독창적인 방법이지만, 완성했을
때 부피가 커 보이지 않도록 주의해서 작업해야 합니다. 옷을
본격적으로 뜨기 전에 작은 샘플을 만들어 보고, 필요하다면 밑
단에 사용할 바늘 호수와 단 수를 조정하세요. 밑단에 사용하는
바늘은 메인 편물에 사용하는 바늘보다 2~3호수 작은 것이 좋
습니다.

1 필요한 콧수만큼 코를 잡고, 봉제 밑단과 동일한 방법으로 밑
  단 여유분을 작업합니다. 리지 또는 걸러뜨기 접힘선(228-229
  쪽 참고)을 만든 뒤, 옷의 메인 편물이 밑단 여유분과 같은 길
  이가 될 때까지 권장 바늘 호수로 계속 작업하여 안면 단으로
  끝냅니다. 코를 바늘에 그대로 둡니다.

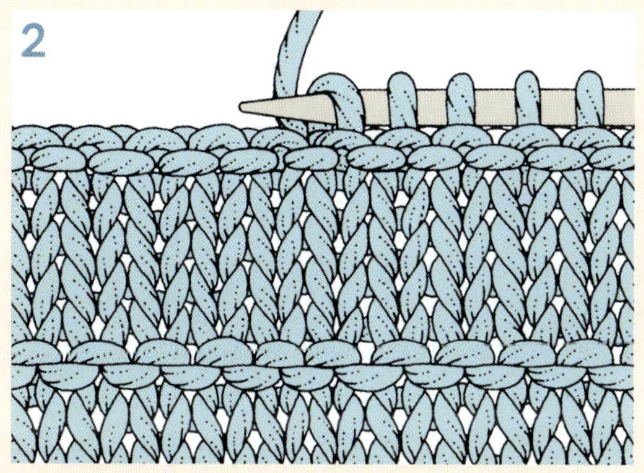

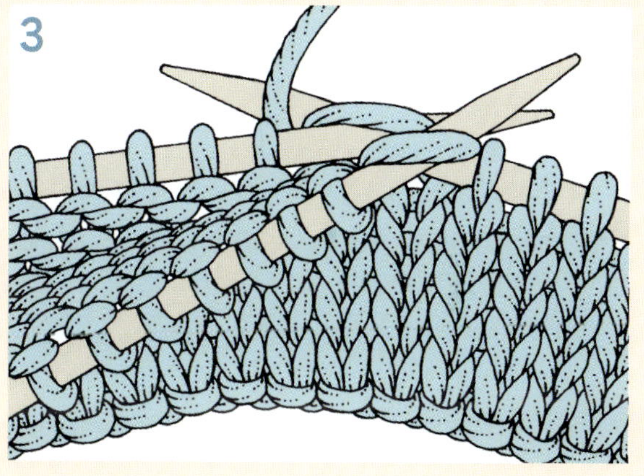

2 여분의 바늘을 사용하여 코잡기한 가장자리를 따라 겉면에서
  코를 줍습니다. 각 코의 안쪽 고리, 즉 옷에 더 가까운 고리에
  작업합니다. 여분의 실을 자릅니다.

3 접힘선을 따라 밑단을 위로 올립니다. 겉면에서 메인 실을 사
  용하여 옷의 1코와 밑단의 1코를 1단에 걸쳐 함께 뜨세요. 이제
  밑단에서 주운 코가 메인 편물에 단단히 고정됩니다.

## 세로 페이싱 vertical facing

재킷의 앞쪽 가장자리에 세로 방향의 페이싱이 필요한 경우도 있습니다. 페이싱 부분은 메인 편물의 무늬와 상관없이 메리야스뜨기로 작업해야 합니다. 그림은 왼쪽 앞판 가장자리로, 오른쪽 앞판의 경우에는 과정이 반대로 진행됩니다.

겉면 단에서는 접힘선까지 무늬대로 뜨고 다음 코를 안뜨기 하듯이 걸러뜨기한 후, 단 끝까지 메리야스뜨기로 작업합니다. 안면 단에서는 걸러뜨기 코를 포함하여 메리야스뜨기로 작업하고 끝까지 무늬대로 작업합니다. 섹션이 완성되면 세로 접힘선을 따라 안쪽으로 접어 제자리에 꿰매세요.

## 모서리 사선 페이싱
mitred hem and facing

재킷의 아래쪽 가장자리를 깔끔하게 마무리하려면, 모서리를 사선으로 처리한 밑단과 페이싱을 사용해 보세요. 먼저 옷의 텐션/게이지를 기준으로 밑단에 필요한 콧수를 계산합니다. 2.5cm당 콧수를 구한 다음, 전체 폭에 필요한 콧수에서 이 수를 뺍니다.

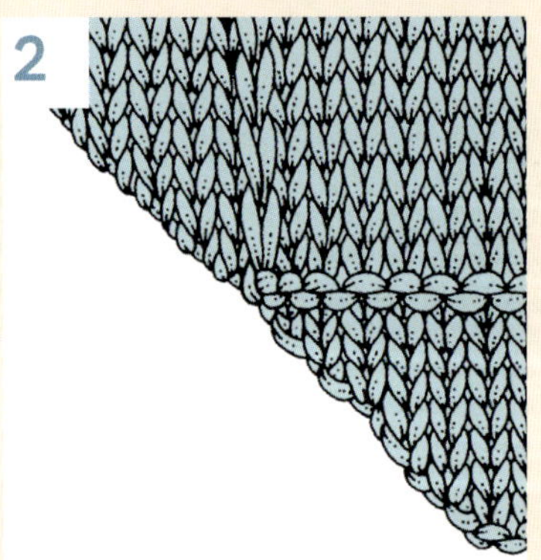

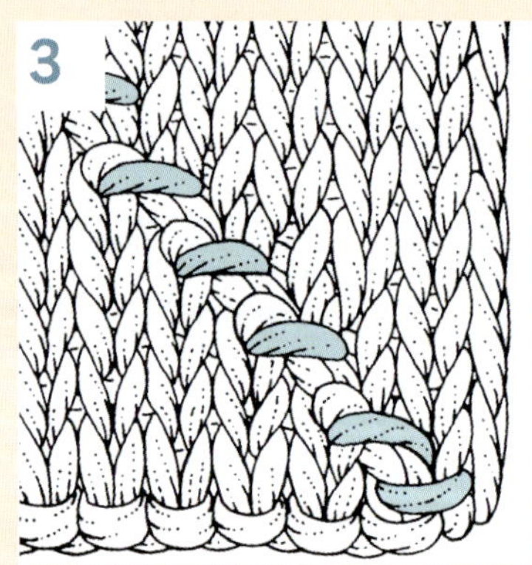

**1** 계산된 줄인 콧수만큼 코를 잡고, 메리야스뜨기로 작업합니다. 총 콧수가 바늘에 생길 때까지 2단마다 앞판 가장자리에서 1코씩 늘립니다.

**2** 리지 접힘선을 작업한 다음, 세로 페이싱과 동일하게 코를 늘려 가며 걸러뜨기 접힘선을 작업합니다. 페이싱이 밑단과 같은 길이가 되면 코늘림 없이 평단으로 작업합니다.

**3** 뜨개가 완료되면 접힘선을 따라 안쪽으로 접고, 모서리의 사선 부분을 깔끔하게 함께 감침질합니다.



특수 기법

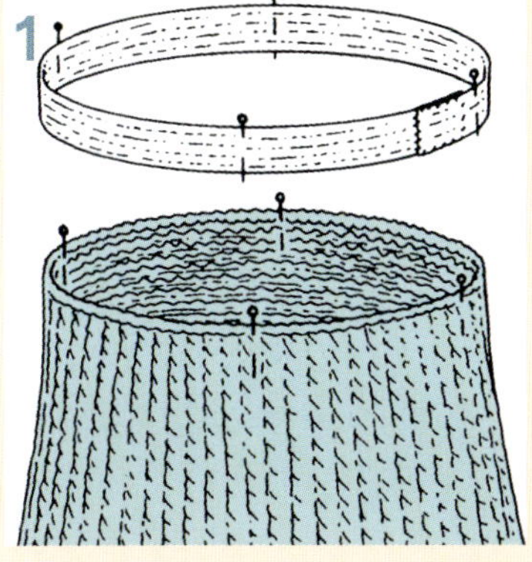

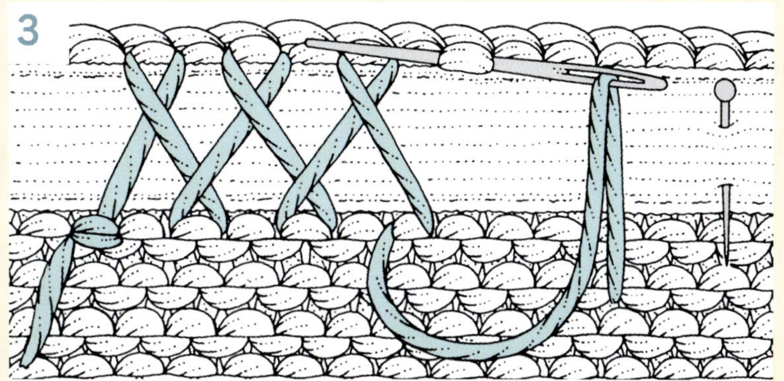

**1** 고무줄을 연결하여 고리 모양을 만듭니다. 이때 늘어나지 않은 상태에서 허리에 부드럽게 맞는지 먼저 확인합니다. 고무줄을 4등분하여 핀으로 표시합니다. 마찬가지로 스커트 허리선에도 4등분 지점을 표시합니다.

**2** 표시된 지점이 일치하도록 허리선의 안면에 고무줄을 고정합니다.

**3** 고무줄 바로 아래에 박음질 2땀으로 뜨개실을 편물에 고정합니다. 고무줄 위로 실을 올려 오른쪽으로 가져간 후, 바늘을 편물 가장자리를 통과해 오른쪽에서 왼쪽으로 넣습니다. 다시 오른쪽 아래로 내려서 오른쪽에서 왼쪽으로 바늘을 통과시킵니다. 이 과정을 허리선을 따라 계속해 단단히 고정합니다.

## 니트 허리밴드

**1** 228쪽에 설명된 대로 리지 접힘선을 만든 후, 허리밴드를 1코고무뜨기로 필요한 길이가 될 때까지 뜨세요.

**2** 허리밴드를 제자리에 꿰매어 케이싱을 만들되 약 5cm 정도는 꿰매지 않은 채로 남겨 둡니다.

**3** 케이싱에 고무줄을 통과시키고 양쪽 끝을 옷핀으로 고정한 후, 길이가 잘 맞는지 확인합니다. 양쪽 끝을 단단히 꿰매고 케이싱 가장자리의 재봉을 완료합니다.

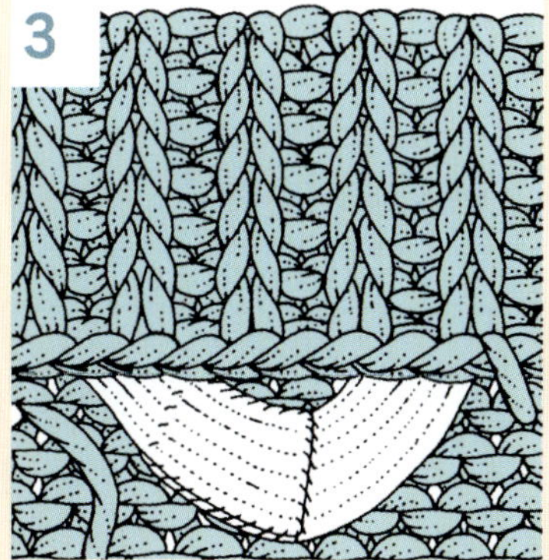

*끈 또는 고무줄을 통과시킬 수 있는 통로

# 주머니

가장 널리 사용되는 주머니 형태는 패치 주머니, 가로 트임 주머니, 세로 트임 주머니입니다. 이들은 각각 다양한 방법으로 만들 수 있으며, 도안에 제시된 방법을 자신이 선호하는 방법으로 대체할 수 있습니다.

패치 주머니는 일반적으로 대비되는 질감이 있는 스티치 무늬에 가장 효과적입니다. 메리야스뜨기 패치 주머니는 아주 세심하게 꿰매지 않으면 손으로 만든 티가 나서 어설퍼 보일 수 있습니다. 메리야스뜨기 주머니가 필요한 경우에는 덧수로 부착하는 것이 가장 깔끔합니다. 또 다른 방법으로는 메인 편물에서 코를 주워 올려 변형된 패치 주머니를 만드는 것입니다. 양쪽 가장자리에 가터뜨기를 넣으면 깔끔하게 마무리할 수 있습니다.

패치 주머니는 위쪽 가장자리 대신 옆쪽 가장자리 하나를 고정하지 않은 채로 부착하면 세로형 패치 주머니를 만들 수 있습니다.

### 덧수로 패치 주머니 만들기

1 원하는 크기로 패치를 뜬 뒤 코막음합니다. 적절하게 블로킹하거나 다림질한 후 실 끝을 정리해 숨깁니다. 패치의 코와 옷의 코를 맞추어 주머니를 옷에 고정합니다. 실(여기서는 이해를 돕기 위해 다른 색상으로 표시)을 메인 편물 안면의 오른쪽 아래 모서리에 고정하고 그림과 같이 1번째 코의 가장자리에서 중앙으로 끌어올립니다.

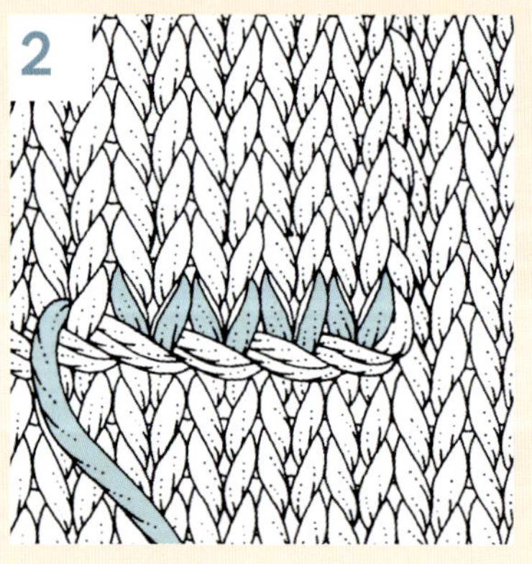

2 주머니 하단 가장자리의 모든 코 위에 덧수(206쪽 참고)로 수를 놓습니다.

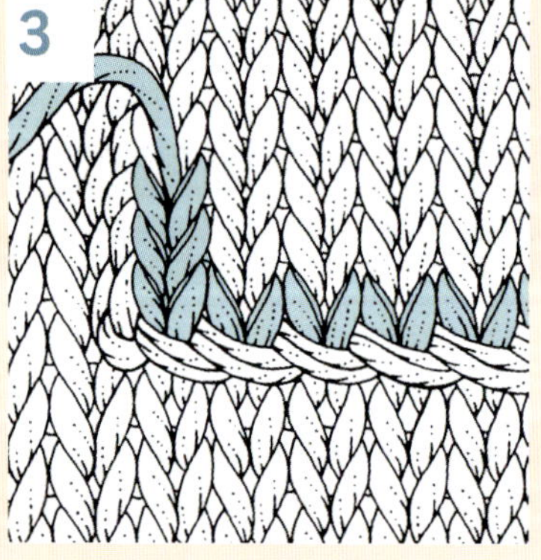

3 그림과 같이 주머니의 왼쪽 가장자리를 따라 계속 재봉한 후 실을 자릅니다. 주머니의 오른쪽 가장자리도 같은 방법으로 덧수로 수를 놓아 완성합니다.

## 코줍기로 패치 주머니 만들기

이 주머니 역시 옷의 메인 부분을 완성한 후에 작업합니다.

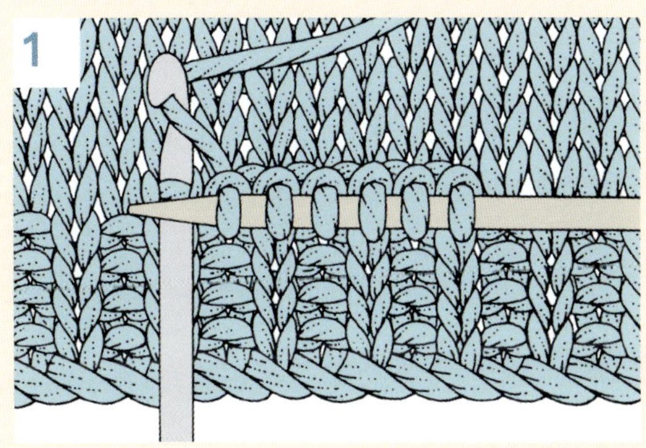

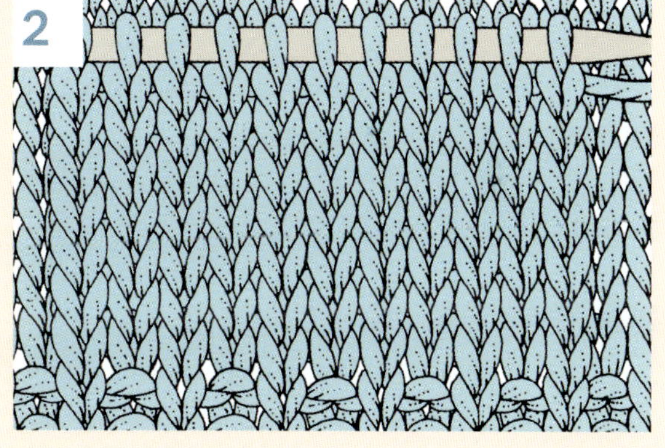

**1** 편물의 안면에서 주머니의 오른쪽 아래 모서리가 될 위치에 실을 고정합니다. 코바늘을 사용하여 주머니에 필요한 콧수를 주워 바늘에 옮겨 담습니다.

**2** 안뜨기 단부터 시작하여 주머니에 필요한 길이까지 메리야스 뜨기로 작업합니다. 균일하게 코막음합니다.

**3** 덧수(234쪽 참고) 또는 감침질(236쪽 참고)로 주머니의 측면 가장자리를 제자리에 꿰맵니다.

**패치 주머니 감침질**

**1** 옷의 메인 부분에 주머니를 올려놓고, 각 모서리에 대각선 방향으로 핀을 꽂되 배경 편물만 통과하도록 합니다. 주머니를 제거하고 핀이 동일한 세로 및 가로 단에 정렬되었는지 확인합니다.

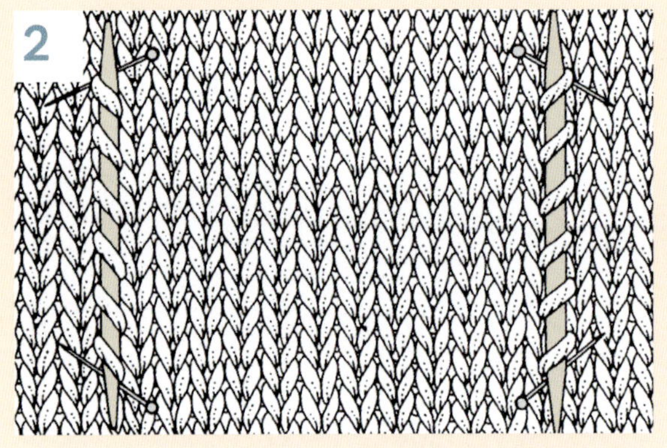

**2** 가는 양쪽 막대바늘을 2개 준비해 위쪽과 아래쪽 핀 사이의 편물에 수직으로 삽입하여 2코마다 코를 줍습니다.

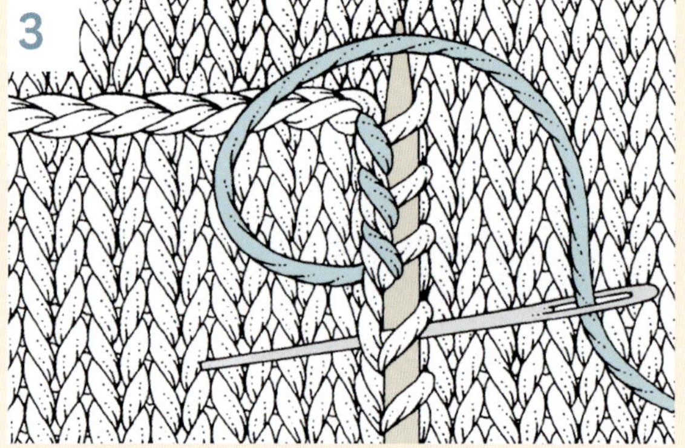

**3** 바늘 사이에 주머니를 놓고 주머니 가장자리를 따라 번갈아가며 주운 코 위에 감침질합니다. 양쪽을 모두 꿰맸으면 아래쪽 가장자리도 다시 2코마다 작업하면서 감침질합니다.

## 가로 트임 주머니

도안에서는 보통 여분의 바늘에 주머니 테두리용 코를 쉼코로 두고 주머니 안감을 연결한 다음, 쉼코를 주워 테두리를 작업하여 가로 트임 주머니를 만드는 방법을 안내합니다. 다음 방법은 테두리 코를 편물에 포함시켜 좀 더 깔끔하게 마무리할 수 있습니다.

1 먼저 주머니 안감을 작업할 때, 주머니 입구로 남겨 둘 코보다 2코를 더 잡고 시작합니다. 안감을 원하는 길이까지 작업하되, 겉뜨기 단으로 끝내고 이전 안뜨기 단의 양쪽 끝에서 1코씩 코줄임합니다. 여분의 바늘에 코를 쉼코로 둡니다.

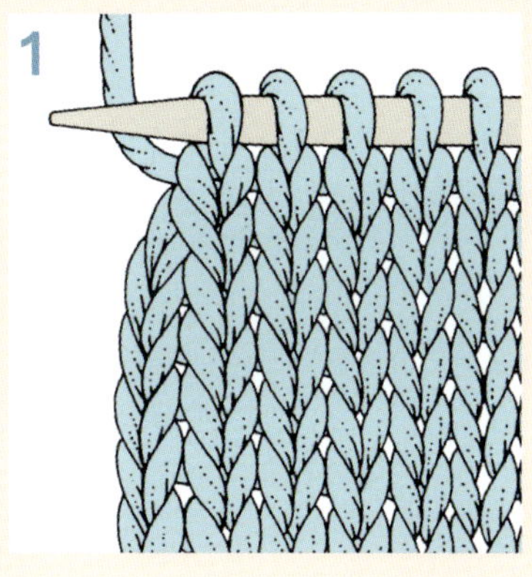

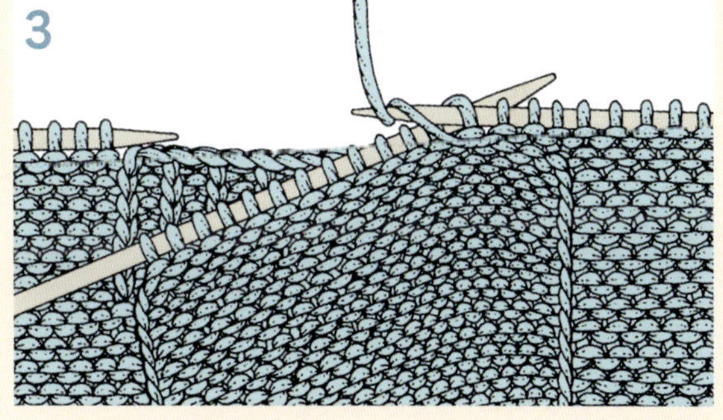

2 메인 편물을 주머니 테두리 위치까지 뜹니다. 뜨개를 계속하면서 테두리는 선택한 무늬로, 나머지 단은 메인 무늬로 작업합니다. 주머니 테두리가 원하는 길이에 도달하면 이 코를 겉면 단에서 코막음하고 나머지 단은 끝까지 작업합니다.

3 다음 단에서는 주머니 입구 시작 부분까지 안뜨기로 작업한 다음, 쉼코로 두었던 주머니 안감의 코를 안뜨기로 떠 줍니다. 모든 주머니 코를 작업하고 나면, 단 끝까지 계속 뜹니다.

4 옷 부분이 완성되면 안면에서 주머니 안감 가장자리를 감침질합니다.

## 세로 트임 주머니와 일체형 테두리

세로 트임 주머니의 입구는 2단계로 나누어 작업합니다. 먼저 한쪽을 뜬 다음, 다른 쪽을 뜹니다. 2번째 면이 1번째 면만큼 길어지면 두 면을 다시 연결합니다. 주머니 안감은 편물의 바깥쪽에 포함되어 있습니다.

세로 트임 주머니의 테두리는 아래 그림과 같이 주머니의 윗부분과 함께 뜨거나 나중에 코를 주워 작업할 수 있습니다. 그림은 옷의 오른쪽에 주머니가 달린 경우입니다. 왼쪽 주머니를 만들 경우에는 모든 과정을 반대로 적용하세요.

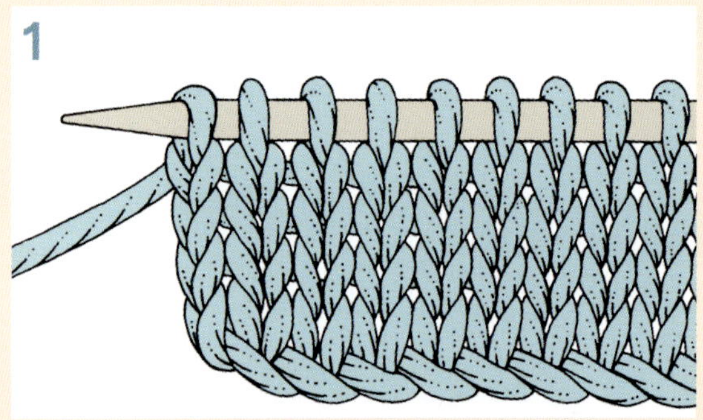

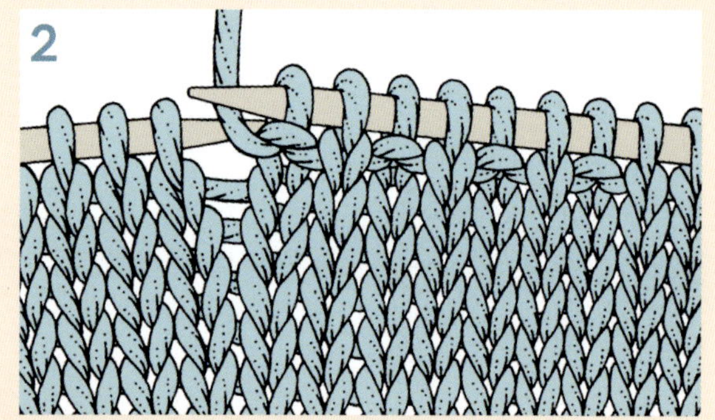

**1** 주머니 안감의 아래쪽을 메리야스뜨기로 몇 단 뜨세요. 겉면 단으로 끝내고, 완성된 코는 여분의 바늘에 옮겨 쉼코로 둡니다.

**2** 옷의 메인 부분을 주머니 입구가 시작될 높이까지 뜨되 안면 단으로 마무리합니다. 다음 단에서 주머니 테두리의 안쪽 가장자리까지 작업한 다음, 지정된 콧수만큼 테두리 무늬로 작업합니다. 편물 바깥쪽의 나머지 코를 여분의 바늘에 옮겨 쉼코로 두세요.

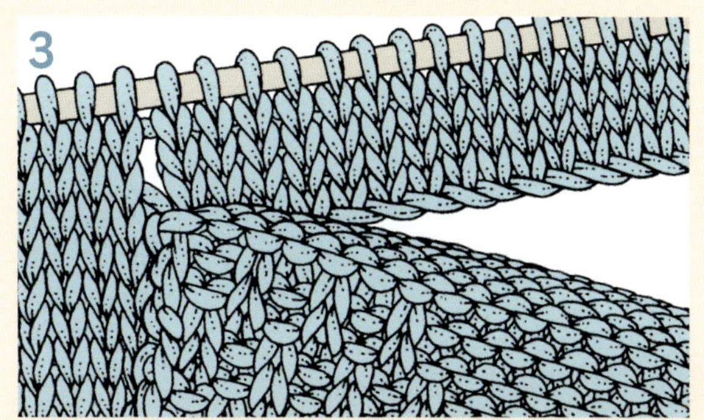 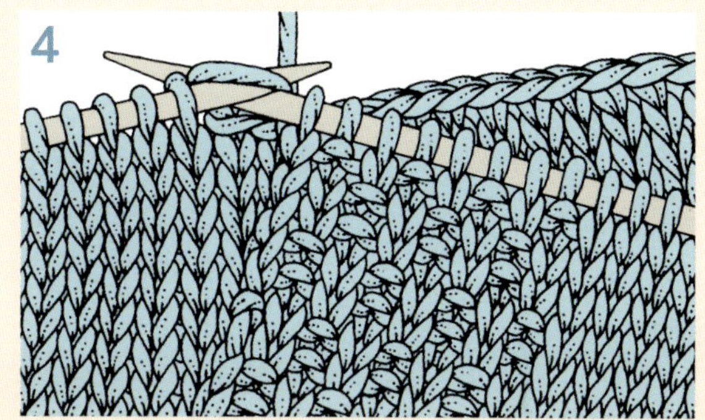

**3** 주머니의 윗부분을 필요한 길이가 될 때까지 계속 작업하여 겉면 단으로 끝냅니다. 이 코를 여분의 바늘에 옮겨 쉼코로 두되 실은 자르지 않습니다. 이제 여분의 바늘에 있던 주머니 안감의 코를 주워 바깥쪽 부분과 나란히 놓은 후, 필요한 경우 새 실을 연결하여 단 끝까지 뜨세요.

**4** 주머니 테두리가 있는 윗부분보다 1단 짧아질 때까지 바깥쪽 옆 부분과 주머니 안감을 함께 뜹니다. 안면 단으로 끝내고, 다음 단에서 주머니 안감 코를 코막음합니다. 메인 편물의 두 부분을 다시 연결하여 단 끝까지 작업합니다.

**5** 해당 구간이 완성되면 주머니 안감을 메인 편물에 감침질로 재봉합니다.

## 테두리를 추가한 세로 트임 주머니

이 주머니는 일체형 테두리가 있는 주머니와 같은 방식으로 작업하되 테두리 코는 작업하지 않습니다(분할 지점은 앞 중심에 약간 더 가깝게 배치해야 합니다). 해당 부분이 완성되면 주머니 상단의 가장자리를 따라 코를 주워 선택한 무늬로 작업합니다. 가장자리를 메인 편물에 꿰맵니다.

# 여밈

*fastenings*

니트 의류는 편물이 부드럽고 신축성이 있어 지퍼나 단추가 쉽게 늘어지거나 벌어져 문제가 되는 경우가 많습니다. 따라서 지퍼를 달 때는 지퍼 트임의 가장자리를 단단히 고정하는 것이 중요합니다. 두꺼운 실로 뜬 경우에는 셀비지를 사용하는 것이 가장 좋으며, 얇은 실로 뜬 경우에는 코바늘을 사용합니다.

## 지퍼 삽입 - 셀비지 트임

의류를 작업할 때 지퍼가 들어갈 트임 가장자리에 2코를 추가하고, 더블 가터뜨기 가장자리로 작업합니다(55쪽 참고). 완성된 부분은 블로킹하거나 다림질합니다.

**1** 인접한 두 편물을 겉면이 위로 오도록 놓고, 돗바늘을 사용하여 감침질로 시침질해 고정합니다.

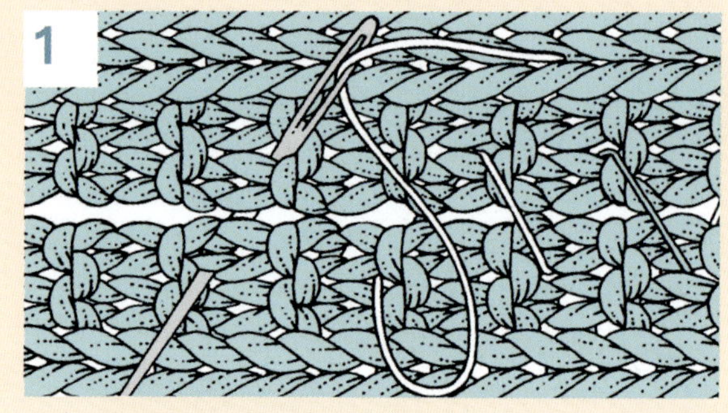

**2** 편물의 안면이 위로 향하게 뒤집습니다. 지퍼를 열고 톱니가 정확히 트임 중앙에 오도록 놓습니다. 일반 재봉 바늘을 사용하여 지퍼 테이프를 한쪽 편물에 시침질합니다. 지퍼를 닫고 계속해서 반대쪽도 시침질합니다.

**3** 겉면에서 작업합니다. 버튼홀 트위스트 buttonhole twist*와 같은 튼튼한 재봉사를 사용하여 지퍼를 박음질로 꿰맵니다. 위쪽에서 시작하여 지퍼의 한쪽을 따라 아래로 작업한 후, 반대쪽을 따라 위로 작업합니다.

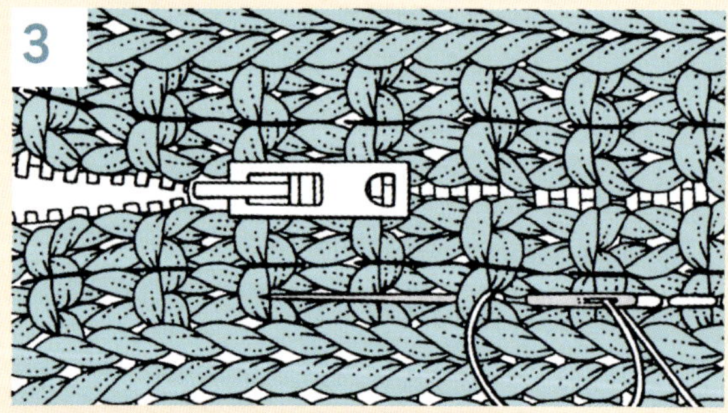



*일반 봉제용 실크보다 지름이 약 3배 정도 되는 튼튼하고 광택이 나는 실크로, 손으로 만든 단춧구멍이나 단추 꿰매기, 다양한 장식 효과를 내는 데 사용

## 코바늘 지퍼 여밈

**1** 지퍼를 꿰매기 전에 트임 가장자리를 따라 짧은뜨기(205쪽 참고)를 1단 뜹니다.

**2** 셀비지 트임(240쪽)에서 설명한 방법으로 지퍼를 고정해 시침질합니다. 이때 코바늘 단의 바깥쪽 가장자리를 따라 박음질합니다.

**3** 지퍼를 열고 짧은뜨기 코에 빼뜨기로 (205쪽 참고) 작업합니다.

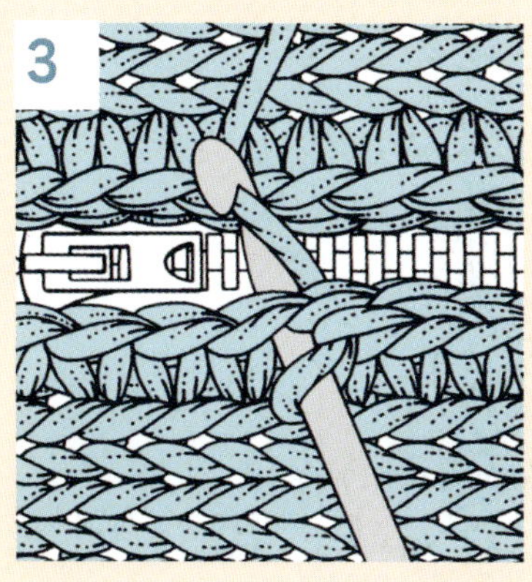

## 리본 처리된 단추 여밈단

카디건의 단추와 단춧구멍 밴드가 처지는 것을 방지하려면 밴드 안쪽에 리본(그로그랭grosgrain**이 일반적이지만 단단한 리본이면 어떤 것이든 가능)을 길게 꿰매세요.

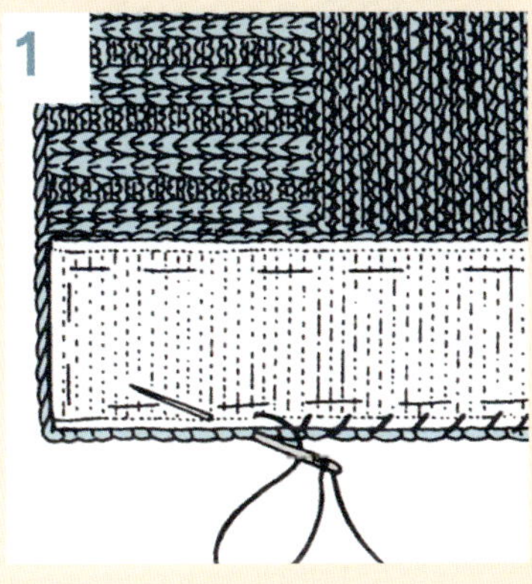

**1** 리본을 단춧구멍 밴드보다 약 3cm 길게 자릅니다. 한쪽 끝을 안쪽으로 접어 편물의 안면에 붙이고, 필요한 경우 다른 쪽 끝을 다듬어 안쪽으로 접습니다. 그림과 같이 리본을 공그르기합니다.

**2** 마무리하기 위해 단춧구멍 밴드의 겉면이 위로 오게 뒤집고 편물을 자르지 않도록 주의하면서 각 단춧구멍 아래의 리본에 트임을 냅니다. 뜨개실 혹은 같은 색상의 펄레perle 면***과 셔닐 바늘(눈이 크고 뾰족한 자수 바늘)을 사용하여 단춧구멍 주위를 버튼홀 스티치(208쪽 참고)로 마무리합니다.

** 가로 골이 있는 두꺼운 리본
*** 자수실

# 리본 무늬
## *ribbon pattern*

지그재그 리본 무늬

더블 윙 오픈워크(두 날개 모양 비침 무늬)

앙트렐락 무늬

리본 격자 무늬

특수 기법

뜨개 무늬 중에서도 특히 흥미로운 것은 매끈한 리본처럼 흐르는 메리야스 뜨기가 지그재그, 땋은 모양, 직조 효과를 만들어 내는 것입니다. 간단한 바스 켓위브 무늬는 38쪽에 소개되었습니다. 여기서는 좀 더 도전적이고 인상적 인 리본 무늬를 소개합니다.

지그재그 리본 무늬는 비교적 단순하지만 멋진 트롱프뢰유 trompe l'oeil [*] 텍스 처를 만들어 냅니다. 더블 윙 오픈워크는 리본 모양의 모티프에 레이스의 섬 세함을 더했으며, 리본 격자 무늬는 대형 작품을 만들 때 임팩트를 주는 강 렬한 무늬입니다. 하지만 어떤 니터에게든 진정한 하이라이트라 할 만한 무 늬는 단연 앙트렐락 entrelac [**]입니다. 복잡하지만 충분히 도전해 볼 가치가 있 습니다!

**캔들 플레임(양초 불꽃)**

[*] 시각적 착시 효과
[**] 질감 있는 다이아몬드 무늬를 만드는 데 사용되는 뜨개 기법. '교차된 interlaced'이라는 뜻의 프랑스어.

# 지그재그 리본 무늬 *zigzag ribbon pattern*

11의 배수 + 2

**1단(겉면)**: 겉뜨기1, *안뜨기1,
겉뜨기10*, 1코 남을 때까지 *~* 반복,
겉뜨기1

**2단**: 겉뜨기1, *안뜨기9, 겉뜨기2*,
1코 남을 때까지 *~* 반복, 겉뜨기1

**3단**: 겉뜨기1, *안뜨기3, 겉뜨기8*,
1코 남을 때까지 *~* 반복, 겉뜨기1

**4단**: 겉뜨기1, *안뜨기7, 겉뜨기4*,
1코 남을 때까지 *~* 반복, 겉뜨기1

**5단**: 겉뜨기1, *안뜨기5, 겉뜨기6*,
1코 남을 때까지 *~* 반복, 겉뜨기1

**6단과 7단**: 5단과 동일

**8단**: 4단과 동일

**9단**: 3단과 동일

**10단**: 2단과 동일

**11단**: 1단과 동일

**12단**: 겉뜨기1, *겉뜨기1, 안뜨기10,*,
1코 남을 때까지 *~* 반복, 겉뜨기1

**13단**: 겉뜨기1, *겉뜨기9, 안뜨기2*, 1코 남을 때까지 *~* 반복, 겉뜨기1

**14단**: 겉뜨기1, *겉뜨기3, 안뜨기8*, 1코 남을 때까지 *~* 반복, 겉뜨기1

**15단**: 겉뜨기1, *겉뜨기7, 안뜨기4*, 1코 남을 때까지 *~* 반복, 겉뜨기1

**16단**: 겉뜨기1, *겉뜨기5, 안뜨기6*, 1코 남을 때까지 *~* 반복, 겉뜨기1

**17단과 18단**: 16단과 동일

**19단**: 15단과 동일

**20단**: 14단과 동일

**21단**: 13단과 동일

**22단**: 12단과 동일

특수 기법

# 더블 윙 오픈워크 double wing openwork

16의 배수

**1단(겉면)**: 겉뜨기

**2단**: *겉뜨기4, 안뜨기8, 겉뜨기4*, *~* 반복

**3단**: *안뜨기3, k2tog, 겉뜨기3, 실을 편물 앞으로 가져와 바늘에 2회 감는다, 겉뜨기3, skp, 안뜨기3*, *~* 반복

**4단**: *겉뜨기3, 안뜨기4, 추가로 만든 고리 앞가닥과 뒷가닥에 안뜨기, 안뜨기4, 겉뜨기3*, *~* 반복

**5단**: *안뜨기2, k2tog, 겉뜨기3, 바늘비우기, 겉뜨기2, 바늘비우기, 겉뜨기3, skp, 안뜨기2*, *~* 반복

**6단**: *겉뜨기2, 안뜨기12, 겉뜨기2*, *~* 반복

**7단**: *안뜨기1, k2tog, 겉뜨기3, 바늘비우기, 겉뜨기4, 바늘비우기, 겉뜨기3, skp, 안뜨기1*, *~* 반복

**8단**: *겉뜨기1, 안뜨기14, 겉뜨기1*, *~* 반복

**9단**: *k2tog, 겉뜨기3, 바늘비우기, 겉뜨기6, 바늘비우기, 겉뜨기3, skp*, *~* 반복

**10단**: 안뜨기

# 앙트렐락 무늬 entrelac pattern

6의 배수

주의 A 색상 = 엷은 갈색, B 색상 = 갈색,
C 색상 = 베이지.
필요한 곳에서 실을 연결하고 자른다.

**기초 단(기초 삼각형)**

실A로 *안뜨기2, 편물 뒤집기, 겉뜨기2,
편물 뒤집기, 안뜨기3, 편물 뒤집기, 겉뜨기3,
편물 뒤집기, 안뜨기4, 편물 뒤집기, 겉뜨기4,
편물 뒤집기, 안뜨기5, 편물 뒤집기, 겉뜨기5,
편물 뒤집기, 안뜨기6*, *~* 반복,
그 다음, 줄무늬 배열에 따라 실B로 1단,
실C로 1단, 실A로 1단을 다음과 같이 뜬다:

**1단(겉면):** 겉뜨기2, 편물을 뒤집어서 안뜨기2,
편물을 뒤집어서 1번째 코에 코늘림, skp, 편물을
뒤집어서 안뜨기3, 편물을 뒤집어서 1번째 코에
코늘림, 겉뜨기1, skp, 편물을 뒤집어서 안뜨기4,
편물을 뒤집어서 1번째 코에 코늘림, 겉뜨기2,
skp, 편물을 뒤집어서 안뜨기5, 편물을 뒤집어서
1번째 코에 코늘림, 겉뜨기3, skp(가장자리
삼각형 완성)
다음과 같이 계속 진행한다: *전 단의 같은
섹션 가장자리에서 6코 줍는다; 주운 코와
왼바늘의 다음 6코에 (편물을 뒤집어서
안뜨기6, 편물을 뒤집어서 겉뜨기5, skp)를
6회 반복*, *~*를 마지막 섹션까지 반복,
마지막 섹션의 가장자리에서 6코 줍는다,

편물을 뒤집어서 p2tog, 안뜨기4, 편물을
뒤집어서 겉뜨기5, 편물을 뒤집어서 p2tog,
안뜨기3, 편물을 뒤집어서 겉뜨기4, 편물을
뒤집어서 p2tog, 안뜨기2, 편물을 뒤집어서
겉뜨기3, 편물을 뒤집어서 p2tog, 안뜨기1,
편물을 뒤집어서 겉뜨기2, 편물을 뒤집어서
p2tog, 실을 자른다.

**2단:** *편물의 안면이 보이는 상태에서,
전 단 1번째 섹션의 가장자리에서 안뜨기로
6코 줍는다, 이 코와 왼바늘의 다음 6코에
(편물을 뒤집어서 겉뜨기6, 편물을 뒤집어서
안뜨기5, p2tog)를 6회 반복*, *~* 반복

**줄무늬를 정확하게 유지**하면서 필요한 길이가
될 때까지 1-2단을 반복하되, 마지막 단을
1단으로 끝낸다.

**다음 단(마무리 단):** *편물의 안면이 보이는
상태에서, 전 단 1번째 섹션의 가장자리에서
안뜨기로 6코 줍는다. 이 코와 왼바늘의
다음 6코를 다음과 같이 뜬다:
편물을 뒤집어서 겉뜨기6, 편물을 뒤집어서
p2tog, 안뜨기3, p2tog, 편물을 뒤집어서
겉뜨기5, 편물을 뒤집어서 p2tog, 안뜨기2,
p2tog, 편물을 뒤집어서 겉뜨기4, 편물을
뒤집어서 p2tog, 안뜨기1, p3tog, 편물을
뒤집어서 겉뜨기3, 편물을 뒤집어서 p2tog,
p3tog, 편물을 뒤집어서 겉뜨기2, 편물을
뒤집어서 p2tog. 실을 자른다*, *~* 반복

리본 무늬

# 리본 격자 무늬 *ribbon lattice pattern*

18의 배수 + 1

이 무늬에서는 단마다 콧수가 달라진다.
정확한 콧수는 9-12단과 25-28단을
제외한 나머지 단에서 확인할 수 있다.

**1단(겉면)**: *겉뜨기3, k2tog, 겉뜨기4,
다음 코에 (겉뜨기1, 바늘비우기, 겉뜨기1),
겉뜨기4, skp, 겉뜨기2*, 1코 남을 때까지
*~* 반복, 겉뜨기1

**2단**: 겉뜨기1, *겉뜨기2, 안뜨기6, 겉뜨기1,
안뜨기6, 겉뜨기3*, *~* 반복

**3단**: *겉뜨기2, k2tog, 겉뜨기5,
바늘비우기, 겉뜨기1, 바늘비우기,
겉뜨기5, skp, 겉뜨기1*, 1코 남을 때까지
*~* 반복, 겉뜨기1

**4단**: 겉뜨기1, *겉뜨기1, 안뜨기6, 겉뜨기3,
안뜨기6, 겉뜨기2*, *~* 반복

**5단**: *겉뜨기1, k2tog, 겉뜨기5,
바늘비우기, 겉뜨기3, 바늘비우기, 겉뜨기5,
skp*, 1코 남을 때까지 *~* 반복, 겉뜨기1

**6단**: 겉뜨기1, *안뜨기6, 겉뜨기5, 안뜨기6,
겉뜨기1*, *~* 반복

**7단**: k2tog, *겉뜨기5, (바늘비우기,
겉뜨기5)를 2회 반복, sk2p*, *~*를
반복하되 sk2p 대신 skp로 마무리

**8단**: 안뜨기1, *안뜨기5, 겉뜨기7,
안뜨기6*, *~* 반복

**9단**: kfb, *skp, 겉뜨기3, 바늘비우기,
겉뜨기7, 바늘비우기, 겉뜨기3, k2tog,
다음 코에 (겉뜨기1, 바늘비우기, 겉뜨기1)*,
*~*를 반복하되 [다음 코에 (겉뜨기1,
바늘비우기, 겉뜨기1)] 대신 kfb로 마무리

**10단**: 안뜨기1, *안뜨기5, 겉뜨기9,
안뜨기6*, *~* 반복

**11단**: kfb, *겉뜨기1, skp, 겉뜨기13,
k2tog, 겉뜨기1, 다음 코에 (겉뜨기1,
바늘비우기, 겉뜨기1)*, *~*를 반복하되
[다음 코에 (겉뜨기1, 바늘비우기,
겉뜨기1)] 대신 kfb로 마무리

**12단**: 안뜨기1, *안뜨기2, p2tog, 안뜨기1,
겉뜨기9, 안뜨기1, p2tog tbl, 안뜨기3*,
*~* 반복

**13단**: kfb, *겉뜨기2, skp, 겉뜨기9,
k2tog, 겉뜨기2, 다음 코에 (겉뜨기1,
바늘비우기, 겉뜨기1)*, *~*를 반복하되
[다음 코에 (겉뜨기1, 바늘비우기,
겉뜨기1)] 대신 kfb로 마무리

**14단**: 안뜨기1, *안뜨기4, 겉뜨기9,
안뜨기5*, *~* 반복

**15단**: kfb, *겉뜨기3, skp, 겉뜨기7,
k2tog, 겉뜨기3, 다음 코에 (겉뜨기1,
바늘비우기, 겉뜨기1)*, *~*를 반복하되
[다음 코에 (겉뜨기1, 바늘비우기,
겉뜨기1)] 대신 kfb로 마무리

**16단**: 8단과 동일

**17단**: kfb, *겉뜨기4, skp, 겉뜨기5,
k2tog, 겉뜨기4, 다음 코에 (겉뜨기1,
바늘비우기, 겉뜨기1)*, *~*를 반복하되
[다음 코에 (겉뜨기1, 바늘비우기,
겉뜨기1)] 대신 kfb로 마무리

**18단**: 6단과 동일

**19단**: 겉뜨기1, *바늘비우기, 겉뜨기5,
skp, 겉뜨기3, k2tog, 겉뜨기5,
바늘비우기, 겉뜨기1*, *~* 반복

**20단**: 4단과 동일

**21단**: 겉뜨기1, *겉뜨기1, 바늘비우기,
겉뜨기5, skp, 겉뜨기1, k2tog, 겉뜨기5,
바늘비우기, 겉뜨기2*, *~*를 끝까지 반복

**22단**: 2단과 동일

**23단**: 겉뜨기1, *겉뜨기2, 바늘비우기,
겉뜨기5, sk2p, 겉뜨기5, 바늘비우기,
겉뜨기3*, *~* 반복

**24단**: 겉뜨기1, *겉뜨기3, 안뜨기11,
겉뜨기4*, *~* 반복

**25단**: 겉뜨기1, *겉뜨기3, 바늘비우기,
겉뜨기3, k2tog, 다음 코에 (겉뜨기1,
바늘비우기, 겉뜨기1), skp, 겉뜨기3,
바늘비우기, 겉뜨기4*, *~* 반복

**26단**: 겉뜨기1, *겉뜨기4, 안뜨기11,
겉뜨기5*, *~* 반복

**27단**: 겉뜨기1, *겉뜨기6, k2tog, 겉뜨기1,
다음 코에 (겉뜨기1, 바늘비우기, 겉뜨기1),
겉뜨기1, skp, 겉뜨기7*, *~* 반복

**28단**: 겉뜨기1, *겉뜨기4, 안뜨기1,
p2tog tbl, 안뜨기5, p2tog, 안뜨기1,
겉뜨기5*, *~* 반복

**29단**: 겉뜨기1, *겉뜨기4, k2tog, 겉뜨기2,
다음 코에 (겉뜨기1, 바늘비우기, 겉뜨기1),
겉뜨기2, skp, 겉뜨기5*, *~* 반복

**30단**: 겉뜨기1, *겉뜨기4, 안뜨기9,
겉뜨기5*, *~* 반복

**31단**: 겉뜨기1, *겉뜨기3, k2tog, 겉뜨기3,
다음 코에 (겉뜨기1, 바늘비우기, 겉뜨기1),
겉뜨기3, skp, 겉뜨기4*, *~* 반복

**32단**: 24단과 동일

리본 무늬

# 캔들 플레임 candle flames

12의 배수 + 2

**주의** 이 무늬는 단마다 콧수가 달라진다.
정확한 콧수는 12단 혹은 24단에서 확인할 수
있다.

**1단(겉면)**: *안뜨기2, 바늘비우기, 겉뜨기1,
바늘비우기, 안뜨기2, 겉뜨기2, k2tog, 겉뜨기3*,
2코 남을 때까지 *~* 반복, 안뜨기2

**2단**: *겉뜨기2, 안뜨기6, 겉뜨기2, 안뜨기3*,
2코 남을 때까지 *~* 반복, 겉뜨기2

**3단**: *안뜨기2, 겉뜨기1, (바늘비우기, 겉뜨기1)를
2회 반복, 안뜨기2, 겉뜨기2, k2tog, 겉뜨기2*,
2코 남을 때까지 *~* 반복, 안뜨기2

**4단**: *(겉뜨기2, 안뜨기5)를 2회 반복*,
2코 남을 때까지 *~* 반복, 겉뜨기2

**5단**: *안뜨기2, 겉뜨기2, 바늘비우기, 겉뜨기1,
바늘비우기, 겉뜨기2, 안뜨기2, 겉뜨기2, k2tog,
겉뜨기1*, 2코 남을 때까지 *~* 반복, 안뜨기2

**6단**: *겉뜨기2, 안뜨기4, 겉뜨기2, 안뜨기7*,
2코 남을 때까지 *~* 반복, 겉뜨기2

**7단**: *안뜨기2, 겉뜨기3, 바늘비우기, 겉뜨기1,
바늘비우기, 겉뜨기3, 안뜨기2, 겉뜨기2, k2tog*,
2코 남을 때까지 *~* 반복, 안뜨기2

**8단**: *겉뜨기2, 안뜨기3, 겉뜨기2, 안뜨기9*,
2코 남을 때까지 *~* 반복, 겉뜨기2

**9단**: *안뜨기2, 겉뜨기2, k2tog, 겉뜨기5,
안뜨기2, 겉뜨기1, k2tog*, 2코 남을 때까지
*~* 반복, 안뜨기2

**10단**: *겉뜨기2, 안뜨기2, 겉뜨기2, 안뜨기8*,
2코 남을 때까지 *~* 반복, 겉뜨기2

**11단**: *안뜨기2, 겉뜨기2, k2tog, 겉뜨기4,
안뜨기2, k2tog*, 2코 남을 때까지 *~* 반복,
안뜨기2

**12단**: *겉뜨기2, 안뜨기1, 겉뜨기2, 안뜨기7*,
2코 남을 때까지 *~* 반복, 겉뜨기2

**13단**: *안뜨기2, 겉뜨기2, k2tog, 겉뜨기3,
안뜨기2, 바늘비우기, 겉뜨기1, 바늘비우기*,
2코 남을 때까지 *~* 반복, 안뜨기2

**14단**: *겉뜨기2, 안뜨기3, 겉뜨기2, 안뜨기6*,
2코 남을 때까지 *~* 반복, 겉뜨기2

**15단**: *안뜨기2, 겉뜨기2, k2tog, 겉뜨기2,
안뜨기2, (겉뜨기1, 바늘비우기)를 2회 반복,
겉뜨기1*, 2코 남을 때까지 *~* 반복, 안뜨기2

**16단**: *(겉뜨기2, 안뜨기5)를 2회 반복*,
2코 남을 때까지 *~* 반복, 겉뜨기2

**17단**: *안뜨기2, 겉뜨기2, k2tog, 겉뜨기1,
안뜨기2, 겉뜨기2, 바늘비우기, 겉뜨기1,
바늘비우기, 겉뜨기2*, 2코 남을 때까지
*~* 반복, 안뜨기2

**18단**: *겉뜨기2, 안뜨기7, 겉뜨기2, 안뜨기4*,
2코 남을 때까지 *~* 반복, 겉뜨기2

**19단**: *안뜨기2, 겉뜨기2, k2tog, 안뜨기2,
겉뜨기3, 바늘비우기, 겉뜨기1, 바늘비우기,
겉뜨기3*, 2코 남을 때까지 *~* 반복, 안뜨기2

**20단**: *겉뜨기2, 안뜨기9, 겉뜨기2, 안뜨기3*,
2코 남을 때까지 *~* 반복, 겉뜨기2

**21단**: *안뜨기2, 겉뜨기1, k2tog, 안뜨기2,
겉뜨기2, k2tog, 겉뜨기5*, 2코 남을 때까지
*~* 반복, 안뜨기2

**22단**: *겉뜨기2, 안뜨기8, 겉뜨기2, 안뜨기2*,
2코 남을 때까지 *~* 반복, 겉뜨기2

**23단**: *안뜨기2, k2tog, 안뜨기2, 겉뜨기2, k2tog,
겉뜨기4*, 2코 남을 때까지 *~* 반복, 안뜨기2

**24단**: *겉뜨기2, 안뜨기7, 겉뜨기2, 안뜨기1*,
2코 남을 때까지 *~* 반복, 겉뜨기2

리본 무늬

뜨개 도안에는 표기된 게이지를 얻기 위해 필요한 바늘 호수가 명시되어 있습니다. 그러나 의류를 직접 디자인하기 위해 게이지 스와치를 만드는 경우라면 아래의 가이드라인이 도움이 될 것입니다. 실 굵기에 따른 권장 바늘 호수는 어디까지나 출발점에 불과하다는 사실을 명심하세요. 사용하는 실과 선택한 무늬에 가장 잘 어울리는 결과를 내기 위해서는 권장 호수보다 1~2호수를 키우거나 줄이는 것도 가능합니다.

| 실 | 바늘 호수 | 실 | 바늘 호수 |
| --- | --- | --- | --- |
| 2-ply | 2 mm | 더블니팅 | 4 mm |
| 3-ply | 2.75 mm | 아란 | 5 mm |
| 4-ply | 3 mm | 청키 | 6 mm |
| | | 엑스트라-청키 | 9 mm |

## 바늘 호수 대응표

이 표는 나라별로 사용하는 뜨개 바늘 호수 시스템을 비교한 것입니다.

| UK | 미터법 단위 | US | UK | 미터법 단위 | US |
| --- | --- | --- | --- | --- | --- |
| 14 | 2 mm | 0 | 6 | 5 mm | 8 |
| 13 | 2.25 mm | 1 | 5 | 5.5 mm | 9 |
| 12 | 2.75 mm | 2 | 4 | 6 mm | 10 |
| 11 | 3 mm | - | 3 | 6.5 mm | 10½ |
| 10 | 3.25 mm | 3 | 2 | 7 mm | - |
| - | 3.5 mm | 4 | 1 | 7.5 mm | - |
| 9 | 3.75 mm | 5 | 0 | 8 mm | 11 |
| 8 | 4 mm | 6 | 00 | 9 mm | 13 |
| 7 | 4.5 mm | 7 | 000 | 10 mm | 15 |

**저자**
## 엘리너 반 잔트

엘리너 반 잔트는 예술과 공예 분야를 전문으로 하는 미국인 작가이자 편집자이다. 저서로는 《Hamlyn Complete Knitting Course》《DMC Book of Cross Stitch and Counted Thread Work》 등이 있다.


**역자**
## 이순선

경북대학교 영어교육과를 졸업했고, 뜨개질의 즐거움을 더 많은 사람들과 나누고 싶어 2015년 온/오프라인 영문도안 손뜨개 강좌를 개설했다. 다년간 강의 및 번역 경험을 바탕으로 《오늘부터 영문도안 손뜨개》를 쓰고 《무민 손뜨개 양말》 《무슈 & 프렌즈 대바늘 동물 친구들》《사랑스러운 손뜨개 배색 양말》《워스티드-보드랍고 따뜻한 손뜨개 니트웨어》 《배색의 즐거움》《라피아 크로셰》《엠마의 손뜨개로 꾸미는 집》 을 번역했다.
instagram @knitting_n_svaha

# 니팅 베이직: 스티치&패턴

**1판 1쇄 발행**  2026년 2월 25일

저     자 | 엘리너 반 잔트
역     자 | 이순선
발 행 인 | 김길수
발 행 처 | ㈜영진닷컴
주     소 | ㈜08512 서울 금천구 디지털로9길 32
　　　　　갑을그레이트밸리 B동 10층 ㈜영진닷컴
등     록 | 2007. 4. 27. 제16-4189호

©2026. ㈜영진닷컴

ISBN | 978-89-314-8191-4



YoungJin.com **Y.**
영진닷컴